中国应急教育与校园安全发展报告

Annual Report on Education for Emergency and Campus Safety 2020

主　编　高　山

副主编　张桂蓉　陶韶菁　郭雪松

2020

中国社会科学出版社

图书在版编目（CIP）数据

中国应急教育与校园安全发展报告.2020／高山主编.—北京：
中国社会科学出版社，2020.11

ISBN 978－7－5203－7346－3

Ⅰ.①中…　Ⅱ.①高…　Ⅲ.①安全教育—研究报告—中国—2020
Ⅳ.①X925

中国版本图书馆 CIP 数据核字（2020）第 186798 号

出 版 人　赵剑英
责任编辑　王　琪
责任校对　李　莉
责任印制　王　超

出　　　版　中国社会科学出版社
社　　　址　北京鼓楼西大街甲 158 号
邮　　　编　100720
网　　　址　http://www.csspw.cn
发 行 部　010－84083685
门 市 部　010－84029450
经　　　销　新华书店及其他书店

印　　　刷　北京明恒达印务有限公司
装　　　订　廊坊市广阳区广增装订厂
版　　　次　2020 年 11 月第 1 版
印　　　次　2020 年 11 月第 1 次印刷

开　　　本　710×1000　1/16
印　　　张　16.25
插　　　页　2
字　　　数　254 千字
定　　　价　89.00 元

中国应急管理学会蓝皮书系列编写指导委员会

主任委员

洪毅 中国应急管理学会会长、教授

副主任委员

范维澄 清华大学教授、中国工程院院士

闪淳昌 国务院应急管理专家组组长、国家减灾委员会专家委员会副
主任

刘铁民 中国应急管理学会副会长、研究员

马宝成 中国应急管理学会常务副会长，中共中央党校（国家行政学院）
应急管理培训中心主任、教授

陈兰华 中国应急管理学会副会长，原国家铁路局副局长、高级工程师

吴　旦 中国应急管理学会副会长，上海交通大学原副校长、教授

秘书长

杨永斌 中共中央党校（国家行政学院）应急管理培训中心副主任、中
国应急管理学会秘书长

委员（按姓氏笔画排序）

王义保 中国矿业大学公共管理学院副院长、教授

王金玉 中国应急管理学会标准化专业委员会主任委员

全　勇 太和智库高级研究员，国防大学研究生院原副院长、教授

李显冬 中国应急管理学会法律工作委员会主任委员，中国政法大学国
土资源法律研究中心主任、教授

李雪峰 《中国应急管理科学》执行副主编、中共中央党校（国家行政学
院）教授

李湖生 中国安全生产科学研究院副总工、研究员

张　强 北京师范大学社会发展与公共政策学院教授

前　言

　　校园安全是国家安全的坚实前提，让孩子成长得更好是全社会最大的心愿。近年来，学校安全稳定工作越来越受到各级部门、社会广大群众的高度重视和关切，安全治理工作得到狠抓落实，制度规范不断健全，安全防控体系日益完善，校园安全形势总体趋好。但是，由于社会风险复杂多元，校园环境易受外部因素的影响，各种突发事件常有发生，安全隐患也呈现多样化特点，威胁到学校师生的安全，牵动着家长和社会各界关心学生发展人士的心绪。为此，2019 年年初全国学校安全工作电视电话会议部署相关工作，强调各地各校"要强化红线意识、夯实防护基础、完善长效机制、提升应急能力、提高防范意识、加大监督力度"。在新一轮校园安全治理工作中，要把广大师生的生命安全放在第一位，通过将校园安全每个环节的责任分工落实到个人，以问题为导向，找准关键领域；把握管理规律，精准施策，从源头上着力防范消除校园风险隐患。面对错综复杂的安全问题，以战略思维提高校园安全政治站位，以辩证思维实现校园安全综合治理与重点突破相统一，以系统思维凝聚起维护校园安全的强大合力，方能破解校园安全难题。

　　中国应急管理学会校园安全专业委员会第五次发布《中国应急教育与校园安全发展报告》，本书基于校园安全风险的主要类型和新的发展趋势，进一步完善研究框架。注重宏观把控与微观处理相结合，从宏观上审视战略大局、制度设计和发展趋势，在微观上对主要类型的校园安全事件以多种方法、多种视角进行细致入微的观察；力争透过现象深入本质，对精心挑选的典型案例进行全面深入分析，以便反映该类型事件的现状、问题和趋势，使这一类型事件在未来得到有效的解决。希望本书既能满足校园安全决策和工作者攻克实践难题的需要，又能够为校园安全风险防控研究提供有价值的信息。

本书由八章组成：第一章为 2019 年校园安全管理的概况，对比 2018 年校园安全事件特征及治理工作成效，整体把握新时期校园安全工作发展态势，归纳总结校园安全事件特点，系统回顾 2019 年校园安全相关政策的内容，综合研判 2020 年校园安全治理的趋势；第二章为 2019 年校园安全教育的发展，通过梳理校园安全教育方面的法规政策和安全教育的普及现状，分析校园安全教育的总体发展情况，依据学段进行分层分析，尝试描绘出校园安全教育的未来发展方向；第三章为校园公共卫生安全的管理，在把握现有学校卫生标准情况和校园公共卫生事件基本特征的基础上，总结当前校园公共卫生管理工作的特点、面临的难题，并通过典型案例展现校园公共卫生事件发生、发展机理，提炼成功经验；第四章为校园网络安全治理，总结校园网络安全问题的具体内涵与具体特征，回顾 2019 年校园网络安全事件典型案例，从网络安全教育、数字校园网络、网络舆情事件、社会协同管控四个方面入手，提出强有力的治理策略；第五章为校园周边安全管理，从时间、地域、类型、学段四个方面描述 2019 年校园周边安全及管理事件的特点，从制度、手段、体系三个方面分析校园周边安全管理现状，选取校园周边安全综合管理、校园周边交通安全、校园周边食品安全以及校园周边突发治安事件四个典型案例，对案例过程进行梳理，发现问题总结经验；第六章为校园欺凌整治，本章通过文献调研和案例分析，总结校园欺凌行为的特点及产生的原因，明确校园欺凌行为防控的要点，提出对校园欺凌防治的展望；第七章为校园暴力的防控，本章概括了 2019 年校园暴力事件的总体特征，梳理反校园暴力的宣传行为，在分析典型案例的基础上，进一步提出校园暴力事件的应急处置和风险防控建议；第八章为"校闹"事件的治理，展现"校闹"的表现形式及基本特征，选取三起典型"校闹"事件案例，还原事件经过，讨论"校闹"事件演化的致因和治理工作存在的问题，提出"校闹"事件的治理路径。

在当今复杂多变的风险社会下，实现对校园安全风险的有效治理，需要长期化、常态化、制度化的努力，不能简单化和短视化，治理的重点要放到日常舒缓与预防阶段，广泛地吸取市场和社会化力量的参与，合理地分配各方力量和权责。总之，实现对校园风险的善治是实现整个社会善治的重要组成部分，需要全社会的共同努力，保护孩子健康快乐成长是校园安全工作者肩负的历史使命。希望通过我们的研究努力，能为校园安全风险防控体系提供数据基础，也能助力于中国应急教育与校园安全风险防控实践，更好地服务于国家、社会和人民。

编　者

2020 年 5 月

目　　录

第 一 章

2019 年校园安全管理的概况

2019 年 2 月 28 日，全国学校安全工作电视电话会议提出了"攻坚克难、狠抓落实、筑牢学校安全防线"的校园安全治理总体思路，部署了2019 年全国校园安全工作；① 2019 年 5 月 17 日，全国校园安全工作经验交流现场会强调各地在推进校园安全工作时要按照"细化责任，履责尽责；加强教育，预防为先；严管严查，常抓不懈"的基本思路，解决突出问题，建立防控体系，构建长效机制；② 2019 年 9 月 4 日，全国学校安全工作紧急电视电话会议提出"一要把安全红线意识树牢，二要把责任分工压实，三要把学校大门守严，四要把安全设备配齐，五要把校园周边看紧，六要把隐患大排查做细"的要求。③ 关注校园安全与风险，整改校园安全工作中存在的问题，吸取我国校园安全管理的经验与教训，预测未来的校园安全趋势，对我国校园安全风险稳定工作的开展具有重要的意义。本章将通过总结 2019 年校园安全治理工作的发展态势，归纳2019 年校园安全事件的特点，回顾 2019 年校园安全相关政策的内容，研判 2020 年校园安全治理的趋势。

---

① 《攻坚克难 狠抓落实 筑牢学校安全防线——全国学校安全工作电视电话会议召开》（http：//www. moe. gov. cn/jyb_ xwfb/gzdt_ gzdt/moe_ 1485/201902/t20190228_ 371726. html，2019 年 2 月 28 日）。

② 潘玉娇：《推动新时代校园安全工作再上新台阶——全国校园安全工作经验交流现场会召开》，《中国教育报》2019 年 5 月 18 日第 2 版。

③ 《教育部、公安部召开紧急电视电话会议再次部署学校安全工作》（http：//www. moe. gov. cn/jyb_ xwfb/gzdt_ gzdt/s5987/201909/t20190904_ 397534. html，2019 年 9 月 4 日）。

第一节　校园安全治理的发展

党的十九大以来，公安、教育、市场监管等部门坚持以习近平新时代中国特色社会主义思想为指导，围绕"维护校园安全稳定工作"的重大任务，提高政治站位，加强紧密联系与合作，着力消除校园安全风险隐患，积极构建校园及周边治安防控体系，切实提升校园安保工作水平，形成全社会共同关心、共同维护校园安全的工作局面。

一　校园安全形势总体趋好

在中共中央、国务院的统一领导下，在地方各级党委、政府和公安、卫生健康、应急管理等部门的科学引导下，我国各级校园安全管理部门坚守安全发展理念，强化安全"红线"意识与"底线思维"，坚持"安全第一、预防为主、综合治理"方针，推动共建共治，逐步形成校园安全社会治理新格局，全国各类院校安全形势基本呈现稳定向上的局面。

涉校刑事案件持续减少。全国各级公安机关和教育部门联合其他相关部门，通过认真抓牢校园安全工作的前期部署、严格抓实校园安全风险的中期监管、推进抓细校园安防措施的后期落实，对校园安全管理的预防、预警、处置和保障各个环节进行了全面完善；同时通过加强警校合作，提高了学校应对校园突发事件的应急处理能力，及时排除了校园里各类不安全、不稳定风险源。在政府部门和学校的共同努力下，校园安全维持住了以往良好的总体局势。据了解，自党的十八大以来，全国各地公安部门在校园周边设立警务室及治安岗亭共计25万余个、护学岗共计15万余个，同时取得了涉校刑事案件连续六年下降的成绩。[①]

校园食品安全水平进一步提高。自2019年8月底以来，全国各地教育系统通过推出"明厨亮灶"工程、落实校长陪餐制度等举措，切实地保障了在校师生们"舌尖"上的安全。据统计，截止到2019年年底，全国范围内已有35万所学校食堂实现"明厨亮灶"目标；42.4万所中小学

---

① 潘玉娇：《推动新时代校园安全工作再上新台阶——全国校园安全工作经验交流现场会召开》，《中国教育报》2019年5月18日第2版。

和幼儿园落实学校相关负责人陪餐制度;① 39.8 万所中小学校和幼儿园成立家长委员会监督食堂安全。② 此外,校园食品安全法律条例更加严格规范,进一步筑牢了食品安全防火墙。如 2019 年 10 月发布的《中华人民共和国食品安全法实施条例》明确要求学校、幼儿园等机构应当严格执行原料控制、食品留样等制度;③ 2019 年 12 月底印发的《关于落实主体责任强化校园食品安全管理的指导意见》更进一步指出具备条件的中小学、幼儿园食堂原则上采用自营方式供餐,非寄宿制中小学、幼儿园原则上不得在校内设置食品小卖部、超市。④

师生在校安全保障进一步加强。一是反抗校园欺凌行为得到法律支持。最高人民检察院已将由校园暴力与欺凌引起的"陈某正当防卫案"列入其下发的指导型案例中,并且明确表示未成年人在被人殴打、人身权利受到不法侵害的情况下,可以进行正当防卫,依法不负刑事责任。⑤ 同样,任何人都可以依法介入保护,以维护被侵害学生合法权益。⑥ 此外,据统计,2018 年以来,检察机关共依法批准逮捕校园欺凌犯罪相关人员 3407 人,起诉 5750 人,⑦ 校园欺凌与暴力行为得到了有效整治。二是"校闹"行为得到有效遏制。在 2019 年 8 月发布的《关于完善安全事故处理机制维护学校教育教学秩序的意见》中定义了八种"校闹"行为,并提出公安机关应依照相关规定惩处"校闹"人员,支持被侵权人追究

① 柴葳:《一切为了师生吃得安全吃得放心——各地教育系统校园食品安全专项整治见成效》,《中国教育报》2019 年 12 月 31 日第 3 版。

② 常魏巍:《守护师生"舌尖"上的安全——教育系统加强校园食品安全专项整治综述》,《中国教育报》2019 年 12 月 7 日第 4 版。

③ 《中华人民共和国食品安全法实施条例》(http://www.gov.cn/zhengce/content/2019 - 10/31/content_5447142.htm,2019 年 10 月 31 日)。

④ 《关于落实主体责任强化校园食品安全管理的指导意见》(https://www.mps.gov.cn/n6557558/c6845749/content.html,2019 年 12 月 30 日)。

⑤ 《第十二批指导性案例》(https://www.spp.gov.cn/spp/jczdal/201812/t20181219_402920.shtml,2018 年 12 月 19 日)。

⑥ 《性侵未成年人违法犯罪信息库列入五年规划》(http://www.spp.gov.cn/spp/zdgz/201905/t20190528_419839.shtml,2019 年 5 月 28 日)。

⑦ 张子扬:《中国检方 2018 年以来共批准逮捕校园欺凌犯罪案件 3407 人》(https://baijiahao.baidu.com/s? id = 1634668227261704123&wfr = spider&for = pc,2019 年 5 月 28 日)。

"校闹"人员侵权责任。[1] 三是教师惩戒问题引起重视。2019 年 7 月，国务院首次提出关于"教师惩戒权"的问题，2019 年 11 月教育部就《中小学教师实施教育惩戒规则》公开征求意见，进一步明确了教师惩戒尺度问题。四是未成年人保护制度逐步健全。十三届全国人大常委会在 2019 年 10 月提请修订《未成年人保护法》《预防未成年人犯罪法》，专门增设"网络保护""政府保护"，首次提出"建立欺凌防控制度"，推动未成年人保护法治化走向更高水平。

学生安全意识和自我保护能力进一步提升。地方各级教育部门积极组织多种多样的安全主题教育活动进校园，全方位、多维度地提高了学生的安全知识水平和自我保护能力。一是通过分发宣传手册、举办专题讲座、打造特色课堂、组织开展防灾演练、借助网络视频直播等多种形式来提高学生的学习积极性，内化学生避险的本能反应，切实提升学生在灾害面前的应急与自救能力。二是除了传统的火灾、自然灾害、溺水事故、交通事故等内容外，还增加了普法教育、网络安全教育、防性侵教育、防网络诈骗教育等内容，全面满足学生的现实需求。据悉，截至 2019 年 6 月，最高检和教育部两部门联合开展"法治进校园"巡讲活动共 9.65 万次，惠及 10.8 万所学校和 8050 万名师生。[2] 三是邀请专家或从业人员对学生进行面对面授课，使学生深入了解更专业的安全知识，并掌握更具有科学性和实用性的逃生救援技能。如，东营市教育局与人寿保险公司联合组织了"中小学生地震逃生及应急救援模拟演练体验进校园公益活动"；河北省市场监管局在石家庄市裕东小学组织了"儿童和学生用品安全守护行动进校园活动"；南宁市红十字应急救护志愿服务队为南宁市第八中学全校两千多名师生开展防溺水培训。

二 校园安全管理水平不断增强

一年来，教育系统各部门认真落实党中央、国务院关于防范化解

---

[1] 《教育部等五部门关于完善安全事故处理机制维护学校教育教学秩序的意见》（http://education.news.cn/2019 −08/20/c_ 1210249375.htm，2019 年 8 月 20 日）。

[2] 《最高检等举行从严惩处涉未成年人犯罪 加强未成年人司法保护发布会》（http://www.scio.gov.cn/xwfbh/qyxwfbh/Document/1670581/1670581.htm，2019 年 12 月 20 日）。

学校安全风险的战略决策，高度重视学校安全管理工作，针对各方面安全风险精准施策、综合治理，确保安全作为教育事业发展和学生成长成才的最底线要求；同时与公安、卫生健康等部门密切合作，不断健全学校安全制度规范，完善学生安全防控体系，强化校园安全风险管理机制。

首先，重视预防预备，强化了先期防范措施。一是制定规范与标准，切实降低安全事故发生概率。以往的安全事故显示，各类院校和教育机构办学不规范与学校教学设备不符合安全标准是导致学生安全事故发生的重要原因。为健全办学教学人员管理体系和装备配置标准体系，教育部在 2019 年发布了《基础教育装备分类与代码》等 22 项教育行业标准的通知，并联合六部门发布《关于规范校外线上培训的实施意见》，国家卫生健康委员会也印发了《托育机构设置标准（试行）》和《托育机构管理规范（试行）》。二是加大安全教育投入，大力提升安全防范意识与能力。一方面，教育、公安等相关职能部门深入合作，积极开展以"防溺水、防性侵、防诈骗"为主题的安全演习与知识培训进校园的教育活动；另一方面，大力开展安全知识与事故应急培训，努力提升有关从业人员的知识素养和应急技能。如江西省在 2019 年 11 月印发《"赣教云·教学通 2.0"应用全员培训实施方案》，并积极组织全省教育系统网络安全专题培训。市场监管总局、教育部等部门在 2019 年年底联合印发的《关于落实主体责任强化校园食品安全管理的指导意见》同样对校园食品安全相关人员提出"定期参加食品安全培训考核，每周进行一次集中学习"的要求。三是加强警校协作，全力升级校园安全防范系统。全国各地紧抓校园安全防范系统建设，逐步完成 2019 年国家公安部提出的各项目标任务，在年底 100% 实现中小学封闭化管理、校园一键式紧急报警、学校视频监控系统与属地公安机关联网、城市中小学配备专职保安员的工作目标。[1]

其次，加强检查审查，构建了全面监管体系。一是各级部门和各类院校严格贯彻落实中央指导意见，对照行业规范和标准定期进行自我审

---

① 李玉坤：《公安部：今年年底前城市中小学专职保安配备率达 100%》（http://www.xinhuanet.com/2019−05/19/c_ 1124512889. htm，2019 年 5 月 19 日）。

视、自我检查，对问题和隐患进行整改和排查。如上海市浦东新区各校切实履行食品安全管理主体责任，建立食堂食品安全状况学校自查制度，认真按照《浦东新区学校食堂食品安全专项大检查自查表》进行自查，对食品原料品质及来源、设备设施维护及消毒、食堂场所环境等进行日常检查记录。① 二是各级教育部、公安部和检察院联合安监、质监、卫生、食药、交通、公安、信息等政府部门，通过联合检查、暗访摸排、专项整治等手段与方式，多次开展学校食堂突袭检查、学生用品审查抽查、校园周边网络专项整治、校园周边商铺整治、校园周边治安管理等多种形式的检查与整治活动，形成全方位、立体化的校园安全与风险监管"网面"，有效抵御和防范各类风险。如在 2019 年上半年，河南省市监局针对当地学校及其周边安全开展的"百日行动"整治活动，严厉打击危害青少年食品安全的违法行为;② 在部分市县开展儿童和学生用品安全守护行动，重点对儿童玩具、学生文具、校服产品、校园跑道原材料四类与青少年儿童健康成长密切相关、社会舆论高度关注的产品开展监督检查和专项整治。③ 三是积极号召社会公众主动参与校园安全与风险的各项监管工作，从而在线上线下和校内校外形成无死角监管包围圈，让违法违规行为无处藏身。

再次，严打涉校犯罪，筑牢了安全防护围墙。一是严厉打击重大恶性犯罪。重大恶性犯罪一般手段残忍、性质恶劣，在全省乃至全国范围造成广泛负面影响，严打重大恶性犯罪有助于提升群众的社会安全感和法治信任感。2019 年 6 月 20 日，辽宁省某中级人民法院公开审理了一桩涉校重大恶性案件。被告人曾在驾车路经一小学时将多名学生撞倒、碾轧后驶离现场，公诉机关以危险方法危害公共安全罪追究其刑事责任。④ 二是坚决打击校外黑恶势力侵害未成年学生犯罪。检察机关会同公安机

---

① 佚名:《逐级落实校园食品安全管理责任——浦东出台学校食堂安全专项大检查实施方案》，《浦东时报》2019 年 9 月 16 日第 8 版。

② 史林静:《河南开展校园食品安全整治"百日行动"》（http://www.xinhuanet.com/local/2019-03/18/c_1210085306.htm，2019 年 3 月 18 日）。

③ 王雅楠、张肖微:《沧州市开展儿童和学生用品安全守护行动》（http://www.he.xinhuanet.com/xinwen/2019-05/27/c_1124545987.htm，2019 年 5 月 27 日）。

④ 郑子超:《葫芦岛中院公开审理被告人韩某以危险方法危害公共安全一案》（http://lnfy.chinacourt.cn/article/detail/2019/06/id/4458949.shtml，2019 年 6 月 21 日）。

关等部门，深入开展扫黑除恶专项斗争，严厉打击黑恶势力侵害未成年人权益等犯罪活动。如引起广泛讨论的诱骗学生案件：被告人多次诱骗在校未成年学生参与赌博，并实施敲诈勒索，致多名被害人辍学、试图自杀，最终被判处二十年不等有期徒刑。① 三是突出打击性侵害青少年儿童犯罪。性侵害犯罪往往具有占比高、对被侵害者影响深远的特点，公安及检察机关对此类案件进一步加强认识，加大打击力度。四是依法惩治暴力伤害教师犯罪。尊师重教是几千年来中华民族的传统美德。面对暴力袭击教师的犯罪行为，公安机关坚决依法惩治、绝不姑息。

最后，强调基础保障，完善了治理长效机制。在思想指导层面，高举中国特色社会主义伟大旗帜，以习近平新时代中国特色社会主义思想为指导，深入贯彻党的十九大和十九届三中、四中全会精神，加快推进教育现代化，加紧推进平安校园建设。在政策制定层面，深入贯彻落实中央指导精神，从国家到地方、从一般到具体、从风险防控前期到风险治理后期，通过指导意见、规范条例、工作通知、实施方案等形式，全面落实校园安全风险治理工作，完善校园安全突发事故和舆情事件的应急处置机制，从根本上改善校园环境、保证师生安全、维护校园安宁。在经费投入层面，中央和地方各级教育及财政部门一方面对校园安全管理加大财政保障力度，全力为校园安防建设提供资金支持。如，湖南省浏阳市财政厅 2019 年拨款 28 万元为全市中小学及幼儿园 19.5 万名学生购买食品安全责任保险；2017—2019 年投入 600 万元对全市学校食堂进行了"明厨亮灶"视频厨房建设，同时投入 128 万元对学校周边餐饮店进行"透明厨房"提质工程改造。② 另一方面，积极调动社会力量和资源，完善社会捐赠优惠等政策，引入社会资本，形成多方参与的社会治理局面。在技术支撑层面，国家及地方各级教育、公安、检察等政府部门紧跟"互联网＋大数据"时代，密切与信息与网络技术部门或公司开展广泛合作，助力建设"智慧安防大数据管理"体系，大力建设"校园

---

① 《最高检等举行从严惩处涉未成年人犯罪　加强未成年人司法保护发布会》（http：//www. scio. gov. cn/xwfbh/qyxwfbh/Document/1670581/1670581. htm，2019 年 12 月 20 日）。

② 《浏阳财政：注重经费投入　为学生食品安全保驾护航》（http：//czt. hunan. gov. cn/czt/xxgk/gzdt/dfcz/zs/201909/t20190912_ 10389681. html，2019 年 9 月 12 日）。

安全网格预警管理云平台"，基本实现校视频监控系统与属地公安机关联网。如，多个省份教育厅实行试点应用安全风险隐患双重预防体系云平台，对校园的排查清单、隐患管理、安全演练等进行综合防护与管理；多地中小学、幼儿园大力推行"互联网＋明厨亮灶"信息化管理平台，将学校食堂食品安全情况向家长和社会公开等。在社会救助层面，严格落实最高检《关于全面加强未成年人国家司法救助工作的意见》，积极推进最高检与团中央共同开展的未检社会支持体系建设试点工作，加强妇联、共青团或其他社区团体对问题青少年的指导帮助与被害未成年人的心理救助，引导未成年违法犯罪者和受害者早日重新融入社会。

三 社会关切问题及时回应

我国正步入一个信息传播技术日新月异的时代，与学校师生健康与安全相关的词汇语句一经爆出，围绕话语的各种信息就会在媒介平台上不断渲染发酵，迅速成为新的舆论热点，引发群众网络热议及线下讨论。党和政府将人民的根本利益当作一切工作的出发点和落脚点，时刻聆听群众的呼声，从客观事实出发，及时回应和解决人民群众真切关注的民生问题。

1. 校园暴力与欺凌行为得到有效重视

联合国教育、科学及文化组织在"2019 教育世界论坛"上发布的题为《数字背后：结束学校暴力和欺凌》（"Behind the Numbers：Ending School Violence and Bullying"）的报告中指出在全球范围内有 32％的学生近一个月内被校园里的同龄人欺凌至少一次，从这一数据中可以看出校园暴力和校园欺凌事件不容乐观，危害程度不容小觑。

从 2019 年发生的多个校园暴力与欺凌案例中可见，由于缺乏独立的"少年司法"，使得对未成年人犯罪问题处理惩戒教育不足。因此，中央及地方立法部门根据实际情况完善建立"少年司法"体系，加紧补足"少年司法"短板。据悉，十三届全国人大常委会第十四次会议初次审议《未成年人保护法修订草案》时，针对社会关注的学生欺凌问题予以明确回应，规定学校应当建立学生欺凌防控制度，并且应当配合有关部门，根据欺凌行为性质和严重程度，依法对实施欺凌行为的未成年学生予以教育、矫治或者处罚等。① 此外，最高检已将由校园暴力与欺凌引起的正当防卫案件列入《第十二批指导型案例》，明确未成年人在受到校园暴力侵害时，可以进行正当防卫，任何人都可以依法介入保护，以维护被侵害学生合法权益。②

2. 持续严厉整治校外机构违规办学行为

近年来，中国校外培训行业发展十分迅猛，但是行业相关的道德规范尚未建立、法律法规制度也尚不完善，导致培训市场乱象横生、学生伤害事故频发。一方面，有的培训机构场所过于简陋，存在重大安全隐患；另一方面，培训机构从业人员侵害学生的犯罪案件呈现明显上升趋势。种种表现令家长担忧不已，治理的呼声越来越强烈。

为了杜绝此类乱象继续蔓延发展，各级教育部门、公安部门和市场监管部门联手整治校外培训机构违规办学行为。一是全面落实整改工作，通过建立年检年报制度、随机抽查方案、线上培训备案等多种举措，对不合格的机构进行关停或者责令整改处理。据统计，截至 2019 年年底，教育部等部门已对 718 家校外线上培训机构、115622 名培训人员、3463 门课程完成了备案排查，并对存在问题的培训机构提出了整改要求。③ 二是出台相关政策条例，从线上到线下，严格规范校外培训机构运营与教学行为。如，在 2019 年 3 月，教育部出台了《关于做好 2019 年普通中小学招生入学工作的通知》，要求斩断校外培训机构与学校招生入学挂钩的利益链；在 2019 年 5 月，教育部办公厅印发了《关于开展校外培训机构专项治理"回头看"活动的通知》，要求对各地校外培训机构再次进行全面摸排；在 2019 年 7 月，教育部等六部门印发《关于规范校外线上培训的实施意见》，要求进一步规范面向中小学生、利用互联网技术实施的学科类校外线上培训活动，促进其健康有序发展。三是深化教学改革，严

---

① 张素、梁晓辉、黄钰钦：《中国拟修改未成年人保护法　解决校园欺凌、性侵害、沉迷网络等问题》（http：//www.chinanews.com/gn/2019/10 - 21/8985201.shtml，2019 年 10 月 21 日）。

② 《第十二批指导性案例》（https：//www.spp.gov.cn/spp/jczdal/201812/t20181219_402920.shtml，2018 年 12 月 19 日）。

③ 赵秀红：《全国校外线上培训机构基本完成备案排查》，《中国教育报》2020 年 1 月 9 日第 1 版。

厉指正超纲超前的"应试"教育模式，严格规范教师不良教学行为，进一步提高中小学教育教学质量，解除广大学生和家长对校外培训的依赖。

第二节　校园安全事件的特点

本节归纳的校园安全事件特点建立在校园安全专委会建立的案例数据库的基础上，所有案例数据均来自多家权威媒体①的报道。通常情况下，为保证案例的真实性、准确性，将通过不同渠道进行印证。搜集的校园安全事件案例总计 273 起，事件发生时间自 2018 年 11 月到 2019 年 10 月共计一年。通过对这一年校园安全案例数据库的分析，明确校园安全与风险的防范要点和整改重点，为下一年的校园安全治理工作指明方向。

一　类型分布特征：校园暴力与欺凌仍最突出

本部分内容将延续前几版发展报告的事故类型分类标准，并结合现阶段的新型风险，把我国 2019 年②校园安全事件主要分为以下九种类型：设施安全事件、校园欺凌事件、意外伤害事件、个体身心健康事件、校园暴力事件、校园公共卫生事件、学生网络安全事件、校园周边安全事件和自然灾害事件。其中以校园暴力事件、意外伤害事件和校园欺凌事件发生频数最为突出，分别为 110 起、58 起和 40 起，占全年校园安全事件的 40.29%、21.25% 和 14.65%。其次是个体身心健康事件，为 15 起，占比 5.49%，校园周边安全事件 13 起，设施安全事件 12 起，校园公共卫生事件 10 起。学生网络安全事件和自然灾害事件均为 5 起，占比 1.83%。

---

①　所选校园安全事件主要来源于中华人民共和国教育部官网、中华人民共和国公安部官网、中华人民共和国中央人民政府官网、中华人民共和国最高人民检察院官网、人民网、新华网、光明网、央视新闻网及各地教育、公安、检查部门官方网站等权威媒体的有关报道。

②　实际是指 2018 年 11 月到 2019 年 10 月，为方便描述，本书均采用"2019 年"的说法。

对比 2018 年①和 2017 年②的校园安全事件统计数据，发现 2019 年校园暴力事件和意外伤害事件发生次数呈急剧上升趋势：校园暴力事件 2017 年发生 48 起、2018 年发生 35 起，而 2019 年发生 110 起；意外伤害事件 2017 年发生 8 起、2018 年发生 9 起，而 2019 年发生 58 起。见图 1—1。

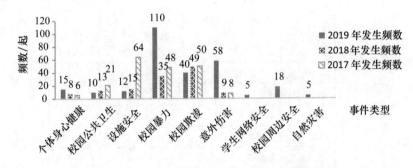

图 1—1 2017—2019 年校园安全事件发生频数对比图

2017 年校园安全事件中以设施安全事件、校园欺凌事件和校园暴力事件最为突出，2018 年校园安全事件中校园欺凌事件和校园暴力事件最为显著，2019 年发生频数最多的则是校园暴力事件、意外伤害事件和校园欺凌事件。总的来说，校园暴力事件和校园欺凌事件在校园安全事件中仍为最主要的类型。

经进一步统计，校园暴力事件中"教师对学生的暴力"类型居多，有 29 起，占校园暴力事件的 26%，其次是"学生间暴力""虐童"及"猥亵性侵"类型，分别为 25 起、25 起、18 起。意外伤害事件中以"溺水"发生频率最高，为 39 起，占意外伤害事件的 67.24%。个体身心健康事件中最主要的类型为"心理失范"，占个体身心健康事件的 86.67%。校园周边安全事件中，"校园周边交通安全"事件发生 13 起，见表 1—1。

---

① 高山主编：《中国应急教育与校园安全发展报告 2018》，科学出版社 2018 年版，第 9—10 页。
② 高山主编：《中国应急教育与校园安全发展报告 2019》，科学出版社 2019 年版，第 8—9 页。

表 1—1 　　　　　**2019 年部分校园安全事件具体类别统计表**

事件类型	具体类别	频数	百分比（%）	总数
个体身心健康事件	突发疾病	1	6.67	15
	心理失范	13	86.67	
	因个人健康问题造成的猝死	1	6.67	
校园暴力事件	虐童	25	23.00	110
	猥亵性侵	18	16.00	
	教师对学生暴力	29	26.00	
	学生间暴力	25	23.00	
	学生对教师暴力	3	3.00	
	校外人员对师生暴力	10	9.00	
校园周边安全事件	校园周边交通安全	13	72.20	18
	校园周边突发治安	5	27.80	
意外伤害事件	滑梯坠落	1	1.72	58
	校内交通安全	5	8.62	
	教学引发	1	1.72	
	溺水	39	67.24	
	误开紫外线灯	2	3.45	
	嬉闹伤害	3	5.17	
	因场地、栏杆、围墙、地面造成	3	5.17	
	坠楼	2	3.45	
	误杀	2	3.45	

　　有研究证明，在青少年时期遭受过校园暴力与欺凌的人群不仅在事发当时会出现严重的心理创伤，而且在多年后亦可能会出现抑郁、焦虑、情感障碍等症状，自杀的风险也高于其他未发生此类事件的人群。在今后的校园安全治理工作中，要加紧完善校园暴力与欺凌方面的防范政策和惩治法规，加大落实相关方面的教育工作和整治工作，加强推进师德师风建设。学校与政府应在此过程中负起主要责任，致力建设让家长放心、让社会满意的和谐校园。补齐短板的同时，同样要强化弱项。对于2019 年增多的意外伤害事件，只有前期做到认真宣传安全知识及切实制

定应急预案，中期做到定期检查常规事项、及时发现隐忧隐患和按时整改不足之处，后期做到落实应急处理准备和及时采取应急措施，才能有效减少此类事件的发生。

二 时间分布特征：大部分事件集中发生在学期初和学期末

总体来看，2018 年 11 月至 2019 年 10 月校园安全事件的高发月份为 2018 年 11 月、12 月和 2019 年 5 月、6 月、9 月，峰值处于 2018 年 11 月和 12 月。与前两年校园安全事件统计数据结果相似，即事件发生主要集中于学期末。除此之外，经进一步统计，校园安全事件中占比较高的校园暴力事件的高发月份为 2018 年 11 月、12 月和 2019 年 5 月；意外伤害事件发生的最高峰值处于 2019 年 9 月；校园欺凌事件发生的最高峰值处于 2018 年 12 月，均有明显的集中于学期初和学期末的特征，见图 1—2。

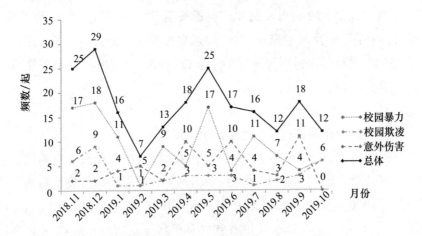

图 1—2 2019 年校园安全事件月份分布

具体来看，在星期五发生的校园安全事件最多，为 34 起，占比 12.45%；其次是星期四，发生 33 起，占比 12.09%，见图 1—3。校园暴力事件呈现出明显的"星期五"特征，即校园暴力事件在星期五发生的数量显著增多，为 24 起；而意外伤害事件呈现出明显的"星期六"特征，即意外伤害事件在星期六发生的数量明显较多，为 15 起。

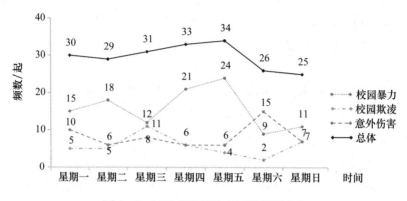

图1—3 2019 年校园安全事件星期分布

由于处在刚结束假期或者即将开始假期的阶段，学生处于放松状态，安全意识、警惕意识都已淡化，这时校园安全事件发生的概率便大大增加。学校应在学生放假离校前和放假返校后及时分发《开学安全手册》《放假安全手册》及《告家长书》，加强学校教师与家长的交流，通过更为直接的沟通与合作，共同做好学生离校阶段、返校阶段以及假期阶段的安全防范工作。

三 地区分布特征：发达地区高于欠发达地区

研究统计的 2019 年校园安全事件一共涉及 30 个省份（自治区、直辖市、特别行政区），其中广西壮族自治区的校园安全事件发生最多，共 47 起。其次是河南省，共 23 起；湖南省，共 18 起；广东省为 16 起；四川省和北京市均为 15 起；其余各省（自治区、直辖市）频数均小于 15 起，见图1—4。湖南省、河南省在 2017 年、2018 年同样是全国校园安全事件高发前四省之一。

从 2019 年校园安全事件发生的城乡分布情况来看，城市地区发生频数较高。除广西壮族自治区、河北省、新疆维吾尔自治区和贵州省各省（自治区）农村地区校园安全事件发生频数高于城市地区以外，大多数省份（自治区、直辖市、特别行政区）城市地区发生频数高于农村地区。城乡对比频数差值最突出的两个省份（直辖市）为：北京市城市地区发生频数比农村地区多 15 起，广西壮族自治区农村地区发生频数比城市地区多 13 起,见图 1—4。

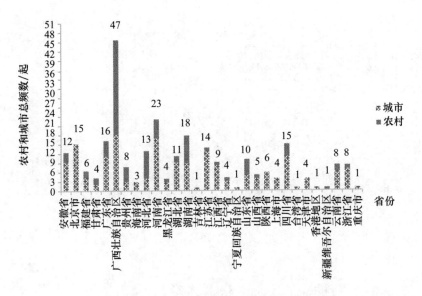

图 1—4 2019 年校园安全事件省份分布

在对全部事件类型进行统计时发现,除意外伤害事件类型农村地区发生频数高于城市地区外,其余事件类型皆为城市地区高于农村地区(图 1—5)。

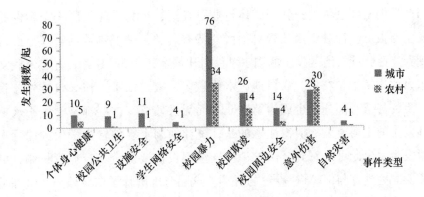

图 1—5 校园安全事件类型城乡分布

从 2019 年校园安全事件发生的地域分布情况来看,校园安全事件集中于华东、华中与华南地区（见图1—6），这三个地区皆为较发达地区。

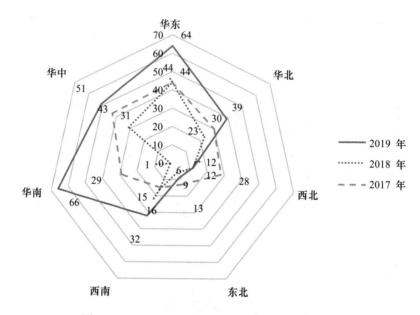

图1—6 2017—2019年校园安全事件地域分布对比

　　总的来说，除广西壮族自治区外，校园安全事件发生频数呈现出发达地区高于欠发达地区的特征。这种现象出现的原因与教育、媒体行业的发展有关，相较而言，发达地区教育水平更高、各类院校比较集中，因此学生密度也更大；新闻媒体行业更发达，更为关注校园安全事件的发生与报道。针对广西壮族自治区的特有现象，进一步数据整理分析得到：广西壮族自治区发生的溺水事件占比最大，为36.10%，并且这些溺水事件均发生在农村。农村地区水域较多，家长忙于工作导致校外监管不足，甚至有部分学生成为留守儿童而无人监管，这些都是学生溺水事件发生的主要原因。值得注意的是，统计的溺水事件皆为学生逃课玩水时发生，由此可以看到，保护学生安全不仅需要健全学校监管机制，更需要家庭教育与保障进一步"到位"。这同时也解释了在意外伤害事件类型中农村地区事件发生频数高于城市地区的现象（意外伤害事件中溺水事件占比最高，见表1—1）。

四 地点分布特征：发生场所范围扩大

从校园安全事件发生地点角度统计发现，发生场所范围有所扩大，公开场所发生频数下降，隐蔽场所发生频数上升。具体来说，发生频数最大的地点是教室，为 44 起；其次是学生宿舍 29 起、教学楼及其楼道 20 起、食堂 15 起，见表 1—2。对比 2017 年和 2018 年统计数据，教室发生频数连续下降，由 2017 年的 70 起下降到 2019 年的 44 起；学生宿舍发生频数连续上升，由 2017 年的 14 起上升到 2019 年的 29 起。学校及宿舍管理员应继续加强日常例行检查，及时对安全隐患和学生纠纷做出处理。

此外，以微信、微博、支付宝和各种手机客户端软件等网络媒介为依托的新型学生网络安全事件逐渐涌现，共计 4 起，国家教育及公安部门对此应立即高度重视，及早制定及完善相关法律法规；教师宿舍及其私家车内发生的性侵事件也不在少数，为 6 起，学校安保人员在对校园和学生宿舍进行巡逻检查的同时，应增加对教师宿舍和周边停靠车辆的巡视。

表 1—2　　　　　　　2019 年校园安全事件发生地点分布概况

地点		发生频数/起	百分比（%）
校内	校内其他地方	15	64.10
	教学楼及其楼道	20	
	操场	14	
	厕所	11	
	教室	44	
	实验室	4	
	食堂	15	
	校门口	4	
	学生宿舍	29	
	办公室	13	
	教师宿舍或私家车内	6	
校外		92	33.70
网络上		4	1.47
不详		2	0.73

五 学段分布特征：中小学及幼儿园尤为显著

2019 年校园安全事件发生学段仍以幼儿园、小学及初中最为突出，且与 2018 年、2017 年数据相比大幅增加。2019 年校园安全事件频数最高为初中阶段 85 起，其次是小学阶段 83 起、幼儿园阶段 44 起。而大学阶段的校园安全事件频数为 28 起，相比于前两年统计数据呈波动下降态势，高中阶段校园安全事件发生频数连续两年下降，而职高阶段发生频数连续两年上升，见图 1—7。

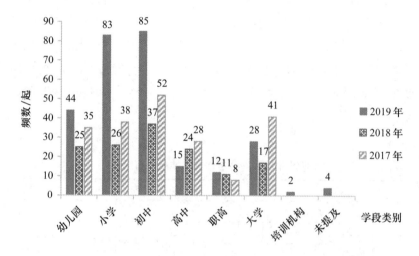

图 1—7　2017—2019 年校园安全事件发生院校类别统计

不同阶段的未成年学生身心发展特征有较大差异，就学前儿童而言，其成长发育刚刚起步，对外界认知尚不明确，安全防范意识较弱，行动能力较差，极易遭受来自社会不良群体的恶性侵害，此阶段需要成人时时刻刻地看护和留心照顾；就小学生而言，其身心发展尚不成熟，独立思考和自我控制的能力较弱，幼稚行为和依赖性特征表现明显，此阶段需要监护人对其学习、生活各方面进行指导和约束；就初中生而言，其心理发展处于关键转折期，内心十分敏感，喜欢冒险挑战，行为上爱追求个性化，思想单纯，情绪波动大，状态不稳定，此阶段需要教师和家长重点关注；而到了高中阶段，学生成长发育逐渐成熟，能自我调节和控制自己的情绪和行为，自我保护意识与风险防范意识也较为完备。因此，国家及地方各级校园安全管理部门应根据学生群体学段特征具体制定校园安全治理方针政策，同时各类院校应根据自身实际情况，落实校园安全防控工作与完善校园安全应急处置机制。

第三节 校园安全政策的回顾

本节将对搜集到的 82 项[①] 2018 年 11 月至 2019 年 10 月时间段内由中共中央、教育部、最高人民检察院等国家层面发布的校园安全政策文件进行一个简单的回顾与分析，以便明确我国现阶段校园安全政策的发展特征，了解中央政府关于校园安全治理工作的统筹规划方案及指导方针路线，并对发达国家的校园安全政策进行简要分析，切实做到"找差距、补短板"，为校园安全治理工作更加科学化、系统化提供参考意见。

一 国家性校园安全政策汇总

本部分内容对于校园安全政策文本的定义与以前的发展报告保持一致，即指由全国人大、中共中央、教育部等国家层面的部门所颁发的，以正式书面文本为表现形式的各种校园安全规范性法律、法规和规章的总称。[②] 同样，将校园安全认定为是人、财、物、校园文化综合的安全，不仅包括在校师生生命、财产、人格等权利的保护，还包括对学校公共财物和校园文化资产的保全。[③]

经初步判断，在 2018 年 11 月至 2019 年 10 月这一年，国家层面发布的校园安全政策的主题集中在防控校园安全风险（50 项）、规范教育办学

---

① 为较为准确、方便地获取从 2018 年 11 月至 2019 年 10 月国家发布的校园安全政策文件，我们首先选取与校园安全相关的国家级部门官方网站，包括国务院、教育部、国家卫生健康委员会、教育部、市场监督管理局等 20 余个政府网站，收集在上述期间发布的与校园安全相关的新的政策文本，接着，我们进一步选取中华人民共和国中央人民政府网站（https：//www.gov.cn/）作为政策文件的样本来源，最终获得有效政策样本 82 项。

② 高山主编：《中国应急教育与校园安全发展报告 2019》，科学出版社 2019 年版，第 35 页。

③ 高山主编：《中国应急教育与校园安全发展报告 2018》，科学出版社 2018 年版，第 20 页。

（21 项）和呵护师生身心健康（11 项）这三个方面，政策文本形式涉及工作通知（36 项）、规范条例（7 项）、实施方案（7 项）、指导意见（30 项）、总结通报（2 项）这五类。政策文本总体样本见附录表 1。

二　政策发布日期分析

图 1—8 是我国 2019 年校园安全政策文本数量月份统计图，从图中可以看出，全年相关部门共颁布 82 项校园安全相关政策，平均每月颁布校园安全政策文本数约为 6.8 项，其中，2019 年 4 月颁布的校园安全相关政策文本数量最多，达 14 项；颁布相关政策文本数量最少的月份为 2018 年 12 月、2019 年 8 月，均为 4 项；2019 年上半年颁布的校园安全相关政策文本数量相比下半年较多，分别为 46 项和 36 项。与 2017 年、2018 年情况相比，文本总数量基本持平（2017 年为 82 项[1]、2018 年为 87 项[2]），同样也是 4 月份出台政策最多，其他月份所颁发的政策数量较为稳定，没有较大的起伏。

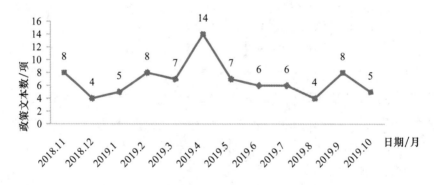

图1—8　2019 年校园安全政策文本数量月份统计

三　政策发文机构分析

为健全校园安全风险防控体系，争取做好校园安全的事前预防工作、事发应急工作和事后处置工作，国务院、教育部、最高人民检察院等部

---

[1]　高山主编：《中国应急教育与校园安全发展报告 2018》，科学出版社 2018 年版，第 45 页。

[2]　高山主编：《中国应急教育与校园安全发展报告 2019》，科学出版社 2019 年版，第 38 页。

门认真贯彻落实中央指导精神，根据宪法和法律的规定，制定各种校园安全规范性法律、法规和规章，依法惩罚不履行义务或违反安全管理规定的义务人或责任人，从而达到指导、监督和落实各项校园安全管理工作的目的。

经统计，政策发布呈多主体趋势，2019 年的发文部门联合数多至 23 部门，与去年同比增长 91.67%，这表明中央政府已进一步加强建立协同治理机制，见表 1—3。

表 1—3 联合制定校园安全政策文本的部门数

所含部门数	联合发布项/项	百分比（%）
2	6	26.08
3	4	17.39
4	2	8.70
5	2	8.70
6	3	13.03
8	2	8.70
9	1	4.35
10	1	4.35
11	1	4.35
23	1	4.35
合计	23	100.00

此外，教育部、国务院和最高人民检察院是发布校园安全政策的主要机构，在 2019 年教育部参与发布校园安全政策最多，为 44 项，占校园安全政策文本总数的 53.66%；国务院直接参与发布 19 项，占总数的 23.17%；最高人民检察院参与发布 6 项，占总数的 7.32%。

四 政策涉及主体分析

校园安全政策就像一支利箭，箭尾是政策的责任主体，箭头是政策的权益主体，两方携手，便能直击要害，精准破解校园安全治理难题。

1. 责任主体

对政策文本内容的进一步分析发现，校园安全政策主要针对学校、家庭、社会、有关政府部门这四个主体提出了要求，故本部分内容将校园安全政策的相关责任主体划分为学校、家庭、社会、有关政府部门四类。经统计，单一责任主体的政策文本数量为 59 项，其中，责任主体是学校的政策文本数量有 40 项，责任主体是家庭的有 1 项，责任主体为社会的有 15 项，责任主体为有关政府部门的有 3 项；涉及多责任主体的政策共有 23 项，其中，涉及两个主体的政策数为 16 项，多为学校与家庭、学校与社会、学校与有关政府部门，涉及三个主体的政策数为 7 项，主体多为学校、家庭、有关政府部门，或学校、社会、有关政府部门。总的来说，学校为承担政策责任的主要主体，见图1—9。

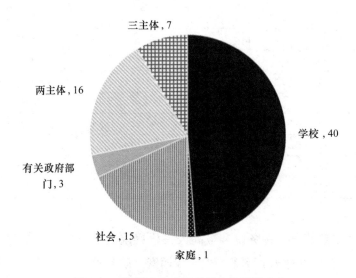

图1—9 校园安全政策责任主体类型分布

2. 权益主体

同时发现，校园安全政策所涉及的权益主体主要有大学生、中学生、小学生和学前儿童四类。政策中单独保护某一类学生主体权益的数量并不多，大部分都同时对多种类型学生主体的权益进行保护。在保护多种类型学生主体权益的校园安全政策中，同时保护中、小学生权益的校园安全政策占比最多，为 32 项，与校园安全事件学段分布特征（即中、小学及幼儿园最为显著）正好呼应；保护学生全体权益的紧随其后，为 20 项；而涉及中学生、小学生和学前儿童的校园安全政策数量为 10 项。在仅保护单一学生主体权益的校园安全政策中，权益主体为大学生和学前儿童的最多，均为 5 项，见表 1—4。

表 1—4　　　　　　　校园安全政策涉权益主体类型分布

政策权益主体	政策文本数量/项	百分比（%）
大学生	5	6.10
中学生	2	2.44
小学生	3	3.66
学前儿童	5	6.10
中、小学生	32	39.02
大、中学生	4	4.88
大、中、小学生	1	1.22
中、小学生及学前儿童	10	12.20
学生全体	20	24.39
合计	82	100.00

五　政策目标分析

政策目标是政策制定者通过政策实施所需要达到的对政策问题解决的期望程度和水平。本部分内容将延续以往发展报告的分类方法，将政策目标分为四类：精神目标、现实目标、工作目标与根本目标。①根据统计数据，2019 年的校园安全政策中，落实工作要求类的校园安全政策数量最多，共有 36 项，占政策文本总数的 43.90%；贯彻中央精神的校园安全政策有 30 项，占总数的 36.59%；保障师生人身财产安全的校园安全政策有 14 项，占总数的 17.07%；占比最少的是维护校园秩序和社会稳定类的校园安全政策，只有 2 项，仅占总数的 2.44%，见图 1—10。

_____

① 高山主编：《中国应急教育与校园安全发展报告 2018》，科学出版社 2018 年版，第 50 页。

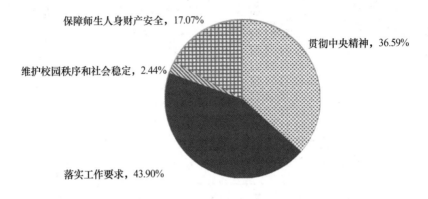

图 1—10　校园安全政策目标分布

六　政策工具分析

根据《中国应急教育与校园安全发展报告 2019》对政策工具的定义及划分，本章将政策工具划分为五类，分别是权威工具、象征与劝诫工具、激励工具、能力建设工具和系统变革工具。在 2019 年的校园安全政策中，象征与劝诫工具使用频率最高，共有 45 项政策文本使用了此项工具，占政策文本总数的 54.88%；权威工具次之，共有 16 项政策文本使用了此项工具，占总数的 19.51%；共有 9 项政策文本使用了能力建设工具，占总数的 10.98%；共有 9 项政策文本使用了激励工具，占总数的 10.98%；系统变革工具的运用最少，仅有 3 项政策文本使用了该工具，占总数的 3.65%，见图 1—11。

七　国外校园安全政策简要分析

总的来说，2019 年的校园安全政策主要包含以下内容：以学校为主要校园安全事件责任主体，家庭及社会责任有待进一步明确；严格规范校车运行，从人员、设备上提升校车质量，保障幼儿生命安全；更加关爱未成年人，加强未成年学生的心理健康教育及鼓励企事业单位、社会组织为未成年人提供主题教育、社会实践、职业体验等有针对性的服务；重视设施设备、违规教学、食品安全、传染病防治方面的风险排查整治；

不断提高教师队伍的质量和素质；进一步完善关于未成年人性侵、校园
暴力事件惩治和触发的规定。

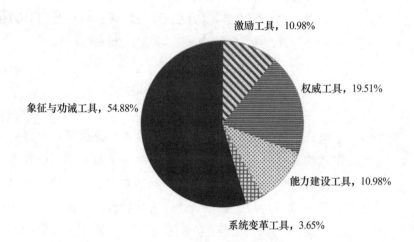

激励工具，10.98%

权威工具，19.51%

象征与劝诫工具，54.88%

能力建设工具，10.98%

系统变革工具，3.65%

图1—11 校园安全政策工具分布

近两年发达国家校园安全管理最鲜明特征是立法先行，不断修订和
完善与校园管理有关的法律，明确各相关利益主体责任，重视家庭、社
区、非政府组织责任，将学校作为全社会反对学生欺凌的中心平台，对
各类未成年人犯罪案件严格司法，例如，在日本刑事法体系下，年龄并
非判决犯罪的决定因素，未成年人只是采取不同的刑事司法体系。① 在其
他的发达国家中，美国比较重视以下三个方面：一是学校的暴力预防。
2018 年 3 月，《停止学校暴力法》（"The Stop School Violence Act"）提出
将为全国暴力预防计划提供十亿多美元的财政拨款，将在学校建立预防、
干预、服务三级预防暴力机制。二是困境学生救助。如在 2018 年 6 月，
美国联邦调查局召开了关于"校园安全"方面的论坛，讨论主题包括驻
校警察、在学校安全管理上与其他执行部门协调、社会信息共享以及如
何识别困境学生等。三是非营利组织、社区的联合共治。在州政府方面

---

① 常进锋、尹东风：《域外经验与中国思路：青少年校园欺凌的法律治理》，《当代青年研
究》2018 年第 2 期。

协同学校安全和保障服务等非政府组织，各州形成以学校为中心，辐射社区、家长、非营利组织的校园治理框架。① 此外，加拿大比较注重保护学生信息自由和个人隐私，以及关注学生性暴力和性骚扰事件。而西班牙比较关注性别暴力、幼儿暴力的预防以及致力改善校园和睦相处的情况，并发布《和睦共处及改善校园及其周边环境安全指导计划》。②

第四节　校园安全治理的展望

维护校园稳定是开展一切学校建设工作的前提，是保证教育在党和国家规划大局中战略地位的基本要求，更是全面深化教育体系改革和全力建设社会主义和谐社会的"底板"条件。必须加强和创新校园安全治理，完善党委领导、政府主导、家校合作、警校协作、社会参与、法治保障、科技支撑的综合治理体系，建立责任到人、落实到岗、督查到场、整改到位的全面监管机制，完善新形势下的校园安全风险应对方案，倾听弱势群体的内心呼声，关心当代师生的身心健康水平，确保全体学生专心向学、教师安心教学，建设更高水平的平安校园和更有力量的教育强国。

一　预防学生网络风险将成为基本点

互联网技术在不断往前发展的同时也催生出一批特殊的群体：网民群体。据《中国互联网络发展状况统计报告》数据显示，截至 2019 年 6 月，我国网民规模达 8.54 亿，职业结构统计中学生为比例最大的群体，为 26.0%。③ 此外，上述报告指出我国 99.1% 的网民都会使用手机上网。显然，在数据公布之前，大部分商业人群早已觉察趋势，将商业重心从电脑端转移至手机端。与此同时，网络中隐藏着的不法分子也将爪牙伸向了手机客户端。

---

① 杨文杰、范国睿：《美国中小学校园安全治理审思》，《全球教育展望》2019 年第 8 期。

② 孙进、杨瑗伊：《西班牙校园和睦共处政策：背景、内容、评价》，《外国教育研究》2019 年第 5 期。

③ 《第 44 次〈中国互联网络发展状况统计报告〉（全文）》（http：//www.cac.gov.cn/2019 -08/30/c_ 1124938750.htm，2019 年 8 月 30 日）。

新时期的学生网络风险与传统学生网络风险相比，其覆盖面更广、渗透力更强，给学生的网络安全保护工作带来了更多难题。一是学生意识形态安全正面临更大挑战。西方国家凭借其网络话语霸权挤压社会主义意识形态的话语空间，将资本主义普世价值观、新自由主义等意识形态进行精心伪装包装后，① 通过互联网进行输出和渗透，从而达到冲击社会主义主流价值观的目的。二是校园暴力及欺凌向网络延伸，未成年人网络犯罪与被害正形成"双刃危机"。《未成年人权益保护创新发展白皮书》显示，有近半数的校园欺凌案件都发展为网络欺凌、网络恶意传播、网络暴力。《中国未成年人互联网运用报告》显示，我国有 28.89% 的未成年人在社交软件、网络社区、微博和直播平台等上网过程中遇到过暴力辱骂信息。三是性侵未成年人犯罪出现新形态，网络性侵呈高发态势。《2018 年性侵儿童案例统计及儿童防性侵教育调查报告》显示，在 2018 年有多起不法分子利用互联网进行儿童性侵的案例，呈现出了新的犯罪形态，比如"隔空"诱骗未成年人发送"裸照""裸体视频"等。四是与学生群体有关的网络消费异常问题频发，"网络贷""裸贷"和中小学生偷钱打赏网络主播的问题层出不穷。五是青少年网络沉迷成瘾现象依旧很严重，从沉迷电脑往沉迷手机方向转变。

频频曝光的案例充分说明了学生网络侵害问题的严峻性，如何有效解决此类问题，这对家长监护、平台监管、司法审理等方面都提出了新的要求。加大力度预防学生四大网络风险，加快构建"青少年模式"的学生网络安全治理规范，尽可能减小网络违法侵害、不良信息影响、个人隐私泄露、网络沉迷成瘾给未成年人成长发育带来的影响和伤害。

二　提高体质及心理健康水平将成为聚焦点

青少年学生是国家的未来，是国家教育活动的对象主体，是复兴中华民族的潜在力量。只有进一步提高学生体质健康及心理健康水平，才能为国家治理、现代化建设提供源源不断的人才动力和智力支撑，才能加快转变人才资源的步伐。《全国学生体质与调研状况》数据显示，学生

---

① 赵欢春：《论网络意识形态话语权的当代挑战》，《河海大学学报》（哲学社会科学版）2017 年第 1 期。

体质健康正面临着严峻的形势，虽然近年体质水平有所上升，但整体上仍在低水平徘徊。值得注意的是，我国学生近视也呈现高发、低龄化趋势，严重影响孩子们的身心健康。① 青少年的体质健康问题一直牵动着党和国家领导人的心，2019 年就此提出了多项指导意见。如，2019 年 2 月，中共中央、国务院印发的《中国教育现代化 2035》提出要增强综合素质，树立健康第一的教育理念和建立健全中小学体质健康标准。② 2019 年 7 月，中共中央、国务院颁布《关于深化教育教学改革全面提高义务教育质量的意见》，提出学校须严格执行学生体质健康合格标准，除体育免修学生外，未达体质健康合格标准的，不得发放毕业证书。③ 青少年学生的身体素质决定着军队未来的战斗力，对国家的经济发展和社会进步起着决定性作用，全面提高学生身体素质刻不容缓。

建设社会主义教育强国同样需要全面提高学生心理健康水平，具有强大心理韧性的青少年学生在未来面对一切艰难险阻时才能无所畏惧、屹立不倒。在联合国 2018 年发布的《青少年：健康风险和解决办法》中指出，在精神卫生方面，抑郁症是青少年患病和致残的主要原因之一，自杀是青少年的第二大死因。④ 在 2019 年江苏省发布的《未成年人心理健康状况调查报告》中同样显示，约有 14.72% 的未成年人心理健康水平较低，而且有近半数未成年人存在明显的学习焦虑状况。据本章第二节统计，2019 年校园安全事件中个体身心健康事件为 15 起，其中心理失范事件为 13 起，占比 86.67%。由此可见，我国学生心理健康问题日益凸显，亟须引起学校、家长和国家政府机关的高度重视，学生心理健康水平也应尽早纳入学校教育教学水平的评估指标体系。加强学生人文关怀，满足学生心理健康教育服务需求，才能真正实现学校教育育心与育德的统一。据悉，到 2022 年年底，我国将实现基本建成有利于儿童青少年心

---

① 袁勃：《共同呵护好孩子的眼睛　让他们拥有一个光明的未来》，《人民日报》2018 年 8 月 29 日第 1 版。

② 《中共中央、国务院印发〈中国教育现代化 2035〉》（http：//www. gov. cn/zhengce/2019 - 02/23/content_ 5367987. htm，2019 年 2 月 23 日）。

③ 《（受权发布）中共中央国务院关于深化教育教学改革全面提高义务教育质量的意见》（http：//www. gov. cn/zhengce/2019 - 07/08/content_ 5407361. htm，2019 年 7 月 8 日）。

④ 《青少年：健康风险和解决办法》（https：//www. who. int/zh/news - room/fact - sheets/detail/adolescents - health - risks - and - solutions，2018 年 12 月 13 日）。

理健康的社会环境，形成学校、社区、家庭、媒体、医疗卫生机构等联动的心理健康服务模式。①

三　保卫困境及留守儿童安全将成为着重点

改革开放 40 年来，工业化和城镇化成为推动经济社会发展的重要引擎。从农村到城市，人民获得了更高的收入，生活上也更富足，但是也开始面临着困境儿童和留守儿童数量增加，不同类型儿童福利的社会需求增长的问题。②

留守儿童一般指父母双方或一方从农村流动到其他地区，孩子留在户籍所在地的农村地区，并因此不能和父母双方共同生活在一起的儿童。③ 而困境儿童一般指贫困家庭儿童、个体自身致困儿童和监护缺失儿童。④ 一方面，这两类儿童由于自身条件差或者缺少家庭保护，往往更易受到不法分子的侵害，更需要社会的关爱保护。国家信息中心统计数据显示，留守儿童中与父母一年不见面的人数占 15.1%、与父母一年见一次或两次面的人数占 29.4%。与其他农村儿童相比，留守儿童伤害发生率更高，为 12.6%。⑤ 更有司法数据统计，2018 年 1 月至 2019 年 9 月，全国检察机关共批准逮捕侵害留守儿童犯罪高达 3944 人。⑥ 另一方面，相比其他儿童，留守儿童和困境儿童的亲子关系存在缺陷，这对他们的心理健康、性格情绪造成较多负面影响。因此，留守儿童和困境儿童长大后由于心理失衡而去侵害他人健康的事时有发生。此外，据了解，流动家庭、离异家庭、外地务工家庭、单亲家庭、再婚家庭的未成年犯罪

① 《关于印发健康中国行动——儿童青少年心理健康行动方案（2019—2022 年）的通知》（http://www.gov.cn/xinwen/2019 - 12/27/content_ 5464437. htm，2019 年 12 月 27 日）。

② 卢玮、林宝贤：《困境儿童分类保障政策成效研究》，《青年探索》2019 年第 6 期。

③ 《〈我国农村留守儿童、城乡流动儿童状况研究报告〉（全文）》（http://www.hubei.gov.cn/mzgjc/gjcgk/201305/t20130517_ 449285. shtml，2013 年 5 月 17 日）。

④ 宋文娟：《困境儿童的社会支持网络建构》，《科技视界》2019 年第 27 期。

⑤ 朱敏：《多部门联合部署关爱保护农村留守儿童和困境儿童工作　哪些问题亟待解决?》（https://finance.sina.com.cn/roll/2019 - 08 - 03/doc - ihytcerm8248928. shtml，2019 年 8 月 3 日）。

⑥ 《最高检等举行从严惩处涉未成年人犯罪　加强未成年人司法保护发布会》（http://www.scio.gov.cn/xwfbh/qyxwfbh/Document/1670581/1670581. htm，2019 年 12 月 20 日）。

人占比长期居高。

除去侵害与被侵害问题，困境儿童和留守儿童还面临严重的网络成瘾问题，首次触网年龄也呈低龄化趋势。一是由于留守儿童和困境儿童的监护人大多为年龄较大的祖辈或没有监护人，很难对其上网时间起到监控作用。二是因为留守儿童缺乏关爱，孤独感更强，容易将互联网当作精神寄托。有关研究表明，农村留守儿童上网设备以手机为主，且上网几乎全是玩游戏，很少学习。①

童年阶段的不良经历，很可能会影响到孩子一生的发展。无论是由于缺乏父爱母爱而造成的情感障碍，还是因为家庭贫困或者先天不足造成的自尊受挫，都会造成那些弱势儿童无法健康成长。关爱困境儿童及留守儿童的成长，切实解决他们面临的问题，这不仅是提升人民幸福的基本要求，也关乎实现幼有所育、学有所教、弱有所扶的民生目标。

四 构建协同治理责任体系将成为落脚点

对关联度高、风险因素多元的校园安全治理而言，构建"共建共治共享"的新时代校园安全综合治理体系尤为必要，而夯实主体责任和责任主体就是做好一切校园安全治理工作的有效前提。明确安全稳定工作人员的责任与权限、工作范畴、内容，才能解决防控手段执行不力的问题。②

一是要充分发挥党总揽全局、协调各方的作用。真正做到把党的领导贯彻到校园安全治理全过程，提高党的政治领导力、思想引领力、群众组织力、社会号召力。同时，通过建立安全治理领导机制，将学校相关职能部门纳入校园安全综合治理体系，完善安全责任框架，明晰各主体安全职责，实现综合治理效率最大化；通过构建学校、家庭、社区、政府等多利益相关方的联动机制，实现校园安全治理多领域合作，才能有效避免安全管理空白区。

二是要以推进国家机构职能体系优化协同高效为着力点，完善政府

① 王勇：《〈青少年蓝皮书：中国未成年人互联网运用报告（2019）〉发布 互联网企业应担负更多社会责任》（http://www.gongyishibao.com/html/yaowen/16716.html，2019 年 6 月 11 日）。
② 许可、查国清：《浅析新时期高校安全稳定工作的新形势新特点》，《管理观察》2017 年第 2 期。

治理体制机制。政府在提供"教育"公共产品时，具有学校自身或其他社会团体所不具备的各种优势，因此政府应把握好"掌舵"角色，建立综合协同机制，统筹、协调、督促、指导、监督有关行政部门及学校做好未成年人保护工作。在横向上，改变部门之间各自为政、互不通气的局面，建立学校安全管理制度共商共建的协同机制，实现数据信息开放共享以及各类资源协调使用，充分发挥多部门协同管理的联动优势。在纵向上，破解层级之间贯通不畅、权责不明的问题，建立下达有效、落地精准的响应体制，在上层统筹规划到下层执行落实的过程中展现上下同心协力的集体优势。

三是提高校方的主体责任意识，明确校方的责任范围，完善学生安全管理工作奖惩制度。学校作为校园安全治理的首要防线和基础环节，身负全校师生人身财产安全的重大责任，但由于一些社会不稳定因素（如校闹）和学校负责人员个人因素（如怠职），导致出现重大校园安全事件时校方不想负责、不能负责、不敢负责的情况时有发生。因此，需要强化学校管理与教务人员的责任意识，让学校切实把学生的生命安全摆在第一位，并且通过法律法规等形式界定校方的责任范畴，既不让校方在"校闹"中无辜受气受累，也不让校方在应对学生意外伤害时虚与委蛇。

四是加强家庭教育指导，健全家校合作机制，完善社会协同体制。家庭和社会作为校园安全治理的辅助领域和关键环节，应广泛支持学校安全管理工作，共同承担保障学生身心健康的责任。首先，每个家庭必须承担起教育职责和监护职责。有研究证明家庭亲密度越高，母亲受教育程度越高，孩子就越不容易遭受校园暴力。[1] 此外，家庭也是校园安全治理中的有效参与者、促进者与协助者。[2] 其次，少年儿童是国家未来的承担者，更是未来建设经济社会的主力。社会组织及企事业单位应加强与学校开展广泛合作，全力支持学校的安全教育事业与安全防范工作。

---

[1]　姜学文、纪颖、何欢等：《2016 年贵州和安徽省农村小学高年级学生校园暴力发生现况及其相关因素分析》，《中华预防医学杂志》2019 年第 8 期。

[2]　何树彬：《美国校园安全治理的新特点与启示》，《犯罪研究》2014 年第 4 期。

五　实现安全管理智能化将成为提升点

在大数据 2.0 时代，借助 IT 技术，促进教育、公安、学校的安全管理数据及时交互交流，"全方位、时时、处处"在校园内落实人防、物防、技防等各项措施，全力确保全校师生人身安全，既是大势所趋，也是现实所需。

校园安防监控系统智能化，促进校园安全内外防控。要深入加强警校联动，一方面学校应将本校的出入口控制、周界入侵报警、校园视频监控、学生人像信息与访客登记管理等系统信息与当地警方报警系统"云"相连，以便在出现突发状况时的第一时间报警，并将视频图像传输至公安报警系统中，从而为校园内的安全提供及时有效的基础保障，[1] 打破当前校园安防以学校人工实时监控和事后调阅为主的落后局面；另一方面警方应充分应用"人脸识别""大数据"等前沿科技，对校园周边视频、人像、车辆等数据进行智能前端采集，并通过对比分析全国公安数据信息，实现对学校布控范围内各类重点人员、可疑车辆、异常行为人等信息的实时推送、发现、触圈预警和有效管控。

校园设施设备管理智能化，加牢在校师生安全保障。一是用智能设备武装校园风险隐患排查系统，针对重点区域重点布防，通过实时监控来对异常情况做出及时预警通知。二是对每项排查记录做到云保存、云同步，实现动态化和精准化把握各项风险隐患检查数据，切实做到安全隐患排查整改有据可查、有迹可循。三是实行校车安全智能管理，应用云平台全方位守护幼儿安全。据悉，自 2018 年 12 月起，长沙市开福区实行校车安全管理公共服务平台试点，真正落实校车安全智能化建设。利用人脸、语音识别、视频主动预警等人工智能技术，通过云平台实现全程驾驶员的身份识别、行为自动识别、全程乘车人数自动识别、学生遗

---

① 何勇均：《校园监控系统设计及智能化发展趋势》，《中国新技术新产品》2019 年第 20 期。

留检测、学生接送点时间智能预测等技术,① 全方位保卫学生乘坐校车安全。

学生心理健康防护智能化,加强学生心理问题研判与预防。由于中国学生升学压力、就业压力增大等诸多因素,导致学生心理问题日渐突出。全国各类院校应对此建立快速反应机制,识别和筛查各个角落,建设立体化、智能化的心理安全防护网。据了解,西北农林科技大学已采用手机移动端测评与"一对一"回访评估相结合的方式,掌握不同年级(年龄)阶段学生心理健康程度,实现全校学生心理健康普查全覆盖。而华南理工大学则通过基于 AI 大数据的智能 VR 问诊系统,采用虚拟现实技术模拟问诊过程,筛查和研判学生的心理问题,同时建立了相应的学科交叉的人工智能实验室,从另一个方面实现了先进技术在心理健康领域的应用。②

---

① 林洁、陶泽恩:《智能监管,让安全"跑"在风险前面》,《湖南安全与防灾》2019 年第 8 期。

② 《"四位一体"深化心理育人工作 各地各高校多管齐下为大学生健康成长保驾护航》(http://www.moe.gov.cn/s78/A12/moe_ 2154/201902/t20190225_ 370985.html,2019 年 2 月 25 日)。

第 二 章

2019 年校园安全教育的发展

　　近年来，由于校园突发事件和日常安全事故频发，校园安全逐渐成为社会各界关注的焦点，人们开始意识到安全教育是学校教育中的重要内容，也是整个国民教育体系中不可或缺的重要组成部分。本章将通过梳理校园安全教育方面的法规政策和安全教育的普及现状来分析校园安全教育的总体发展情况，并依据学段进行分层分析，尝试描绘出校园安全教育的未来发展方向。

第一节　校园安全教育的总体发展情况

　　"校园安全教育"是学校管理者和教职工以法规政策为依据，采用科学合理的教育方式对学生进行突发事故、自然灾害和日常安全事故防范等方面的安全教育活动，开展校园安全教育来提高学生的安全知识水平和自护能力，保障学生的生命健康。① 校园安全教育的发展情况如何在一定程度上体现为法规政策对其的关注度如何，校园安全教育的发展离不开制度保障。本节将从法规政策和推广普及两个方面说明校园安全教育的总体发展情况。

一　校园安全教育的法规政策

　　由于校园安全事故频发，人们也越来越意识到安全教育的重要性，

---

　　① 马晓利、卜慧楠、钱伟：《学校安全教育"四位一体"模式的构建》，《教学与管理》2017 年第 21 期。

校园安全教育的制度化也逐渐进入学者们的研究视野。在原国家教育委员会（1998 年后更名为教育部）于 1992 年颁布的《中小学校园环境管理的暂行规定》中，第十三条明确规定了学校要建立安全教育制度，这意味着在法规层面明确规定了中小学校应当承担起安全教育的责任。迄今为止，我国已有法规中涉及校园安全教育相关内容的共有 25 部，[①] 内容涵盖了交通安全、消防安全、日常生活安全、大型活动安全、自然灾害中的自救等多个方面。2019 年[②]我国发布的涉及校园安全教育的法规政策文件共计 43 份（如表 2—1 所示），为我国校园安全教育的发展提供了制度保障，为校园安全教育工作落到实处提供了法律、政策依据。但是较为缺乏详细规定有关部门的具体权利和义务的条文，对如何开展校园安全教育鲜少进行详细阐述，这必然会影响其执行效果。

表 2—1　　　2019 年我国校园安全教育法规政策梳理情况

编号	法规政策名称
1	国家卫健委等十部门联合制定《遏制艾滋病传播实施方案（2019—2022 年）》
2	国家卫健委等八部门印发《关于做好 0—6 岁儿童眼保健和视力检查有关工作的通知》
3	国家卫生健康委办公厅、中央网信办秘书局、教育部办公厅、市场监管总局办公厅、国家中医药局办公室、国家药监局综合司印发《关于进一步规范儿童青少年近视矫正工作切实加强监管的通知》
4	国家卫生健康委日前发布《儿童青少年近视防控适宜技术指南》
5	国家卫生健康委印发《2019—2020 年流行季流感防控工作方案》
6	国务院教育督导办《关于开展防治中小学生欺凌和暴力专项整治工作的通知》
7	国务院教育督导委员会办公室 2019 年第 1 号预警：绷紧安全弦　坚决防范学生溺水事故发生
8	国务院教育督导委员会办公室 2019 年第 2 号预警：群策群力　织牢防溺水"安全网"
9	国务院教育督导委员会办公室 2019 年第 3 号预警：防范雷雨天气灾害　确保学生安全
10	国务院教育督导委员会办公室 2019 年第 4 号预警：加强暑假安全防范　确保广大学生安全

① 见附录表 2。

② 实际上指 2018 年 11 月 1 日至 2019 年 10 月 30 日期间，为方便描述，本章节采用"2019 年"的说法。

续表

编号	法规政策名称
11	国务院教育督导委员会办公室 2019 年第 5 号预警：防治学生欺凌暴力 建设阳光安全校园
12	国务院教育督导委员会办公室关于各地中小学生欺凌防治落实年行动工作情况的通报
13	国务院教育督导委员会办公室《关于加强中小学（幼儿园）冬季安全工作的通知》
14	国务院教育督导委员会办公室《关于进一步加强中小学（幼儿园）安全工作的紧急通知》
15	国务院食品安全办等 23 部门《关于开展 2019 年全国食品安全宣传周活动的通知》
16	教育部办公厅《关于加强流感等传染病防控和学校食品安全工作的通知》
17	教育部办公厅《关于进一步加强高校教学实验室安全检查工作的通知》
18	教育部办公厅《关于进一步加强中小学（幼儿园）预防性侵害学生工作的通知》
19	教育部办公厅《关于举办第四届全国学生"学宪法 讲宪法"活动的通知》
20	教育部办公厅《关于开展 2019 年"师生健康中国健康"主题健康教育活动的通知》
21	教育部办公厅《关于遴选全国儿童青少年近视防控专家宣讲团成员的通知》
22	教育部办公厅《关于印发〈2019 年教育信息化和网络安全工作要点〉的通知》
23	教育部办公厅《关于做好 2018 年"世界艾滋病日"宣传活动的通知》
24	教育部办公厅《关于做好 2019 年中小学生暑假有关工作的通知》
25	教育部办公厅《关于做好高等学校消防安全工作的通知》
26	教育部督导局《关于有针对性地组织开展隐患排查整改做好岁末年初中小学（幼儿园）安全工作的通知》
27	教育部印发《关于加强高校实验室安全工作的意见》
28	全国农村义务教育学生营养改善计划领导小组办公室 2019 年第 1 号预警：加强学校供餐管理 确保学校食品安全
29	全国农村义务教育学生营养改善计划领导小组办公室 2019 年第 2 号预警：加大监管力度 确保资金安全
30	全国农村义务教育学生营养改善计划领导小组办公室 2019 年第 3 号预警：同心协力落实责任 保障学生用餐安全
31	全国校车安全管理部际联席会议办公室发布 2019 年第 1 号预警：坚决禁止中小学生幼儿乘坐"黑校车"
32	全国校车安全管理部际联席会议办公室发布 2019 年第 2 号预警：安全乘坐校车 平安伴随你我
33	全国校车安全管理部际联席会议办公室发布 2019 年第 3 号预警：细心用心上心，坚决不把孩子遗忘在校车内

续表

编号	法规政策名称
34	市场监管总局办公厅《关于进一步加强儿童用品质量安全监管工作的通知》
35	市场监管总局办公厅关于印发《2019 年儿童和学生用品安全守护行动工作方案》
36	市场监管总局关于印发《贯彻落实〈综合防控儿童青少年近视实施方案〉行动方案》
37	中共中央国务院《关于深化改革加强食品安全工作的意见》
38	中华人民共和国教育部、国家市场监督管理总局、国家卫生健康委员会等部门制定《学校食品安全与营养健康管理规定》
39	最高人民法院、最高人民检察院、公安部、司法部联合印发《关于办理恶势力刑事案件若干问题的意见》
40	最高人民法院、最高人民检察院、公安部、司法部联合印发《关于办理实施"软暴力"的刑事案件若干问题的意见》
41	最高人民检察院《关于办理"套路贷"刑事案件若干问题的意见》
42	最高人民检察院制定下发《2018—2022 年检察改革工作规划》
43	教育部等五部门《关于完善安全事故处理机制维护学校教育教学秩序的意见》

随着中央政府对校园安全教育愈加重视，各地方政府也相继出台了相关政策法规。如《青岛市学校安全风险管理指南（试行）》《深圳市学校安全管理条例》《辽宁省学校安全条例》《云南省学校安全条例》和《四川省学校安全工作管理办法（试行）》等。但是由于地方的立法活动会受限于其区域范围和从属地位，使得地方性规范的质量普遍呈现出参差不齐的状态，具有明显的地方局限性，难以在全国范围内推广。①

二　校园安全教育的推广普及

2019 年全国各地开展了大量的校园安全教育活动，编者以"校园安全、安全教育、进校园、学校应急教育"为关键词在各大新闻网站进行搜索，最终整理出 2019 年度（2018 年 11 月 1 日至 2019 年 10 月 31 日）国内关于校园安全教育的新闻报道共计 607 篇。相关新闻报道涵盖了交通安全教育、消防安全教育、食品安全教育、网络安全教育、设施安全教

---

① 李继刚、李学莲：《校园安全的立法保障研究——国外的经验与我国的选择》，《教学与管理》2014 年第 1 期。

育、自然灾害安全教育、意外伤害安全教育、校园欺凌安全教育、校园暴力安全教育、突发治安安全教育等内容，详细分布见图 2—1。教育形式多为课堂教学、专题讲座、实践演练等。由此看出，我国的校园安全教育体系正在逐渐形成，校园安全教育的内容不断拓展、完善，教育形式与方法也在不断创新。

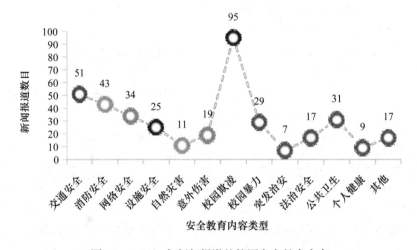

图 2—1　2019 年新闻报道的校园安全教育内容

　　从重视程度来看，2019 年我国发布的涉及校园安全教育的法规政策文件共计 43 份，法规政策范围覆盖了大、中、小学及幼儿园等安全教育主体，对食品安全、交通安全、个人健康、校园暴力、校园欺凌等部分安全教育内容做出了较为具体的要求。截止到 2019 年，涉及安全教育的法律规章共有 25 部。① 其中，2006 年修订的《中华人民共和国义务教育法》和《中华人民共和国未成年人保护法》中均明确规定了学校要建立安全制度和应急机制。同年，教育部等十部门联合发布了《中小学幼儿园安全管理办法》，其中第五章内容详细规定了安全教育工作的内容，为中小学如何开展安全教育指明了方向，提供了翔实的法律依据。这些法律规章为校园安全教育工作的开展提供了法律支持与指明了努力方向，为校园安全教育实践保驾护航。

————————

① 　见附录表 2。

从开展范围来看，校园安全教育活动有在全国范围内全面铺开的趋势。从编者整理的校园安全教育新闻报道来看，校园安全教育的开展并未仅局限于部分发达地区，既有在浙江、广东、北京、上海等沿海或经济发达省市开展的校园安全教育活动，也有在甘肃、贵州、青海、内蒙古、新疆、宁夏等中西部、经济相对欠发达省份开展的校园安全教育活动，这说明校园安全教育工作已经引起全国大部分省市政府和学校的重视，校园安全教育工作形势总体趋好，详情见图 2—2。

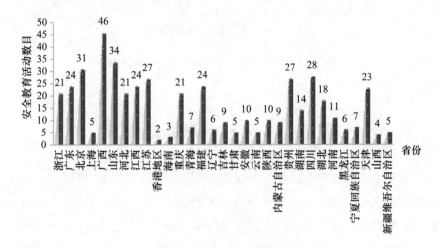

图 2—2　2019 年校园安全教育活动省市分布

从地区分布来看，如图 2—3 所示，城市市区内学校的安全教育活动明显多于县、乡、镇、村内学校的安全教育活动；经济发达省市学校的安全教育活动明显多于经济欠发达省市学校的安全教育活动；个别经济发达省市应急教育活动开展的次数明显多于其他经济发达省市，如北京市、四川省校园安全教育活动的开展次数明显多于上海市、香港地区等其他发达地区。据编者整理的新闻报道数据，2019 年，新闻报道的北京市校园安全教育活动有 31 起，而上海市、深圳市在新闻媒体上报道的校园安全教育活动只有 5 起左右。校园安全教育活动的地区分布差异说明校园安全教育活动的开展并非仅仅受到经济发展程度的影响，而是由各种因素综合决定的，其中地方政府和相关部门的重视程度起到了至关重要的作用。

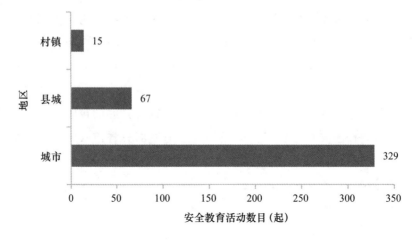

图 2—3　2019 年校园安全教育活动城乡分布

第二节　高校安全教育的发展概况

近年来，高校安全事故的频繁发生引起了全社会的广泛关注，从社会层面讲，校园安全是公共安全的重要组成部分，安全教育则是保障公共安全的重要手段，安全教育的重要性不言而喻。早在 1992 年，原国家教育委员会（现教育部）便发布了《普通高等学校学生安全教育及管理暂行规定》，明确了高校对大学生进行安全教育的权利和义务，为高校开展安全教育提供了有力的法律保障。特别是近几年，高校对大学生的安全教育愈加重视，并且取得了一定的成效。本节将从高校安全教育的主要特点、方式及典型案例三个方面描述高校安全教育的发展概况。

一　高校安全教育的主要特点

1. 常态化

高校将安全教育作为学生教育的重要内容，将其列入学校的日常工作，切实加强安全教育，提高师生的安全意识。在 1992 年发布的《普通高等学校学生安全教育及管理暂行规定》中，明确规定了高等学校应将对学生进行安全教育作为一项经常性工作，列入学校工作的重要议事日程，使之常态化、制度化。具体途径有开设相关课程、开展模拟演练和举办专题讲座等，其中开设安全教育课程是保证高校安全教育工作常态化的重要方式，弥补了实践演练、专题讲座等方式不定期、随机性的缺陷，使学生能够接受定期、持续的安全教育。如中南大学将安全教育融入课堂，开设了《事故急救与安全教育》《大学生安全文化》《生命与健康》《消防安全》等安全教育课程。

2. 多元化

高校安全教育的开展不仅仅依靠高校内授课队伍，更要获得相关部门、社会组织及企业的支持与帮助，以此获得更加优质的安全教育资源。采取与公安部门、消防部门、人民法院和人民检察院等政府职能部门和司法机关合作的方式，发挥专业人员的优势，以实际发生的案例现身说法，来提升高校学生对安全知识学习的主动性和积极性，使高校安全教育更加具有成效。比如公安部门、消防部门选派专家进入各高校开展防范诈骗、消防知识、"校园贷"等专题讲座，或由高校组织学生进入其单位实地体验或实习，切身体会、了解校园安全事件，使学生印象深刻，从而深入学习安全知识。此外，企业、社会组织等也可为高校学生提供校外学习资源，通过开展此类活动，帮助企业树立良好的社会形象，实现共赢。如由腾讯"110"与重庆市公安局网络安全保卫总队于 2019 年 4 月共同发起的"西南净网安全宣传中心"，走进重庆邮电大学开展网络安全防范知识科普，通过让学生们亲身体验使用腾讯"110"小程序来了解更多安全资讯，为学生学习网络安全知识提供了便捷的条件，为提升在校学生的识骗、防骗等网络安全能力做出一份贡献。[1]

3. 网络化

随着现代信息技术的不断发展，相较于传统传播方式，互联网等新兴传播媒介更加具有便捷性、及时性和广泛性。据中国互联网络信息中心（CNNIC）发布的第 44 次《中国互联网络发展状况统计报告》显示，截至 2019 年 6 月，网民规模达 8.54 亿，互联网普及率为 61.2%。在我国网民中，学生群体最多，占比达 26.0%。[2] 在这种背景下，各高校纷纷选

---

[1]《西南净网安全宣传中心开展进校园活动》（http://www.cpd.com.cn/n12550435/chongqing/jfdt_ 17476/201907/t20190709_ 844820. html，2019 年 7 月 9 日）。

[2]《中国网信网：第 44 次〈中国互联网络发展状况统计报告〉（全文）》（http://www.cac.gov.cn/2019 - 08/30/c_ 1124938750. htm，2019 年 8 月 30 日）。

择利用互联网开展安全教育工作。利用"互联网＋大学安全教育"理念，搭建安全教育互联网自主学习平台，让学生可以通过电脑、手机等电子设备学习到生活与安全方面的知识，根据自身需求，在系统中自主选择学习食品安全教育、交通安全教育、心理安全教育、法制安全教育等多方面内容，从而建立起自身的安全知识体系。[1] 比如北京科技大学将"实体课堂""空中课堂"以及"网络课堂"融合为一体，建设了"大学生安全教育课程平台"，组织师生通过电脑客户端、手机终端登录学习安全知识，[2] 既丰富了高校安全教育的内容与形式，又为学生提供了便利。

二 高校安全教育的主要方式

1. 开设安全教育课程

学校作为开展安全教育的重要基地，将安全教育纳入教学计划，开设相应的安全教育课程是其进行安全教育工作的主要途径之一，通过课堂教学，使学生对安全知识、技能进行全面、系统的学习，帮助其树立安全意识，提高自我保护能力。同时也将课堂教学和实践教学紧密结合，鼓励、组织学生进入相关政府职能部门、社会组织或企业实习，从理论和实践两方面提高学生安全防范能力。

2. 抓好专题安全教育

专题教育是指围绕某一主题开展的安全教育活动，[3] 其形式灵活、讲解生动、重点突出、便于面对面进行互动交流。专题教育的形式主要有主题班会、主题讲座、模拟演练等。如，围绕消防安全教育的主题，学校会组织学生开班会，或请消防官兵、专业人员进行讲解，又或者组织模拟演练，让学生切身体验如何正确使用灭火器、消火栓等基础的消防设施器材，以及学习在各种火灾环境下如何逃生自救。

3. 充分利用现代科技

充分利用网站、微博、微信和客户端等新兴媒介，建立起互联网安

---

[1] 李明珠：《高校安全教育模式探索》，《知识经济》2017 年第 14 期。

[2] 《北京科技大学积极开展国家安全教育工作》（http：//www.moe.gov.cn/jyb_ xwfb/s6192/s133/s137/201904/t20190415_ 378131.html，2019 年 4 月 15 日）。

[3] 李明珠：《高校安全教育模式探索》，《知识经济》2017 年第 14 期。

全教育平台。通过互联网平台开展在线安全教育，包括展示常见安全知识、典型案例和自救互救技能等信息，并设置新闻专栏，及时发布重大安全信息，或者利用先进的科学技术模拟地震、火灾等自然灾害，使大学生身临其境体验灾害事件，深刻掌握紧急避险和自救技能。①

4. 采用多种教学方法

授课教师或专家在安全教育活动中采取多样化的教学手段，可以增强对学生的吸引力。在高校中常见的具体方法有以下几种：

（1）案例教学法

案例分析是通过描述某一具体事例，引导学生对其进行互相交流、讨论的一种教学方法。通过对真实、生动的案例进行分析、讨论，既提高了学生对安全教育的兴趣，也强化了其对安全知识的理解。

（2）视听教学法

依靠图像、视频等可视化方式以及音频来进行的安全教育活动。这种方式可以使安全教育更为直观、生动、有趣，以图片、视频的形式来展示安全知识有助于学生快速记忆，加深印象，从而有效提高教学效果。

（3）课堂演练法

由教师或专家先行示范，学生进行观看学习后，在其指导下进行模拟练习，以其亲身体验来学习、巩固安全知识，提高自救自护技能的教学方法。

此外，还可以采用多种形式，如举办安全知识竞赛、考试等形式，来帮助学生掌握安全知识与技能。

三 高校安全教育的典型案例

1. 案例名称

树立消防安全教育的标杆：中国科学技术大学在行动。②

---

① 黄時洋：《大学生安全教育模式创新思考》，《吉林省教育学院学报》（下旬）2015 年第 9 期。

② 张翔、程鑫玉：《高校大学生消防安全教育系统的构建与对策——以中国科学技术大学为例》，《内蒙古农业大学学报》（社会科学版）2014 年第 5 期。

2. 案例主体

中国科学技术大学是国内的重点高校，具有火灾科学的国家重点实验室。学校依托自身的学科优势，在消防安全教育方面处于全国领先地位。在 2019 年，中国人民大学、南京大学、江苏大学、电子科技大学等数十所高校前往中国科学技术大学实地调研，学习先进经验。那么中国科学技术大学是如何推进校园消防安全教育工作的呢？

新生刚入学，中国科学技术大学便为其发放《新生入学手册》，为学生重点讲解安全教育，包括科普知识、负责部门、咨询或投诉的电话等内容。班主任在召开新生班会时，也会通过播放相关的教学视频、讲解一些典型案例等方式，来帮助新生树立消防安全意识。同时，向新生强调若存在违规用电现象，学校将会采取的一些惩戒措施。在新生选课环节，新生还可以选修火灾重点实验室的课程，其他年级感兴趣的同学也可以再次选修。学生若有兴趣，也可以参加火灾实验室组织的关于消防安全的专题讲座。

安全无小事，定期检查不可忽视。中国科学技术大学在岁末年初都会成立安全专项检查组，面向全校开展一次安全专项检查。在平时，学工部（处）和后勤集团也会每个月定期检查学生宿舍、教室、食堂、图书馆等地的用电安全及火灾隐患。同时，校团委也会组织各个院系的分团委或者团总支，不定期地对学生宿舍进行突击检查。在学生之间，各个班级都设立了学生安全委员，日常检查学生宿舍或自习室的安全隐患，看到同学的不安全行为会及时制止，严重违反纪律者会上报给学工部（处）。学生安全委员除了担负日常检查的职责外，还需接受技能培训，培训内容包括素质拓展训练、消防技能培训、消防器材展示、灭火演练。

在 2019 年 11 月 3 日开展的 2019 级班级安全委员消防演练培训活动中，学生工作部（处）的老师为学生介绍了灭火毯、消防呼吸面罩、各种灭火器的应用场景、使用方法和注意事项，展示了消防衣的穿戴方法，并分别使用各类灭火器进行了灭火演示。同学们观看学习后分成小组，分别使用三种灭火器进行实际操作演练。

火灾演习实践也是中国科学技术大学开展安全教育的一大法宝。自 2004 年开始，学校便在每年的 11 月中旬开展全校范围的大规模火灾疏散演习，至今这种火灾疏散演习已经举办了 19 届。据统计，学校每年举办的"119 火灾安全演习"平均能够吸引 3000 多名学生参与,[①] 其中包括在校本科生、硕士生、博士生以及部分外国留学生。除了全校性的实践活动以外,隶属于中国科学技术大学的火灾科学国家重点实验室也会定期组织一些面向全校师生的消防安全实践活动,例如观摩学习消防设备、设计逃生路线、消防安全知识竞赛等活动。

中国科学技术大学在每年 5 月份举办的"科技活动周"中,也将消防安全作为活动周的重点内容,在活动中,火灾科学国家重点实验室和一些科普社团的同学会向前来参观的学生、家长讲解相关知识。其中,火灾科学国家重点实验室的模拟火旋风实验、黑蛇火舞、火山喷发等演示实验生动有趣,受到了广泛欢迎。在科普互动活动区,工作人员通过互动答题的形式为大家科普消防安全知识;在 VR 体验区,通过体验 VR 灭火,参观者不仅掌握了基础知识,还体验了火灾现场的真实场景,学会了如何安全逃离火灾。此外,火灾科学国家重点实验室还推出了大型科技展板、消防安全宣传片和互动游戏,以丰富多彩的形式向公众普及有关火灾安全知识。

面向学生开展安全教育,这其中少不了学生组织的参与。中国科学技术大学校团委会充分动员了科普社团、研究生会和学生会等学生组织,由它们主办关于消防安全的专题讲座或实践活动,积极向广大师生宣传、普及消防安全知识。学生的相关诉求也会通过学生会、研究生会的学生代表提案制度向校方反映,使安全教育工作"从学生中来,到学生中去"。

3. 案例分析

中国科学技术大学采取的专人负责、部门联合、制度约束和开设课程的方式推进了校园安全教育工作的常态化、制度化;定期举办火灾疏散演习、消防安全知识小竞赛和科普活动,由消防支队的专业人员进行现场指导,采用多样的教育方式、联合多元力量开展安全教育工作,显示了高校安全教育的主体多元化和教育方式的多样化;充分运用 VR 技术、模拟演示实验,体现了高校安全教育手段的科技化。

――――――――――

[①] 张翔、程鑫玉:《高校大学生消防安全教育系统的构建与对策——以中国科学技术大学为例》,《内蒙古农业大学学报》(社会科学版) 2014 年第 5 期。

中国科学技术大学凭借其技术优势和丰富的安全教育经验成为高校安全教育的领军者。通过对其消防安全工作进行解析，可提炼出四个安全教育要点：一是高校的消防安全教育需要多元主体联合开展，充分利用校外资源，充分发挥学生及学生组织的能动性。二是理论与实践相结合。在加强理论教育的同时，强化实践演练，通过火灾逃生演练、消防器材实操训练、火灾伤害急救演练等活动，来真正地提升学生的防范技能和自救互救能力。三是完善新生入学安全教育体系，帮助新生提高消防安全意识，提升其消防安全技能水平；① 四是广泛动员学生参与消防安全的日常教育，通过鼓励学生组织举办丰富多样的活动来增强同生们学习自救互救技能的动力与热情。

第三节　中小学安全教育的发展概况

中小学安全教育有助于提高中小学生安全防范意识和自我保护能力，是中小学校进行校园安全管理的重要组成部分。本节将从中小学安全教育的主要特点、方式及典型案例三个方面描述中小学安全教育的发展概况。

一　中小学安全教育的主要特点

1. 教育内容丰富

据编者统计，2019 年度新闻报道的中小学安全教育内容更加丰富，涉及地震、火灾等突发灾难事故的应急演练、交通安全、网络安全、防范校园欺凌与校园暴力、公共卫生知识、法律知识、个人健康知识等内容。校园安全教育也更加注重培养学生的安全意识与安全技能，如西安市莲湖区郝家巷小学创建的陕西省第一家"生命健康安全体验教室"，学校在那里进行亲子讲座、安全教育、应急演练等培训体验活动，现场普及

---

① 张翔、程鑫玉：《高校大学生消防安全教育系统的构建与对策——以中国科学技术大学为例》，《内蒙古农业大学学报》（社会科学版）2014 年第 5 期。

自救互救技能，培养学生生命安全意识。①

2. 教育主体多元

学校、家庭、社会三方合作共同开展中小学校园安全教育工作。学校将提高学生安全意识和自我防护能力作为素质教育的重要内容，将安全教育纳入国民教育体系中，开设安全教育课程、举办安全知识专题讲座、组织模拟演练。政府各相关部门和单位组织专业人员，广泛开展"安全防范进校园"等活动。各种社会组织则通过设立安全教育实践场所，来协助学校开展安全教育工作。如由磨岩教育与中国光华科技基金会、中国运动员教育基金携手打造的青少年儿童安全前意识教育平台——磨奇计划，将 STEAM 教育理念与安全教育相融合，通过游戏化、沉浸式教学模式，激发主动学习和思考的意愿，使孩子获得安全前意识，培养其应对未来的能力。②

3. 教育形式多样

随着校园安全教育的发展，安全教育形式也日渐多样化。除了常见的课堂教学、专题讲座、应急疏散演练和利用班会、升旗仪式进行宣传教育等形式外，当前的校园安全教育形式更加丰富多样，包括深入基地进行实践参观、利用新媒体进行宣传教育等，更加符合学生需求和科技发展趋势。各级政府和学校紧跟信息技术发展潮流，在开展校园安全教育的过程中采用互联网技术与安全教学相结合的方式，开发安全教育平台、建设安全教育基地，将信息技术等高新技术不断用于校园安全教育工作当中，使校园安全教育一改传统的课堂教学形式，逐渐增强了实践性、体验性、智能性。如江苏省泰州市中小学开展的安全教育"泰微课"，其基于微视频学习资源开展数字化学习，以信息化引领教育现代化、应用化。2018 年，泰州市建立了学校安全教育实训基地。实训基地既有经典的训练科目，又增加了初期火灾处置、高空应急疏散、校车疏散、防踩踏事故、溺水及洪灾自救、防暴力恐怖袭击等十多项实训科目。

---

① 梁瑶：《陕西省首家红十字生命健康体验教室落户西安市》（http：//sn. people. com. cn/n2/2015/1228/c340863 – 27411712. html，2015 年 12 月 28 日）。

② 《磨奇计划项目发起人张宇：做安全教育需要情怀》（https：//edu. qq. com/a/20191104/008890. htm，2019 年 11 月 4 日）。

泰州市将线上平台教育资源与线下实操训练相结合，采用理论结合实践的路径，使平台教育落地开花，更具生机和活力。①

二 中小学安全教育的主要方式

1. 理论与实践相结合

依据教育部规定，学校按照国家课程标准和地方课程设置要求，将安全教育作为正常的教学活动，纳入学校教学内容。通过开设安全教育课程，使中小学学生接受更加系统、专业的安全知识与技能。目前许多地区的中小学已开设安全教育课程，如郑州三十四中开设了《珍爱生命》安全教育课程，涵盖课间安全、体育活动安全、实验课安全、劳动课安全、交通安全、网络安全、疾病安全、预防校园暴力、消防安全、自救技能等安全知识。在注重教授理论知识的同时，学校也会组织学生到当地消防站、公安部门等地进行实地参观和体验，或组织家长、教师和学生进行应急模拟演练活动，将安全知识付诸实践训练。一些学校在春游中，组织学生学习野外救助和如何报警等野外求生知识。如浙江省浦江县实验小学将春游作为一项以"孤岛求生"为主题的安全教育实践活动，让学生走出课堂、走进自然，以体验式的教育方式增强其应变能力。

2. 充分利用校外安全资源

安全教育是一个跨学科、跨领域的综合性课程，具备安全教育专业素质尚未成为衡量中小学校教师综合素质的硬性指标，因此仅仅依靠学校的力量不足以对学生进行专业的安全知识传授与安全意识和技能培养。充分利用校外安全教育资源成为中小学开展安全教育工作的重要方式。②与社会组织开展合作，利用其具有专业水平和创新技术的安全教育综合训练基地展开安全教育，如重庆上善青少年安全教育发展中心举办的安全自护进校园系列活动，利用其专业、丰富的安全教育资源及沉浸式互动体验教学方式让学生们深入学习急救逃生措施和消防安全常识等自救

---

① 《树立安全教育新典范　泰州安全"微课"显成效》（http://sh. people. cn/n2/2019/0203/c134768-32612954. html，2019年2月3日）。

② 张良才、王春萌：《中小学安全教育现状的调查研究》，《当代教育科学》2013年第12期。

技能与安全知识。中心设计的 92 门安全技能实操课程，很好地补充了现阶段学校对学生安全教育说教式的短板，让小朋友在掌握安全理论知识的同时也掌握了安全技能。① 又或是邀请有关部门和专业机构入驻学校，如选聘优秀的法律工作者担任学校的兼职法制副校长或者法制辅导员，为学校提供专业技术支撑，提高中小学生法治意识与素养。如安徽省霍山县人民检察院检察长担任霍山职业学校法治副校长，并给学生们上法治教育课。

3. 灵活选用教学方法

处于不同学段或年龄阶段的学生具有不同的认知水平，日常生活中应当首先了解的安全知识与技能也存在着不同程度的差别。学校在开展安全教育工作时，也会根据学生所处的年龄段有策略性地选取安全教育方式，以适应学生的实际情况，满足其实际需求。面对处于初高中阶段的学生，学校更多采用实地训练、专业讲座等方式，着重培养学生网络诈骗等网络安全、性教育等公共卫生安全和网络欺凌等校园欺凌教育。面对处于小学阶段的学生，则倾向于选择图像、视频、模拟演练等生动、有趣的教学方式，传授小学生上下学安全、家庭用电安全、识别危险标志、防止踩踏事件、防溺水和生命财产安全等常见的基础性安全知识。

三　中小学安全教育的典型案例

1. 案例名称

形式还是知识？初中生凭借消防演练知识救全家。②

2. 案例主体

2015 年 12 月 15 日，广州市白云区发生一起火灾。危急关头，初中生小廖利用在学校学到的消防演练知识，用湿毛巾捂住口鼻，一路带领父母躲到天台洗手间，并用水将身上弄湿，将洗手间顶部的石棉瓦打碎，安然无恙地等到消防官兵来救援，成功获救。

---

① 《"青穗成长　彩虹护航"　安全自护教育活动进校园》(http://www.cnaq.org/news/detail-252.html，2019 年 11 月 29 日)。

② 本案例根据搜狐网 2015 年 12 月 17 日的报道《消防演练派用场　初中男生救全家》、2015 年 12 月 22 日的报道《学生小廖：我是这样自救的》及《广州日报》2015 年 12 月 27 日的报道《危急时刻，初中少年用在学校学的消防知识救了全家！》编写。

火灾发生地是白云区均禾街科甲南街的一栋居民楼，该楼的三、四层是一间衣帽厂，零时左右衣帽厂火势增大，初中生小廖和父母被困家中。火灾当晚 11 时 52 分，"119"指挥中心接到报警，随即出动消防车赶赴现场救援。均禾消防队和新科村微型消防站的消防员最早到达现场，在向三楼喷水的同时还大力拆除通往三楼的铁门，由于铁门较为牢固，一时很难撬开。当新市消防中队于 0 时 13 分到达火灾现场时，火势已经非常猛烈，三楼和四楼的窗户都已蹿出火焰。经过现场消防员们的不懈努力，搜救队最终在四楼的屋顶上发现了一家三口，三人都躲在洗手间里。见到"救星"，一家三口连连惊呼："幸好你们来了！"消防员立即为他们佩戴好空气呼吸器，并稳定他们的情绪，将三人迅速地转移到了安全地带。

据小廖妈妈回忆，火灾发生时正值深夜，家人们早已睡下。她迷迷糊糊中听到外面有吵闹声，起来后才发现三楼起火了。她连忙叫醒小廖的爸爸，并让他去隔壁房间叫醒儿子。儿子的反应之镇定让小廖妈妈十分诧异。在小廖的"指挥"下，她和丈夫用湿毛巾捂住口鼻顺利地逃到了四楼天台的洗手间内。随即用水浇湿全身，并湿毛巾捂住口鼻，期间还打碎了洗手间顶部的石棉瓦以保证空气流通。随着时间一分一秒地过去，火势渐渐增大，已有火苗蹿上天台，但小廖并没有慌了手脚，而是用平时家里在桶里储存的水浇灭了火苗。因为小廖反应及时，自救措施得当，虽然一家人已经精疲力尽，但所幸撑到了消防员前来救援的一刻。有记者采访小廖，得知他在学校学习过相关知识，学校有定期开展消防安全课程，也会开展消防演练活动，自己对这方面的知识也比较上心。记者采访时小廖表示"老师教的时候我都会认真记下来，想着逃生知识不嫌多，总有能用上的时候"。在这次火灾中，他就是按照学到的这些消防安全知识来做的。小廖所在的嘉禾新都学校每年会举办三次消防疏散演练，组织全校教职员工和学生模拟消防演练。由于学校年年开展这样的活动，全校 1800 多名师生全部疏散到操场由原先的耗时 5 分钟，到现在已经压缩到了 80—90 秒。

3. 案例分析

（1）安全教育需常态化、专业化、多元化

小廖所在的嘉禾新都学校位于广州市，据了解，广州市的中小学每学期消防宣传教育不少于 4 课时，每学期至少开展 1 次消防演练。广州市教育局主持编写的《安全教育》教材也将消防安全知识作为重要内容纳入其中，并发放给全市中小学校的师生学习。当地公安消防局和消防支队充分发挥专业优势，向中小学生传授消防知识和自救技能，既提高了中小学安全教育的专业化水平，又充分利用了校外安全资源，促进了安全教育主体的多元化。

（2）教育方式需理论与实践相结合

在小廖遭遇火灾那一年，广州市公安消防局和市教育局曾先后开展暑期消防安全宣传行动，组织了 71 个消防中队以及"平安广州"志愿总队进入校园，在市内 400 多所高校、中小学及幼儿园中开展主题讲座、应急演练等消防教育活动。平时，消防局还会在周六开放消防站，欢迎辖区居民参观，并组织消防队员为青少年讲解消防安全知识，传授火灾自救技能。将安全知识付诸实践训练，正是这样的训练极大提高了小廖生还的可能，保证了小廖及其父母的安全。

据此案例可以看出，开设安全教育课程、举办实践演练活动和利用校外安全资源是中小学进行安全教育的重要手段，同时也推进了中小学安全教育的常态化和专业化。理论与实践相结合的教育方式才能使学生在遭遇安全事故或自然灾害时做到"虽然害怕仍能想起学过的知识"，以提高学生遭遇突发事件时生存的可能性，保护自身安全。

第四节　幼儿园安全教育的发展概况

随着社会对儿童培养与学前教育愈加重视，我国接受学前教育的儿童日渐增多，幼儿在园内发生安全事故的概率也随之增加。一项对我国八省市部分地区幼儿园安全状况的调查表明：幼儿安全事故频发，事故原因众多，其中原因主要来自幼儿自身。[①] 由于幼儿本身生理机能、认知水平与自我保护意识尚未发育成熟，针对在园幼儿开展的安全教育成为学前教育中不可或缺的重要内容。本节将从幼儿园安全教育的主要特点、方式及典型案例三个方面描述幼儿园安全教育的发展概况。

---

① 刘馨、李淑芳：《我国部分地区幼儿园安全状况与安全教育调查》，《学前教育研究》2005 年第 12 期。

一 幼儿园安全教育的主要特点

1. 教学方式丰富多彩

幼儿身心发展的特点决定了对幼儿进行安全教育必须寓教于乐、寓教于情、寓教于动。在进行安全教育时通常采用以下方法。

（1）情感体验法：教师给幼儿设置一种情境，让幼儿在具体的情境中进行情感体验，用自己的认知方式去吸收安全知识，让幼儿用自己的身体去直接感受、理解事物。教师可以通过情景再现使幼儿产生情感共鸣，从而使其认识到安全的重要性。如当身边有小朋友因食用过多甜食导致牙疼时，幼儿会回想起自己的生活经历从而产生相似的情感体验。此时教师可以抓住时机和孩子们一起讨论如何保护牙齿，初步感知食品安全。

（2）故事教学法：故事以其具体、生动、形象和有趣的特点吸引幼儿，将安全知识融入故事当中，使幼儿通过故事掌握安全知识。通过给小朋友讲解有关日常生活安全的趣味性故事，如给故事中的人物起名字或将主人公以小动物的形象展现出来，并以讨论、对话的方式让小朋友感知到其中的安全知识。

（3）游戏教学法：游戏活动是学龄前儿童在成长过程中极为常见的行为模式，将安全知识融入游戏中是开展安全教育的重要手段。通过设置具体的游戏情景让幼儿将所学的知识在游戏活动中反复练习，形成安全行为。[①] 如设置"逃离火灾"角色游戏，让幼儿分别扮演消防员和被困人员，分别学习自救的知识与技能和逃离火灾现场。

2. 家庭—学校—社会联合共同发力

幼儿园安全教育的内容与家庭生活息息相关，如果仅靠幼儿园教育而没有家庭教育的积极配合，幼儿安全教育的效果将会大打折扣。幼儿园应根据家长职业特点，邀请家长参与幼儿安全教育，建立并促进幼儿园和家长之间的联系与配合，充实教育力量，实现家长与幼儿园共育的效果。同时，幼儿园还会对家长进行安全知识培训，通过提高家长的安

---

① 刘建君：《托幼机构中安全教育的目标、内容、途径与方法》，《学前教育研究》2002 年第 6 期。

全意识，丰富家长的安全知识，来提高家庭安全教育的质量，为幼儿园安全教育提供保障。校外安全资源也是学校开展安全教育的一大支撑。寻求政府相关部门的支持，开展相关部门进校园活动，如公安部门、消防部门、食品药品监督管理局等部门，极大提高了校园安全教育的专业化、多元化程度。

二　幼儿园安全教育的主要方式

1. 游戏教学生动有趣

根据幼儿的身心发展水平和特点来进行。在教育方法上，教师可采取游戏教学的方式，正面引导幼儿，抓住时机开展随机教育。在众多教学方法中，游戏教学法最能调动幼儿的积极性，更加能保证教育效果。所以幼儿园在开展安全教育工作时充分利用游戏活动，让幼儿在轻松、愉快的气氛中进行自救能力训练是一种重要的教育方式。

2. 环境创设营造氛围

环境创设大多是用生动的图片、漫画、照片等具有视觉冲击力的元素对幼儿园的墙壁、过道和宣传栏等地进行布置，为幼儿创造安全氛围，让幼儿在日常生活的环境当中感受到安全教育，在潜移默化中接受安全知识的熏陶。[1] 如在走廊、楼梯等较易出现跌伤、踩踏事件的地方贴上安全标志，通过儿歌来传递安全知识等。

3. 安全教育渗透日常生活

安全教育不是一朝一夕之事，在教育部发布的《幼儿园工作规程》中也明确提到了幼儿园应当把安全教育融入一日生活。因此幼儿园在开展安全教育工作时，大多需要通过结合幼儿一日生活的各个环节，随时随地进行安全教育。一项调查显示，有 78.4% 的教师会在出现问题时抓住契机对幼儿进行安全教育，有 70.6% 的教师会进行随机教育。[2] 如在午餐时提醒幼儿饭前要洗手，就餐时不要说话以免被食物噎着；在游戏活动时要注意安全，不追逐打闹以免跌伤等。

---

① 宋灵桂：《幼儿园安全教育的有效策略》，《课程教育研究》2019 年第 44 期。

② 刘馨、李淑芳：《我国部分地区幼儿园安全状况与安全教育调查》，《学前教育研究》2005 年第 12 期。

三 幼儿园安全教育的典型案例

1. 案例名称

安全教育：打造安全和谐的乐园。①

2. 案例主体

阳泉市市级机关幼儿园是一所有着 60 多年悠久历史的老幼儿园，设有大、中、小 12 个班级，并附设有 0—3 岁婴幼儿早教中心，是目前阳泉市规模最大的一所全日制幼儿园。园所规模大、幼儿多，安全工作难度进一步增大。重视幼儿安全教育，使幼儿提高安全意识、增强自我保护的能力成为了幼儿园开展安全工作的重点内容。

（1）一日生活，渗透安全

孩子们在幼儿园内一天中的每个环节都可以进行安全教育，其中，上课时间是让幼儿学习安全知识的最佳环节之一。阳泉市市级机关幼儿园将幼儿安全教育作为一门特色课程，孩子们有专门的安全教育教材，老师也会提前备好教案、挂图和课件，每周都有一课时专门用来讲解安全知识。在开学第一天，老师就会给幼儿上"安全教育第一课"，每年也会定期开展"安全教育月"活动。结合班级主题墙，通过环境创设使幼儿时时刻刻都能感受安全知识，树立幼儿安全意识。在游戏环节，教师会设计一些和安全教育有关的互动游戏，使孩子们在玩游戏的同时也能学到安全知识。

除了开设安全教育课程，园所每学期都会组织幼儿进行防火灾、防地震、防突发事件等疏散演练。长期开展定期演练，可以提高幼儿的应变能力与自救能力。园内长期进行幼儿安全教育活动，将其渗透于一日生活中的各个环节，时时、处处进行即时教育。通过科学、多样的教育方式，极大提高了孩子们的自我保护意识和能力。

（2）借力聚力，形成合力

阳泉市市级机关幼儿园变被动接受检查为主动请进来指导工作，形成了常态化的社会—园所—家长三方联动模式。一是定期聘请法制副园

---

① 李晓荣：《同心打造安全和谐的乐园——阳泉市市级机关幼儿园创建"平安校园"的探索与实践》，《山西教育》2017 年第 11 期。

长、公安、消防等专业人员开展法律、政策法规、安全知识培训，如邀请消防部队官兵进园开展消防知识培训，指导应急演练；邀请食品药品监督管理局进园指导餐饮工作，协助开展食品安全教育。二是聘请专家对教职工进行急救训练、幼儿心理健康等安全知识技能培训，组织考核教职工的安全、食品卫生等教学内容。通过专业培训，提高教职工的安全防范意识与安全教育水平。

据了解，阳泉市市级机关幼儿园会通过与幼儿家长签订《安全责任书》，要求家长配合园所的安全教育工作，对家长在接送幼儿、开展家庭安全教育等方面提出具体要求。园所还通过多种多样的方式让家长了解幼儿园进行安全教育的方式，向家长宣传安全防范知识和培养孩子们自我保护意识与能力的方法。如通过家长会、专题讲座、家园联系栏、LED屏、校园广播等形式，多种渠道相互结合，有效地调动了家长的积极性。

阳泉市市级机关幼儿园大力推进安全教育的举措，有力地推动了园所各项工作的顺利开展，为幼儿的健康成长创造了良好的环境和条件。近年来，阳泉市市级机关幼儿园先后被命名为山西省"平安单位""平安校园"及被授予阳泉市"平安文明校园""食品安全示范单位"等荣誉称号。2013 年入选中央综治委"创建平安校园优秀成果"单位，园所的《平安和谐育花蕾——山西省阳泉市市级机关幼儿园创建"平安校园"纪实》专题片在全国中小学、幼儿园进行了播放推广，安全教育的成功经验值得各地幼儿园加以学习、借鉴。

3. 案例分析

在此案例中，阳泉市市级机关幼儿园将幼儿安全教育渗透于一日生活各环节之中，对幼儿进行时时、处处即时教育。园所充分运用了课堂教学、应急疏散演练、主题教育月等方式开展安全教育，并通过家园联系栏、文化橱窗、LED屏、校园广播等形式营造氛围，创设了进行安全教育的良好环境。同时，充分调动家长与政府相关部门的力量。与幼儿家长签订《安全责任书》，通过家长会、家长学校、专题讲座等，让家长了解幼儿园安全工作的措施和办法。邀请专业人士进园开展培训、指导工作，形成家庭—学校—社会联合发力的安全教育体系。

安全教育是一项长期、复杂的工作。幼儿园安全教育工作应着重把握以下三点：一是要重视实操演练。为幼儿创设真实、表面上具有一定危险性的环境，对幼儿进行有效的安全教育，养成幼儿主动规避危险的意识，培养幼儿的安全行为。[1] 二是要将安全教育落实到日常生活，切勿忽视点滴小事。安全教育不是一朝一夕的事，将其渗透日常生活才能保证幼儿的安全。安全工作无小事，从一点一滴的小事抓起，才能防患于未然。三是要紧随社会发展的脚步，不断拾遗补漏。如今日新月异，安全教育内容与方式也需要随时间的推移与社会的变化不断地进行完善、创新和发展。[2]

第五节　校园安全教育的未来展望

经过各方的不懈努力，我国校园安全教育的水平已大有进展，校园安全教育的制度化、专业化、全面化、理论化水平得到了显著提升，但由于我国真正重视和开展校园安全教育的时间相对较短，因此我国校园安全教育仍然存在很大的进步空间。本节将从教育主体、教育方式、教育内容和教育过程四个层面来分析其未来发展方向。

一　教育主体层面

1. 教育主体多元化

安全教育不能仅仅依靠学校，更加需要家庭及社会的密切配合，三方力量联合发力，形成系统的安全教育体系。校园安全教育未来应当更加充分地发动社会组织加入校园安全教育工作中来，发挥多元主体的联动作用。目前，社会力量正积极参与学校应急教育之中，通过媒体宣传、警力配合等，形成家庭、学校、社会联动的安全教育网络。如联合交通部门开展交通安全教育活动，防止学生外出时发生交通安全事故；各媒体加大安全知识宣传力度，形成良好的安全教育社会氛围；消防部门组织队员定期去中小学开展消防知识讲座和主题演练等。未来仍将进一步深化学校—家庭—社会三方联合开展安全教育的水平，共同为校园安全

[1]　李静、白鹭：《重庆市幼儿园安全教育现状调查》，《中国学校卫生》2010 年第 3 期。
[2]　李晓荣：《同心打造安全和谐的乐园——阳泉市市级机关幼儿园创建"平安校园"的探索与实践》，《山西教育（管理）》2017 年第 11 期。

教育发展而努力。

2. 教育队伍专业化

专业的师资队伍是学校开展安全教育工作的前提和基础。结合我国教师安全教育专业水平不足的现状，我国各级教育行政部门和大中小学校应当重点提升教师的安全素养，建立健全教师安全培训机制，丰富授课教师的安全知识和技能，借助政府、企业等校外安全资源，共同做好教师队伍的安全素养培训工作。落实到具体工作中，可从以下层面展开：在政府层面，要将安全知识与技能作为学校领导与教职工培训的必要内容，并针对安全教育工作设置相应的考核标准，完善奖励机制，对安全教育工作取得良好效果的学校或教职工给予一定的奖励，激励其进一步开展安全教育；在学校层面，应当积极寻求专业培训机构的帮助，主动邀请或聘请专业人士对教师进行安全教育培训，为教职工提高安全教育水平提供良好的资源与条件；在教职工层面，打铁还需自身硬，自身素质过硬是做好学生的安全教育工作的前提条件。教师自身应当具备安全教育意识，主动学习安全知识，提升安全教育素养。[1]

二 教育方式层面

1. 培育校园安全文化

文化会对人产生潜移默化的影响，校园文化对一个学校及在校学生的发展与成长具有至关重要的作用。校园安全文化作为校园文化的重要组成部分，会在潜移默化中影响学生对待风险的态度及行为，从而推进学校安全教育的发展。通过培育校园安全文化，促进学校安全教育的相关主体自发自愿地推进学校安全教育工作，将安全理念和安全价值观落实在学校的规章制度中，体现在教职工的教学活动当中。[2] 学校应在精神、制度与物质三个层面[3]开展校园安全文化的培育工作，将安全教育渗透进学生的日常生活和学习当中，以此建设良好、安全的校园环境，使

---

[1] 汪莉、方芳：《中小学安全教育现状与优化对策探析——以天津市为例》，《教学与管理》2018 年第 24 期。

[2] 田虎：《论学校安全教育效能改进的范式与策略》，《教学与管理》2015 年第 31 期。

[3] 田虎：《校园安全文化体系范畴的解析与重构》，《教学与管理》2014 年第 4 期。

学生在潜移默化中接受安全教育，树立安全意识，形成良好的安全态度与安全行为。

2. 推广、应用科技化的教育方式

信息技术、VR 技术等新科技的发展为人们的生活提供了便利，同时也为安全教育领域注入了新的活力。"互联网＋安全教育"不同于以往的教学模式，它将教学资源放在互联网平台，使得安全教育不再局限于校园和课堂，而是最大限度地将其共享。同时，借助微博、视频网站和微信公众号等新媒体搭建网上安全教育平台，开展网上安全教育和咨询，扩大学校安全教育的影响力。通过互联网平台让师生能够随时随地自主学习掌握安全知识和技能，既为教师和学生提供了便利，也增强了其学习的主动性。教师和学生通过互联网进行交流，便于教师及时掌握学生的学习情况，从而恰当地调整教学内容和计划。[1] 与此同时，VR 技术在安全教育领域中也扮演着重要的角色。VR 独具的沉浸性、交互性和想象性特征[2]使得安全教育与 VR 技术的结合，将开启更具沉浸感的安全教育新模式，使校园安全教育由传统的以说教为主的教育形式向以体验为主的教育形式转变，增强学生学习安全知识与技能的主动性。VR 可以通过构建虚拟现实场景、模拟真实音效来刺激体验者的感官，使其如置身真实场景一般。这样的模拟体验是对书面的、抽象的安全教育内容的必要补充。相较于传统的教学手段，VR 技术具有不可比拟的优势。其模拟场景真实、内容丰富、互动性、实用性及体验性强，且不受场地和时间的限制，将其作为安全教育的方式更加合适。[3]

3. 充分运用体验式教学模式

体验式教学模式集知识性、娱乐性、科学性、体验性为一体，打破了传统的口号式、开会式、填鸭式的安全教育模式，采用融合了现代科技的视、听、体验相结合的三维立体式安全教育模式，可以以学生为中

① 夏家贵：《互联网＋安全教育——中学安全教育与网络融合实践》，《信息记录材料》2018 年第 8 期。

② 张雪、罗恒、李文昊等：《基于虚拟现实技术的探究式学习环境设计与效果研究——以儿童交通安全教育为例》，《电化教育研究》2020 年第 1 期。

③ 贾红艳、周玉婷、毛清秀等：《VR 在安全教育领域的应用》，《电子技术与软件工程》2019 年第 21 期。

心进行操作,实施可感受、可操作的实体化安全教育。通过让体验者进入模拟场景体验各种突发安全事件,使其熟练掌握应对紧急情况的安全对策,以达到提升自救技能、提高安全意识的目的。[①] 目前我国已建成多个体验式安全教育场馆,如青岛市高邮湖路社区安全体验馆,致力于帮助居民学习日常安全知识,增强安全意识,提高安全隐患排查能力和逃生能力;[②] 由杭州滨江团区委支持,青少年活动中心和市消防救援支队合作共建的"笑笑橙"青少年消防应急安全体验馆,主要面向 6 岁至 16 岁的少年儿童开放,馆内设有救援现场、体能训练、3D 影院、模拟逃生、消防队、地铁逃生等超过 30 个项目体验,用生动活泼的体验方式承载严肃重大的安全主题。[③] 未来学校应当加强与安全体验馆的合作,深入拓展校外安全资源,为学生接受安全教育提供更加优质的条件。

三 教育内容层面

1. 注重内容的全面性与针对性

开展安全教育不仅要针对不同年龄和学段,围绕生活、交通和灾害等与学生人身安全息息相关的内容展开,也要根据学生发展的特点和社会发展的趋势来不断地丰富安全教育的内容,紧跟时代发展。[④] 随着我国法治建设日渐深入、移动互联网技术迅速发展以及手机、电脑等电子产品日益受青少年群体的青睐,对学生开展法治教育、网络安全教育和心理健康教育也逐渐成为安全教育的重要内容。通过增强学生法治意识、提高学生网络安全防范意识和对学生心理健康进行正面干预,能够有效预防学生走上违法犯罪的道路,增强学生的抗压能力,使其健康快乐地成长。

---

① 杨华娟:《体验式应急安全教育发展路径探讨》,《社会治理》2019 年第 10 期。

② 《高邮湖路社区安全体验馆简介》(https://www.sohu.com/a/109892240_114891,2016 年 8 月 10 日)。

③ 闫雨婷:《开馆啦! 杭州最大青少年消防应急安全体验馆邀你来体验》(https://baijia-hao.baidu.com/s? id=1633398012099926481&wfr=spider&for=pc,2019 年 5 月 13 日)。

④ 马晓利、卜慧楠、钱伟:《学校安全教育"四位一体"模式的构建》,《教学与管理》2017 年第 21 期。

2. 科学合理地分配安全教育内容

学生安全素养的养成与提高贯穿于学生学习生涯的每个阶段，是一个长期、系统的过程。开展校园安全教育，首先应当认识到学生所处的每个阶段应当优先学习哪些安全知识，侧重培养哪些安全技能，并对此做出科学合理的规划。①比如学校可以根据年级划分教育内容，对低年级学生主要开展安全知识传授，培养安全行为习惯；对中高年级学生则主要就安全实践演练和自救技能进行培养。同时，学校应当意识到培养学生安全意识与安全技能的重要性，改变以往安全教育工作中"重安全知识轻安全意识与技能"②的不合理现象，通过培育校园安全文化、加强实践演练等方式，加大对学生安全意识与技能培养的力度，提高学生的实践水平与动手能力，避免安全教育出现短板，全面提升学生的安全素养。

四 教育过程层面

1. 加强制度规范

通过法律规章或学校规定对校园安全教育过程进行严格规范。目前，我国虽已有法规明确提出了对各级学校安全教育的相关规定与要求，如《中小学幼儿园安全管理办法》《中华人民共和国义务教育法》《中华人民共和国未成年人保护法》和《社会消防安全教育培训规定》等，但并未特别对校园安全教育过程进行严格规范。因此，还应出台更具针对性的专门法律，使学校在开展安全教育时有法可依、有章可循。在加强相关立法工作的同时，也要理清安全教育的责任主体以及其权利、义务边界，避免出现相互推诿、边界不清等现象。③ 因此，未来应当加强法制建设和明确部门责任两手抓，提高各级学校在安全教育过程方面的制度化、专业化和规范化水平。

2. 采取多渠道监督

采用多种渠道强化安全教育过程监督。首先，设立专门的领导小组，

---

① 曾晓梅：《小学生安全教育实证研究》，博士学位论文，山西师范大学，2017 年。

② 宋轩宇、张超、孙宇冲等：《北京市中小学校园安全教育及事故防范对策探讨》，《中国安全生产科学技术》2017 年第 S2 期。

③ 冯永刚、员志慧：《俄罗斯中小学安全教育及其对我国的启示》，《外国中小学教育》2017 年第 3 期。

定期检查或不定期抽查学校的安全教育工作，杜绝形式主义和面子工程，让安全教育落到实处。其次，充分发挥家长的监督作用，学生家长可通过家长委员会与学校就安全教育问题进行定期沟通，轮流派数名家长代表对学校安全教育工作进行检查与监督。再次，建立校园安全教育评估制度、考核制度和奖励制度，将安全教育纳入学校及教师的考核指标体系当中。对于安全教育的教学成果要制定量化的考核标准，教育部门或学校可视安全教育工作取得的效果对教职工给予一定的奖励。最后，建立专门的责任机制，由特定的政府部门督促特定的学校开展校园安全教育工作，避免出现部门间或相关责任人之间相互推诿的情况，对未在规定时间内开展安全教育或安全教育开展不到位的单位负责人进行追责。

第 三 章

校园公共卫生安全管理

第一节　校园公共卫生事件的总体情况与基本特征

校园公共卫生涉及学校食品、文具用品、食源性疾病、传染病和艾滋病在内的多方面内容。校园公共卫生管理主要涉及学生健康状况监测、学生健康教育、学生良好卫生习惯培养、学校卫生环境和教学卫生条件改善以及传染病、常见病预防和治疗等重要任务。

一　校园公共卫生事件的总体情况

近几年，校园公共卫生事件已成为威胁校园安全的主要问题之一。目前，我国校园公共卫生事件存在数量多、增长快、管控弱等问题。根据 2015 年至 2018 年我国卫生和计划生育事业发展统计公报的相关数据，校园公共卫生事件总体上存在波动增长的趋势，而校园公共卫生管理则仍较为薄弱。

为了指导、规范校园公共卫生事件防控工作，我国出台了校园卫生相关标准。这些标准不仅反映了校园卫生事件的实践经验，也明确了该领域的重点工作。总体而言，我国迄今为止已出台学校卫生标准 61 条，目前正在施行共 39 条，废止 22 条，2019 年出台了 1 条标准，即《普通高等学校传染病预防控制指南》。

本章对现有学校卫生标准情况进行梳理，[①] 具体情况见表 3—1。通过

---

① 卫生内容标准来自国家卫生健康委（http：//www.nhc.gov.cn/wjw/xinx/xinxi.shtml）。

对学校卫生标准内容做进一步分析，可以发现关于校园设施的卫生标准出台数量最多，其次为常见病防控内容和健康体检内容，对于营养干预和传染病防控的标准数量较少。

表 3—1　　　　　　　　　**正在施行的学校卫生标准主要内容**

学校卫生标准主要内容	数量	占比（%）
传染病防控	2	5.13
健康体检	7	17.95
营养干预	2	5.13
常见病防控	11	28.21
校园设施	12	30.77
卫生标准	5	12.82

二　校园公共卫生事件的基本特征

总体而言，校园公共卫生事件具有如下基本特征。

1. 发生的突然性

根据《突发公共卫生事件应急条例》的定义，突发公共卫生事件是指突然发生，造成或者可能造成社会公众健康严重损害的重大传染病疫情、群体性不明原因疾病、重大食物和职业中毒以及其他严重影响公众健康的事件。校园公共卫生事件也具有突发性这一显著特点。其突发性具体表现在三个方面，即事发前的隐蔽性、事发时的爆炸性、事发后的紧迫性。

不同于可进行一定预测的自然地质或气象灾害，由于校园卫生防控体系制度的不完善、相关监管部门监督检查的漏失等原因，长期潜伏在校园内外的卫生安全隐患难以发现，具有极强的隐蔽性。另外，校园公共卫生事件在发生时间、模式上也具有很大的不确定性。当校园食物中毒、校园传染病等校园公共卫生事件发生时，还往往会引发群体性事件，这又大大增加了其监测、应对的复杂性。

2. 内容的多样性

校园公共卫生事件不是类别单一的孤立事件，而是涉及内容广泛、涵盖种类繁多的事件集合。对校园公共卫生事件进行归纳发现，校园公共卫生事件包含食品安全事件、文具用品安全事件以及各项传染病和艾滋病等事件。① 按照事件的种类划分，校园公共卫生事件涵盖校园食品安全事件、校园疾病防控事件和校园设施安全事件。具体而言，该类事件又包含着食堂以及校园周边商业机构的食品安全。而校园疾病的范围则更加广泛，包括呼吸道传染病、肠道传染病、直接接触传染病、自然疫源传染病等。总体而言，校园公共卫生事件涉及类型众多，具有多样性的特点。

3. 涉及领域的复杂性

校园公共卫生事件的发生、演化及应对涉及诸多领域，具有复杂性的特点。这种复杂性不仅体现在校园公共卫生事件发生的全部生命周期（包含事件发生前的诱因、事件发生时的扩散、事件发生后的处理等），也体现在校园公共卫生事件涉及主体的多样性、复杂性。

首先，校园公共卫生事件发生的诱因复杂。校园卫生防控体系不健全、管理制度不严格以及一些突发因素等都可能成为校园公共卫生事件发生的诱因。其次，校园公共卫生事件的扩散机理也十分复杂。校园是一个特殊场所，具有社会性和相对独立性等特点。学校与社会之间相互影响、相互流通，学校内的人、物时刻与外界发生着交往，社会发生的变化随时会影响到学校，同样校园公共卫生事件的影响也会扩展到整个社会，使事件影响进一步发酵、扩张。最后，校园公共卫生事件的应对极其复杂。如何及时快速响应、将事件影响降到最低，仍然是目前校园公共卫生管理的一大难题。

4. 后果的严重性

校园公共卫生事件的主要受害群体是学生。一方面，学生群体总体抵御能力较差；另一方面，学生又是处于兼具社会弱势地位且社会关注度高的群体。除此之外，学生群体还具有明显的聚集性、流动性和社会性等特点。由于学生活动多为集体活动，这容易造成聚集现象，加之学生群体相互之间的接触较为频繁紧密，校园公共卫生事件的影响会在校

---

① 第 49 届世界卫生大会（1996）首次将暴力作为严重危害健康的公共卫生问题提出，定义为：暴力是指蓄意滥用权力或躯体力量，对自身、他人、群体或社会进行威胁或伤害，导致身心损伤、死亡、发育障碍或权利剥夺的一类行为。

园内迅速扩散，进而扩散到外部社会环境。因此，校园公共卫生事件往往具有波及范围广、危害蔓延速度快等特点，危机处置更为困难。

第二节　校园公共卫生管理面临的问题及工作进展

一　校园公共卫生管理面临的问题

我国各级各类学校、幼儿园共计51万余所，[①] 学校数量多、分布范围广、学生数量多，基于这种形势要做到保障学生身心健康成长和学校卫生工作顺利开展，这无疑对我国校园公共卫生管理提出了严峻挑战。近年来，虽然校园公共卫生管理有了许多进展，但是仍然面临城乡、东西部地区校园公共卫生管理水平存在显著差异、校园卫生工作人员业务水平较低、健康宣传教育不完善等具体问题。

1. 城乡管理水平存在显著差异

目前，农村学校的校园公共卫生管理水平整体较低，与城市学校的校园公共卫生管理水平存在较大差距。这一差距主要表现在卫生设施情况、卫生规章制度水平、饮用水水平、食堂持证水平、传染病防控水平和突发公共事件处置水平等多个方面。具体而言，农村学校卫生设施建设不完善这一问题，体现在食品贮存、加工、供应管理制度在内的卫生规章制度水平较低，学校饮用水水质差、合格率低，防控体系不够健全等方面。一旦发生突发公共卫生事件，由于卫生应急预案建设不足、卫生应急专业人员缺乏、学校卫生管理水平落后、缺乏汇报渠道等因素，农村学校难以有效应对，易导致严重后果。

2. 学校卫生工作人员业务水平较低

学校卫生工作人员是保障学校卫生工作的重要支持。然而，全国中小学校卫生工作人员业务水平大多不符合《中小学校传染病预防控制工作管理规范》要求。上述问题的成因可归纳为如下几个方面：第一，学校卫生专业人员数量少，占比低；第二，学校卫生工作人员多为兼职人员，由于缺少正式编制与职业晋升渠道，学校卫生工作人员的流动性强，缺乏稳定

---

① 冯琪：《全国学校食堂84%"明厨亮灶"，教育部将再落实陪餐制》（http://www.bjnews.com.cn/edu/2019/10/29/643044.html，2019年10月29日）。

性；第三，学校卫生工作人员的待遇较差，难以吸引相关领域专门人才。[1]

3. 健康宣传教育相对欠缺

健康宣传教育也是学校公共卫生工作的一个重要环节。做好健康宣传教育不但可以培育学生的健康意识水平、增强健康知识素养，还可以助推学校卫生长效机制的建设。目前，校园公共卫生管理的工作重点和主要形式以政策法规和整治落实为主，在宣传教育方面相对欠缺。因此，如何进一步提高健康宣传教育的活动比重是目前校园公共卫生管理工作中亟待解决的一个重要问题。此外，由于缺乏一定的量化考核手段，健康宣传教育活动如何落实也需要深入思考。

二 校园公共卫生管理工作的主要进展

校园公共卫生管理工作是解决现存问题、提升校园安全水平的重要手段。为了厘清现阶段我国校园公共卫生管理工作的概况，本章主要梳理了现有校园公共卫生管理工作的主要政策文本，[2] 并据此对校园公共卫生管理工作的特点进行归纳，具体见表 3—2。

表 3—2　　　　2019 年校园公共卫生管理颁布实施的政策情况

颁布/实施日期	政策	主要内容	类别
2019/1/1	关于发布《普通高等学校传染病预防控制指南》行业标准的通告	普通高等学校传染病预防控制指南	传染病
2019/2/27	《关于开展 2019 年春季开学学校食品安全风险隐患排查工作的通知》	增强安全意识，加强工作部署；落实主体责任，全面开展自查；强化部门协同，严格监督检查；创新工作方式，加强社会共治	食品安全

---

① 张松杰、李骏、马倩倩等：《西安市小学传染病防控管理现状》，《中国学校卫生》2019 年第 3 期。

② 参见国务院网站（http://www.gov.cn/zhengce/index.htm）。

续表

颁布/ 实施日期	政策	主要内容	类别
2019/3/26	《关于进一步规范儿童青少年近视矫正工作切实加强监管的通知》	落实主体责任，切实规范近视矫正工作；切实加强监管，严肃查处违法行为；加强科普宣传，科学认知儿童近视矫正行为	健康体检
2019/4/1	《学校食品安全与营养健康管理规定》	总则；管理体制；学校职责；食堂管理；外购食品管理；食品安全事故调查与应急处置；责任追究；附则	食品安全
2019/10/31	《关于在实施教育现代化推进等工程中大力推进中小学改厕工作的通知》	从2019年起，以中西部地区县域内农村学校为重点，以地方投入为主，统筹使用现有各类资金渠道，发挥中央预算内投资引导作用，全面开展中小学校改厕工作。力争通过两年左右时间的努力，实现全国中小学厕所基本达到安全、卫生、环保等底线要求	校园设施
2019/12/2	《关于落实主体责任强化校园食品安全管理的指导意见》	全面落实主体责任；进一步强化管理责任；大力推进社会共治；以担当负责的精神抓好落实	食品安全

从表3—2可见，2019年校园公共卫生管理的工作重点以食品安全为主，同时涵盖了校园设施、健康体检和传染病防控等内容。通过一系列政策法规的出台以及监督检查活动的进行，管理工作有效预防了全国范围内校园卫生事故的发生，达成了既定的工作成效。目前，校园公共卫生管理呈现出以下特点。

1. 工作形式以专项整治活动为主

为落实校园公共卫生相关政策法规，相关部门在全国范围内开展了相应的专项整治活动。例如，教育部在 2019 年 4 月 1 日正式颁布执行与食品安全相关的《学校食品安全与营养健康管理规定》，与该法规配套的校园食品安全专项整治活动也在同年 9 月正式启动。此次专项整治活动历时三个月，在这期间多部门联合发力，摸清具体情况，实施整治方案，有效打击了危害校园食品安全的不法行为，提升了校园食品质量和安全的整体水平。在专项整治期间，各地检查学校食堂、供餐单位及校园周边食品经营者63.1 万户次，约谈2.7 万户，立案查处2667 起，警告1.14 万户次，取缔无证经营者496 户，撤换食品原料供货商2352 个，更换供餐单位536 家。①

2. 工作内容强调明确主体责任

总体而言，2019 年的校园公共卫生管理工作突出强调了公共卫生管理的责任落实和规范化管理，并且通过压实直接责任人来推动校园公共卫生管理工作。以食品安全的管理工作为例，为了落实主体责任，教育部出台了《教育部解决学校及幼儿园食品安全主体责任不落实和食品安全问题整治方案》，② 明确提出学校相关负责人陪餐制度，要求对引发食品安全事件的学校和单位依法依规追究责任。

3. 工作重心向中西部地区倾斜

对于中西部地区的部分农村学校而言，公共卫生设施配套不完善容易导致传染病和其他疾病的发生与传播。针对这一情况，《关于在实施教育现代化推进等工程中大力推进中小学改厕工作的通知》于 2019 年 10 月 31 日颁布，该通知明确了地方政府将资金投入卫生设施建设不足的地区学校，通过改厕以提升学校整体的公共卫生设施的建设水平，以改善这类学校因学校设施不完善带来的潜在卫生隐患。③ 这一通知是校园公共

---

① 《守护校园食品安全 打牢健康中国根基》(http：//www. moe. gov. cn/fbh/live/2019/51525/sfcl/201910/t20191029_ 405721. html，2019 年 10 月 29 日)。

② 《教育部：严格落实学校相关负责人陪餐制度》(https：//baijiahao. baidu. com/s? id = 1648709600844202307&wfr = spider&for = pc，2019 年 10 月 29 日)。

③ 《教育部关于在实施教育现代化推进等工程中大力推进中小学改厕工作的通知》(http：//www. gov. cn/xinwen/2019 – 10/31/content_ 5447062. htm，2019 年 10 月 31 日)。

卫生管理向中西部地区倾斜的一大举措，旨在通过资金投入实现校园公共卫生管理水平在全国范围内的均等化。

第三节 校园公共卫生事件典型案例与成功经验

一 校园公共卫生事件典型案例

本部分通过典型案例分析、梳理，展现校园公共卫生事件发生、发展机理，具体内容如下。

1. 食源性疾病事件

世界卫生组织认为，凡是通过摄食进入人体的各种致病因子引起的，通常具有感染性的或中毒性的一类疾病，都可称为食源性疾病。常见的食物中毒、肠道传染病、寄生虫病及化学物引起的疾病都属于食源性疾病。由2019年中国卫生健康统计年鉴统计分析的2017—2018年各类致病因素食源性疾病暴发报告情况见图3—1，各类场所食源性疾病暴发情况见图3—2（仅选取学校及周边与学生联系密切场所）。就全国范围来看，食源性疾病主要由食用动植物及毒蘑菇造成的食物中毒事件造成，但就学校范围来看，致病微生物及其毒素是导致学校食源性疾病暴发事件的主要致病因素。就发生场所来看，学校食堂虽不是主要的发生场所，但发生数量仍然较多，2018年发生于学校食堂的患者数就有4317人，占总患者数的10.3%。

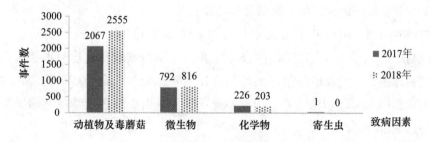

图3—1　2017—2018年各类致病因素食源性疾病暴发报告情况

学校是人群高度集中的场所，学校食源性疾病暴发事件常伴有潜伏期短、发病人数多、年级范围广等特点①。因此，发生于学校的食源性疾病由于学校人群集聚、中小学生免疫力差等原因将会迅速传播，对学生的身体健康造成严重危害。

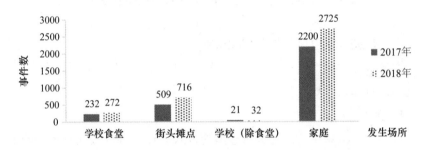

图3—2　2017—2018 年各类场所食源性疾病暴发报告情况

（1）金黄色葡萄球菌肠中毒

金黄色葡萄球菌是导致食源性疾病暴发的重要致病菌之一，也是导致我国学校食源性疾病事件的第二大微生物因素。2019 年 6 月 6 日 13 时 40 分，北京市某区疾病预防控制中心接到电话通知，该区有多名学生出现恶心、呕吐、腹泻症状，到医院就诊后怀疑与某食品厂生产的三明治有关。发病学生均为该区同一学校的住校生，通过与学校负责人进行访谈以及搜集缺勤记录进行病例搜索，共发现 11 例病人，11 例病例来自学校不同年级、不同班级，年龄范围在 13—17 岁。据学校提供的资料，发病学生除 6 月 5 日 20 时左右均食用预包装食品三明治外，72 小时内无其他共食食品。因此采集现场制售食品及食品原料、工作人员生物学标本，按照 GB4789.10—2016 等国家标准进行实验室检测，共采集粪便标本（肛拭子）2 件、剩余三明治共 8 件。8 件三明治剩余食品均检出金黄色葡萄球菌，经产毒培养菌株测毒实验证实 8 株金黄色葡萄球菌均检出 B 型和 C 型葡萄球菌肠毒素。因此，此次事件是由金黄色葡萄球菌污染而引起的中毒事件。②

---

① 潘娜、李薇薇、杨淑香等：《中国 2002—2015 年学校食源性疾病暴发事件归因分析》，《中国学校卫生》2018 年第 4 期。

② 肖贵勇、王佳佳、马晓曼等：《一起学校疑似金黄色葡萄球菌肠毒素所致食源性疾病调查》，《中国学校卫生》2020 年第 2 期。

本事件中三明治加工车间有消毒设施设备,有从业人员上岗前健康检查制度、日常消毒制度并实施,但现场调查时未见6月4日三明治生产当天的个人卫生检查记录和加工设备卫生消毒记录。三明治由从业人员手工封装,但2名从业人员手上有烫伤,三明治在加工过程中可能受到金黄色葡萄球菌污染,三明治到学校后售卖前在常温下保存有利于金黄色葡萄球菌滋生繁殖和肠毒素形成。

（2）蜡样芽孢杆菌中毒

2018年9月18日13时27分,某市疾病预防控制中心接医院报告该市2所小学同时发生疑似食源性疾病暴发事件。经现场流行病学和食品卫生学调查,结合临床症状及实验室检测结果综合分析,判定该起事件为蜡样芽孢杆菌污染肉丁烧洋芋引起的学校食源性疾病暴发事件。9月18日,进食由某餐饮公司统一配送午餐的某市2所小学的教职工及学生,出现呕吐（呕吐物为胃内容物）或伴恶心、腹痛、腹泻、发热等临床症状或体征之一者。查阅就诊的医疗机构门诊登记日志,按照指南中统一的《个案调查表》对病例的一般情况、临床表现及血液检测结果、就餐史、转归等进行调查,调查采取面对面访谈的方式,搜索2所小学3546人。共搜索到符合定义的病例20例,其中教师1例,学生19例。对采集的28份样品（留样食品样品6份,环境样品8份,呕吐物3份,学生肛拭子11份）进行检测,在7份样品中检出蜡样芽孢杆菌（留样食物样品6份、呕吐物1份）,仅在肉丁烧洋芋中检出结果为1.5×10^5 CFU/g（CFU是菌落形成单位,指单位体积中的活菌个数）,其余样品检出结果均小于10^5CFU/g,留样食物和呕吐物中检出的蜡样芽孢杆菌血清型为同一型别。从食品卫生学调查可知,肉丁烧洋芋中的猪肉和洋芋均在9月17日加工备用,供餐公司在将制作好的食物装盒时,食物温度较高,送餐时送餐车为常温保存运输,另当地室外气温为18℃—22℃,以上条件均符合蜡样芽孢杆菌流行病学特点。该公司加工制作,食品存放、运输等环节不规范是造成事件的主要原因。①

学校要加强对于食品的监督防控,食品安全监管部门也要加强餐饮

---

① 雷娟、李家伟、梅君等:《一起蜡样芽孢杆菌引起的学校食源性疾病暴发事件分析》,《中国学校卫生》2019年第5期。

行业的监管，尤其在夏秋季食物易腐烂变质，更应加强监管。学校有关部门、餐饮生产经营者及其从业人员应提高食品安全风险意识，不断对其加强培训，进行宣传教育。市场监管部门、教育部门、卫计部门要进一步完善应急联动机制，及时妥善处理此类事件。

（3）肠炎沙门菌中毒

2017 年 6 月 27 日重庆市南岸区陆续报告 5 例以腹痛、腹泻、呕吐等急性胃肠道症状为主的病例，患者同为重庆某大学学生；之后九龙坡区、江津区也陆续报告相似病例 48 例，患者为九龙坡区某中学和江津区某中学的学生，流行病调查发现所有患者均有食用重庆市南岸区某食品加工厂 6 月 26 日生产的糕点的经历。经采样和实验室病检测，共从患者、可疑食品、食品厂工作人员肛拭中分离到 18 株肠炎沙门菌，该起公共卫生事件诊断为肠炎沙门菌引起的食物中毒。[①]

为了预防类似事件的发生，建议相关部门加强对食品生产企业的监督管理，提高企业食品安全意识，要求食品加工企业建立和实施直接入口食品无菌操作和食品生产、存储、运输、留样等环节的卫生管理制度，加大食物中毒防治知识的宣传力度。学校应对校内食品的进货渠道严加监控，建立学校标准卫生制度并加以执行，定期对校内从业人员进行健康体检，同时严格要求食品的存放条件，从而避免类似公共卫生事件的发生。

（4）诺如病毒胃肠炎

诺如病毒当前是引起急性胃肠炎暴发的主要病原之一，具有流行区域广、人群普遍易感和传染性强等特点，通过食物、水、气溶胶及密切接触等多途径传播，容易在人口密集地区和集体单位引起暴发流行。[②] 美国每年有两千多万由诺如病毒导致的胃肠炎病例，大多数原因不明的急性胃肠炎暴发也都归因于诺如病毒感染。

2018 年 6 月 7 日上午 9 时，甘肃省疾病预防控制中心（CDC）接到

---

① 王文斟、许磊、张鹏等：《由带菌者引起的 3 所学校食物中毒的溯源分析及药敏检测》，《预防医学情报杂志》2018 年第 8 期。

② 《诺如病毒感染暴发调查和预防控制技术指南（2015）》（http://www.chinacdc.cn/tzgg/201511/t20151120_ 122120. htm，2015 年 11 月 20 日）。

电话报告，兰州市某小学有 15 名学生从 6 月 6 日开始陆续出现恶心、呕吐、腹痛、腹泻等症状。该校 11 个班级中有 4 个班级（36.4%）发生病例，发病班级主要集中在二年级（1）班，发病 20 例，占全部病例的 57.1%。另外，二年级（2）班发病 7 例，一年级（3）班发病 5 例，三年级（1）班发病 3 例。35 例病例均为在校学生，罹患率为 5.3%（35/663），其中男性 22 例、罹患率 5.6%（22/396），女性 13 例、罹患率 4.9%（13/267），发病年龄在 6—9 岁。采集发病学生肛拭子样本 12 份、外环境样本（书本、拖把、课桌、凳子、门把手和簸箕）6 份、呕吐物 1 份，合计采集样本 19 份；未检测出霍乱、痢疾、轮状病毒等相关病原体，8 份肛拭子样本和 1 份呕吐物均检出诺如病毒 GI 型。[①] 综合临床症状、流行病学特征、实验室检测结果和卫生学调查，判定本次疫情是一起由 GI 型诺如病毒感染引起的学校暴发疫情。究其原因可能是首发病例感染诺如病毒后，在学校内呕吐污染周围环境，其他学生通过与病例接触或接触污染环境而感染。

诺如病毒环境抵抗力强、感染剂量低，感染后潜伏期短、排毒时间长，全人群普遍易感，且传播途径多样，常通过受污染的饮用水或食物、生活接触等造成暴发。本次疫情暴露出了学校师生在传染病防控意识及相关卫生处理上存在不足，首例病例在教室内呕吐后并未得到及时的处理，从而导致后续学生的感染，且对呕吐物处理后未对教室环境进行消毒；在出现腹泻和腹痛等状况时，家长和社区医院也并未重视。因此，医疗机构在病例诊断时要增强责任心，全面思考，提升传染病防控意识；卫生机构应做好学校师生的健康宣传教育工作，对学校呕吐物进行规范处置并加强对于环境进行消毒工作的培训；同时学校在发现可疑暴露危险因素时应及时清理消毒，以降低引起传染病暴发的风险。

（5）有毒动植物中毒

有毒动植物及其毒素事件主要以菜、豆类加工不当未煮熟，误食苦瓠子、苦葫芦，食用发芽马铃薯为主。另外，学生食品安全意识欠缺，误采误食有毒野果，也会导致有毒动植物及其毒素的中毒事件。

---

① 姚进喜、李群、张丽杰等：《兰州市某小学一起诺如病毒感染聚集性疫情流行病学调查》，疾病预防控制通报，2020 年。

2019 年，贵州省通过对本省内学校食物中毒的情况进行分析，指出 2011—2018 年贵州省内共报告学校中毒案件 78 起，中毒 1506 人，住院 869 人，分别占同期食物中毒报告事件数的 5.69%、19.01%、16.52%。2018 年学校食物中毒报告事件数达到顶峰，占到了 29.49%。2011—2018 年贵州省学校发生的食物中毒事件除 43 起为不明原因中毒外，主要致病因素为生物污染物引起的食物中毒（19 起），共中毒 661 例、住院 319 例，其中引起学校细菌性食物中毒的主要是蜡样芽孢杆菌、金黄色葡萄球菌和气单胞菌；其次为有毒动植物及其毒素引起的中毒，有 11 起，其中以未炒熟的四季豆和发芽马铃薯导致的中毒为主，其余以学生误食、误采野果引起；化学性的中毒事件有 5 起。[1] 可见由于学生误食导致的有毒动植物中毒事件仍然存在不少，这主要是由于学生辨别能力低且缺少食品安全意识导致，针对此，学校应加强对于学生的宣传教育，科普有毒的动植物，提高其对于食品安全和身体健康的意识，从而减少因自身意识缺乏而造成的中毒事件。

（6）化学性食物中毒

2018 年 3 月 30 日，汝城县延寿乡某幼儿园出现 2 例疑似中毒症状学生，其中 1 例已经死亡。当天曾有 2 名女生看到 2 名患者分食白色粉末状物品，后在死者课桌与墙壁缝隙处发现强化戊二醛防锈剂白色小包装袋，包装标识其主要成分为亚硝酸钠，与生产厂家（长沙雨花消毒公司）核实，确定一包亚硝酸钠剂量为 12.5 克。汝城县人民医院 3 月 30 日采集患者血液，检出高铁血红蛋白 43.6%（正常值为 0%—2%）、氧合血红蛋白 53.4%（正常值为 94%—97%）。3 月 30 日，郴州市疾病预防控制中心对采自患者的血液标本进行了 2 种鼠药（毒鼠强、氟乙酰胺）和 23 种农药（甲胺磷、敌敌畏、乙酰甲胺磷等）检测，结果均为阴性。3 月 31 日，郴州市疾病预防控制中心对患者洗胃液和尿液进行检测，洗胃液中亚硝酸根含量 32.9μg/ml，尿液中亚硝酸根含量无异常。[2]

---

① 丁玲、朱姝、雷世光等：《贵州省 2011—2018 年学校食物中毒事件特征分析》，《中国学校卫生》2019 年第 12 期。
② 苏小可、刘晓峰、李映霞等：《一起幼儿园学生误食亚硝酸盐中毒致死事件的调查报告》，《应用预防医学》2019 年第 4 期。

根据《食源性急性亚硝酸盐中毒诊断标准及处理原则》，结合流行病学调查、临床表现、实验室检查及亚甲蓝特效治疗，判定为误食亚硝酸盐引起的食物中毒。亚硝酸盐外观上与食盐、白糖等很接近，国内曾有文献报道将亚硝酸盐当成食盐或白糖误食而发生中毒的事件，也有不能明确亚硝酸盐来源的食物中毒报道。

为杜绝此类事件再次发生，学校机构的老师与家长要加强注意与监管，教育孩子不随便乱拿、乱捡、乱吃陌生东西，严禁幼儿带零食、玩具入校入园，加强对于亚硝酸盐中毒的宣传工作，重点针对学校、幼儿园等区域的高危人群的教育，提高其安全意识。除此之外，更要加强亚硝酸盐的管理，生产、使用、买卖亚硝酸盐的过程中要严格登记备案，严防其非法流出，从根源上杜绝误食中毒的隐患。

2. 传染病事件

传染病是指具有传染性的疾病，在医学上是指由各种病原体引起的能在人与人、动物与动物或人与动物之间相互传播的一类疾病。法定的传染病共有 39 种，包括甲类 2 种、乙类 26 种以及丙类 11 种，而非法定传染病主要是水痘，将其按照传播方式可以分为呼吸道传染病、肠道传染病、血液传染病和体表传染病。各类传染病在校园中都有发生，但在校园中最常见的传染病类型是呼吸道传染病以及包括乙肝和艾滋病的血液传染病。

（1）流感大暴发

根据国家疾病预防控制局数据显示，过去四年流感发病数总和为172.7 万，而截至 2019 年 11 月，2019 年流感发病数已超 230 万，远超过去四年总和。[①] 进入流感高发期以后，门诊挂号变得很频繁，最多见的就是学生患者。

2019 年 1 月 13 日和 14 日，香港卫生署最新数字显示，共录 62 例院舍学校暴发流感样疾病个案，受影响人士多达 365 人，其中幼儿园或幼儿中心占 44 例，小学及中学共占 11 例。[②] 根据佛山市各中小学校、托幼机

---

① 《传染病预防控制》（http://www.nhc.gov.cn/jkj/s2907/new_list.shtml）。

② 《香港 2 天现 44 宗幼儿园流感个案 部分学校已停课》（http://hm.people.com.cn/n1/2019/0116/c42272-30548898.html，2019 年 1 月 16 日）。

构校医实时上报的数据，12 月 26 日佛山市学生所患疾病的第一位就是流感/普通感冒。① 总体而言，2019 年流感呈现多发的趋势，由于儿童抵抗能力较差，且群体集聚，流感在学生群体中传染力强，传染范围广，对学生正常的学习生活和生命健康安全造成威胁。

（2）高校艾滋病频发

艾滋病属于血液传染病中典型的一种，艾滋病毒是造成人类免疫系统缺陷的一种病毒。据中国疾控中心、联合国艾滋病规划署、世界卫生组织联合评估截至 2018 年年底，全国报告存活艾滋病病毒感染者/艾滋病病人 86 万例；2018 年新发现的艾滋病病毒感染者/艾滋病病人 14.9 万例，平均每小时新发现 17 例艾滋病病毒感染者/艾滋病病人，其中性传播比例达到 95%；2018 年报告死亡病例 3.8 万例，2018 年我国报告新发现的 15—24 岁青年艾滋病病毒感染者/艾滋病病人 1.6 万例，其中青年学生病例 3000 多例，且 80% 以上通过男性同性行为感染。②

近五年来，高校学生群体艾滋病感染率连年增长，呈现频发态势。根据中国疾控中心性病艾滋病防控中心的调查，近两年国内每年约有3000 多例学生艾滋病感染病例，2017 年的数字是 3077 例。③ 天津市卫健委发布信息：2019 年 1—10 月新发现青年学生病例 62 例，较 2018 年同期的 48 例增加了 29.17%。④ 据河南省疾控中心的统计，2018 年 1 月至10 月，15 岁至 24 岁青年学生新发现报告艾滋病患者已超过 130 例。⑤ 北京市教委也曾公布数据显示，截至 2017 年 6 月底，北京市已报告学生HIV 感染者 1244 例，高校学生（18—22 岁）艾滋病病毒感染者及病人总

---

① 夏小荔:《佛山已进入流感高发期　五类人群需重点预防》(http：//health. people. com. cn/n1/2019/1229/c14739 -31527240. html，2019 年 12 月 29 日)。

② 《艾滋病防治宣传教育核心信息（2019 版)》(http：//www. fjcdc. com. cn/show？ ctlgid = 442144&Id =16608，2019 年 12 月 12 日)。

③ 雷嘉:《艾滋病防治将纳入学校教育计划》,《北京青年报》2019 年 10 月 17 日第 4 版。

④ 徐杨、陈钰寅:《我市发布最新艾滋病疫情信息　整体艾滋病疫情处于国内低流行水平》,《天津日报》2019 年 12 月 3 日第 5 版。

⑤ 宋芳鑫:《河南成立高校艾滋病防控联盟　建立长效机制共同"艾"》(http：//henan. people. com. cn/n2/2018/1129/c351638 -32347859. html，2018 年 11 月 29 日)。

数为 722 例, 分布在 59 所高校 (2017 年新增 50 例, 分布在 49 所高校)。① 南昌市疾控中心公布数据显示, 至 2016 年 8 月底, 全市已有 37 所高校报告艾滋病感染者或病人, 共报告存活学生艾滋病感染者和病人 135 例, 死亡 7 例。②

《中国艾滋病性病》杂志 2019 年 10 月刊登的《青年学生 HIV 感染及传播的风险扩散研究》一文认为, 高危性行为增加、学校性教育不足、网络社交平台助推是青年学生感染艾滋病高风险的主要原因。

3. 学校周边卫生安全事件

学校周边的食品安全事件, 主要发生于学校周边的流动摊贩和小商店等, 由于学校周边所卖食品价格低廉, 且添加剂、增色剂、甜味剂等化学品的添加使得各种小食品颜色鲜艳、口感好, 因此深受学生喜爱, 加之学校周边缺少监管, 各种三无食品的售卖极易对学生的身心健康造成危害。目前学校周边的卫生安全事件主要有"五毛食品"事件和相关文具用品安全事件。

(1) "五毛食品"事件

2019 年在央视 "3·15" 晚会中, 校园及周边"五毛食品"问题被提及。据报道, 校园周边备受儿童青少年欢迎的廉价辣条均为"黑作坊"所生产。在湖北荆门市东宝区象山学校门口, 有一家小卖店, 和学校仅隔一条小马路, 店门口有一个摆满了辣条的箱子, 央视记者在这里购买了几袋名为"虾扯蛋"的辣条, 一袋 5 毛钱。当记者付钱离开小卖店后不久, 这位店主突然冲了过来, 不由分说地开始抢夺记者手中的几袋辣条。这让记者感到了这些辣条的可疑。在产品的包装上可以看到, 这个名为"虾扯蛋"辣条的生产地址为河南开封, 生产厂商为兰考县宁远食品有限公司, 包装袋上食品生产许可证编号清晰可见。为了更真实地了解辣条的生产情况, 记者按照这款"虾扯蛋"品牌辣条包装袋上的地址, 来到了河南省开封市兰考县城关乡高场村, 经过多方打听, 在距离高场

---

① 武文娟:《北京: 学生艾滋病毒感染者累计 1244 例》(http://www.xinhuanet.com/health/2018-03/21/c_1122567088.htm, 2018 年 3 月 21 日)。

② 汪清林:《南昌高校学生艾滋病例 135 例》(http://jx.people.com.cn/n2/2016/0918/c186330-29013322.html, 2016 年 9 月 18 日)。

村几公里外的一片田野里，记者才找到了这家企业。在企业工作人员的带领下，记者未经过任何消毒措施就进入了食品生产车间，刚进入车间，浓重的辣条味扑面而来。生产线上被膨化后的面球四处飞溅，生产车间地面上，满地粉尘与机器渗出的油污交织在一起。搅拌桶上也满是油污，搅拌机旁边几米远就是水池。水池墙壁上到处是黑色污点，水池里白色水桶上、桶边上、水瓢上都覆盖了厚厚的污垢，一滴滴水正在从水龙头生锈的接口不断渗出，落在下面的水桶里。①

针对近些年辣条生产"黑工厂""黑作坊"违规使用各种添加剂、菌群超标等质量问题，2018 年 4 月，国家市场监管总局发布《关于开展校园及周边"五毛食品"整治工作的通知》，食品药品监管部门要严厉查处生产经营不符合食品安全标准食品、"两超一非"等违法行为，坚决取缔无证生产"五毛食品"的"黑窝点""黑作坊"。然而，记者在调查中发现，这些违规生产的企业，目前依旧热火朝天地生产，各种辣条仍在源源不断地流进市场，汇集在小学校门口，销售给毫无防范意识的孩子们。

（2）文具用品安全事件

2019 年 1 月，贵州毕节一名 6 岁男孩在玩打火机时不慎将涂改液点燃，引发涂改液爆炸，导致全身烧伤 30%。② 无独有偶，杭州一男孩把纹身贴贴在了脸上和身上，导致皮肤过敏，半边脸差点"毁容"。③

外表美丽、气味芳香的橡皮擦，却含有大量的有毒物质——甲醛、苯，还有邻苯二甲酸酯类增塑剂。为了使橡皮更加柔软，更容易着色及增加香味，黑心厂家就会过量添加这些有毒物质。长期使用添有邻苯二甲酸酯类增塑剂的橡皮，孩子们就可能会出现轻微中毒现象，甚至可能会危害孩子的肝脏和肾脏。

家长在为孩子购买文具时，不应只关注文具用品的外在，更要注重其安全质量标准，为孩子购置安全可靠的文具用品，同时教育孩子正确

---

① 《3·15 晚会曝光：5 毛"辣条"小学门口热卖　生产作坊满是污垢》（http://news.cctv.com/2019/03/15/ARTIaavsvc076wiwcOhQNdQT190315.shtml，2019 年 3 月 15 日）。

② 《小小文具惹下大祸！六岁男孩全身烧伤 30%》（http://news.cctv.com/2018/05/27/ARTIJFp8VT7RCUISLR4DxXu2180527.shtml，2018 年 5 月 27 日）。

③ 《@所有家长：儿童纹身贴或致孩子性早熟，别再贴了》（https://baijiahao.baidu.com/s？id=1649502420258755087&wfr=spider&for=pc，2019 年 11 月 7 日）。

使用文具，不要养成咬笔头等恶习。国家也要对文具用品的质量加强监管，出台相关政策严控质量标准，确保流通到学生手中的文具都能合规保质。

二 校园公共卫生管理的成功经验

经过探索和实践，目前相关部门也总结出了一系列值得借鉴的成功做法，具体如下。

1. 陪餐制

2019 年 3 月，由教育部、国家市场监管总局、国家卫健委发布的《学校食品安全与营养健康管理规定》提出，中小学、幼儿园应当建立集中用餐陪餐制度，每餐均应当有学校相关负责人与学生共同用餐，做好陪餐记录，及时发现和解决集中用餐过程中存在的问题。各地纷纷响应国家政策，建立和完善校长陪餐制、园长陪餐制和家长陪餐制等制度，校园的食品安全建设取得实质性进展。

（1）陪餐制的具体落实

2019 年 4 月 10 日中午，北京丰台区小井小学三年级一班，校长、家长代表与同学们一起，享用了营养又美味的午餐。[①] 同日，在武汉市江岸区鄱阳街小学食堂里，6 名学生代表和该校校长共进午餐。校长不时询问孩子们饭菜是否可口，邀请学生给食堂提意见。4 月 1 日是《学校食品安全与营养健康管理规定》施行首日，重庆渝北区近 400 所中小学及幼儿园开始全面实施校长、园长陪餐制度。当天，在江北区华新实验小学，校长与一年级四班小朋友一起用餐。在千里之外的石家庄，长安区翟营大街小学的孩子们已经开始慢慢习惯陪餐制度，张校长介绍说，"今年 3 月底，学校开始实行学校领导小组的轮流陪餐制度。推行前几天，学生们还有些不适应，现在都盼着跟我一起吃饭了。"

---

① 于新怡、池梦蕊、周立军等：《校长陪餐制全面起航：保的是安全，陪的是成长》（http：//cq. people. com. cn/n2/2019/0412/c365403 - 32838149. html，2019 年 4 月 12 日）。

（2）陪餐制不断更新

河北省邢台市在落实校长陪餐制的同时，还完善了一整套对于食品安全的监督体系。邢台市 1488 所学校和幼儿园建有食堂，每天约有 80 万学生在食堂就餐。邢台市市场监督管理局经调研走访，也建立了"校长陪餐制"，并于 2013 年 10 月在全市各类学校、幼儿园中推行，把学校负责人和学校食品安全捆绑起来，"陪"和"监"形成合力，倒逼学校承担起学校食品安全的责任。①

北京丰台区小井小学则结合自身特色，进一步推出了"双长"陪餐制度，不定期邀请家长代表和校长一起陪同学生午餐。该校校长表示，在推进餐厅管理的"家校共建共享"的同时，也有助于了解学生们的饮食习惯，建立起感情，用心用情把好校园食品安全关。

（3）落实食品安全校长负责制

2019 年 8 月，黑龙江省教育厅、省食品安全委员会办公室、省市场监督管理局和省卫生健康委员会联合下发通知，要求进一步加强全省学校食品安全工作。通知要求，要实行学校食品安全校长负责制。② 严格落实食品安全校长（园长）负责制，学校食堂的管理、食品安全事故处置、责任追究等严格落实《学校食品安全与营养健康管理规定》有关要求。

学校应建立健全食品安全管理制度以及突发事件应急制度，配备专职或兼职的食品安全管理人员，加强食品安全日常管理，消除食品安全隐患。学校食堂应依法取得许可，严禁超范围经营，应采用透明、视频等方式实现明厨亮灶，规范加工过程。中小学校（幼儿园）食堂原则上应自主经营，不得对外承包或委托经营，不允许承包个人经营。

2. 明厨亮灶工程

2019 年 9 月，教育部会同市场监管总局、公安部、农业农村部联合部署开展整治食品安全问题联合行动。截至 2019 年 10 月 14 日，全国学校食堂"明厨亮灶"数量达到 31.86 万户，覆盖率占有食堂学校数的

---

① 马晨：《饭菜留样，建立台账，河北邢台——校长陪餐　吃得心安》（http：//www. moe. gov. cn/jyb_ xwfb/s5147/201905/t20190530_ 383707. html，2019 年 5 月 28 日）。

② 赵一诺、衣春翔：《黑龙江：严格落实食品安全校长负责制》（http：//www. gov. cn/xin-wen/2019 –08/23/content_ 5423677. htm，2019 年 8 月 23 日）。

84%，直辖市、省会城市和计划单列市学校食堂"明厨亮灶"数量为5.28万户，覆盖率占有学校食堂数的91%。专项整治期间，各地检查学校食堂、供餐单位及校园周边食品经营者63.1万户次，约谈2.7万户，立案查处2667起，警告1.14万户次，取缔无证经营者496户，撤换食品原料供货商2352个，更换供餐单位536个。①

（1）"互联网＋明厨亮灶"工程

2019年，国家监管总局会同教育部门，积极推动学校食堂"互联网＋明厨亮灶"，将后厨"晒"在网上，让学校食堂置于家长、师生、监管部门和社会的广泛监督之下，实现社会各界对校园食品安全可检验、可评判、可感知。②

辽宁省锦州市通过不断加大监管力度，有效保障了广大师生食品安全，通过将"四个到位"落实到明厨亮灶升级改造为"互联网＋"模式，在不断深入推广中取得了明显成效。在完成"明厨亮灶"工作的基础上，通过采取多方联动、试点先行、宣传教育、强化督导等措施，在全市学校食堂继续深入推动"明厨亮灶"接入"互联网＋"升级改造。锦州市市场监管局认为，用示范引领打头阵，可以确保推进"互联网＋明厨亮灶"展开到位。为此，在2019年11月，锦州市局召开了"互联网＋明厨亮灶"工作推进会，确定在凌海市先期实施分步进行：第一批安装公立学校食堂，第二批安装私立幼儿园食堂，之后再向其他餐饮机构推进。2019年12月，锦州市市场监管局与锦州市教育局联合下发《锦州市学校食堂"互联网＋明厨亮灶"工作实施方案》，以学校食堂食品安全培训工作为契机，以提升从业人员自律意识、规范经营行为为目标，对学校食堂"互联网＋明厨亮灶"工作进行部署和动员。锦州市场监管部门还与多家软件公司进行沟通磋商，减少学校资金投入，简化安装过程，由软件公司派技术人员负责对辖区内市场监管人员和学校相关管理者开展应用培训，确保推进"互联网＋明厨亮灶"工

---

① 张盖伦：《全国学校食堂"明厨亮灶"数量达31.86万户，覆盖率占有食堂学校数的84%》（http：//www.inpai.com.cn/news/doc/20191030/33257.html，2019年10月30日）。

② 孟植良：《教育部：38万所中小学及幼儿园食堂"明厨亮灶"率超八成》（https：//baijiahao.baidu.com/s？id=1648715132155928776&wfr=spider&for=pc，2019年10月29日）。

作在相关单位间实现无缝对接。①

（2）智慧阳光厨房系统

"智慧阳光厨房系统"是湖北省及宜昌市市场监督管理部门指导当地行业协会研发的推进"明厨亮灶工程"、守护校园食品安全的一个缩影。

湖北省的《关于在"不忘初心、牢记使命"主题教育中开展整治食品安全问题联合行动的通知》，进一步强调学校食堂、学校集体用餐单位"明厨亮灶"建设的重要意义，明确了湖北省学校"明厨亮灶"覆盖率达到80%、省会城市全覆盖的任务目标。② 湖北省各地市场监管部门会同教育部门承担起学校食堂"明厨亮灶"建设的责任，积极争取地方党委、政府支持，落实建设经费，加强宣传引导，强化社会监督，健全学校食品安全社会共治机制。

一些学校引入人工智能技术，充分利用"互联网＋"、手机APP等形式丰富"明厨亮灶"内涵，将单一的"后厨可视"升级为操作行为和设备环境"可识别、可抓拍、可感测、可预警"，主动接受家长、师生和社会监督，规范从业人员操作行为，开创了智慧化管理的新局面。截至2019年12月20日，湖北省已新增学校"明厨亮灶"3130户，"明厨亮灶"覆盖率从整治前的68%增加到92%。③

3. 整治校园周边食品安全"百日行动"

为进一步筑牢校园食品安全防线，保障校园内部及周边食品安全，维护学生健康安全，各省在落实国家法规制度、加强监控的基础上不断对校园食品安全状况进行整治。为此，河南省开展了整治校园周边食品安全的"百日行动"，严厉打击危害青少年儿童身体健康的违法行为。④

河南省此次校园及其周边食品安全整治"百日行动"从如下几个方面展开：严肃查处曝光企业违法违规行为。对"3·15"晚会上曝光的4

---

① 孙渊、王文郁：《辽宁锦州推进"互联网＋明厨亮灶"保校园食品安全》（http：//www.cqn.com.cn/pp/content/2020－01/07/content_7998510.htm，2020年1月7日）。

② 杨宏斌：《湖北新增学校明厨亮灶3130户，家长可用手机看学校后厨》，《湖北日报》2019年12月24日第2版。

③ 杨宏斌：《湖北新增学校明厨亮灶3130户，家长可用手机看学校后厨》，《湖北日报》2019年12月24日第2版。

④ 孙静：《我省开展校园食品安全整治"百日行动"》，《河南日报》2019年3月17日第2版。

家企业的辣条产品一律下架封存，并抽样检验，同时，责令河南的两家涉事企业在全国范围内迅速下架召回全部产品，停产停业，对其立即开展执法调查，严厉查处违法违规行为，涉嫌犯罪的，依法严肃追究刑事责任；全面加强休闲食品生产监督检查，对辣条等休闲食品生产企业全面开展监督检查，发现违法违规行为一律依法从严从重查处；加强对"五毛食品"经营监督检查，进一步开展对辣条等"五毛食品"经营的执法检查，开展产品抽样检验，对检查发现的"三无"产品、来源不明产品、名称和包装不符合要求的产品、检验不合格的产品，全部责令下架、停止销售，并没收产品予以销毁；开展学生食品安全健康教育，增强学生们食品安全意识和辨识能力；加强学校食堂食品安全监管，督促落实校长、家长陪餐制度和相关食品安全信息公示制度；加强网络订餐食品安全监管；对发现的问题，将按照有关规定及时通告当地党委、政府，对涉及失职渎职问题的，要追究相关责任单位和人员的责任。

4. 世界艾滋病日主题活动

2019 年 12 月 1 日是世界第 32 个国际艾滋病日，在这个特殊的日子，北京卫视播出了《养生堂——2019 年世界艾滋病日主题活动》，红丝带健康大使号召青年为爱"防艾"，与青年学生携手建立高校"防艾"的坚固防线。在主题活动的现场，"防艾"主题班会班主任——中国科学院高福院士对艾滋病的传播、危害、预防等进行了深刻的讲解，通过大屏动画与现场科学实验，现场的嘉宾及高校学生们了解了艾滋病毒如何进入人体、破坏免疫系统，深刻认识了艾滋病毒的危害性，学习了艾滋病预防的相关知识，最后的随堂测验更是加深了同学们对预防艾滋病知识的理解。

中国性病艾滋病防治协会为 2019 年的世界艾滋病日主题宣传活动制作了"防艾"宣传微电影、主题游戏及公益广告。四位红丝带健康大使号召青年学生们爱自己、为爱"防艾"，守好"安全警戒线"，守护美丽青春，迎接诗和远方。为了向"防艾"贡献力量，北京、天津、河北三地的高校举办了第三届京津冀高校大学生艾滋病防控宣传知识挑战辩论赛。优秀辩手们也在主题活动的现场进行了一场精彩的辩论，为防艾宣传做出自己的贡献。除此之外，多地高校的志愿者在高校内建立起"防艾"社团、开设"防艾"博客、编写"防艾"手册，用实际行动进行

"防艾"宣传。通过不断进行宣传教育活动，提高高校学生"防艾"意识，建立高校"防艾"的坚固防线。

5. 完善法律法规建设

对于校园公共卫生安全管理而言，学校卫生法规政策性文件是我国学校卫生安全管理的重要保障。要加强学校卫生安全管理，首先要进一步制定切实可行的学校卫生法规政策文件，以保障我国学校卫生工作的规范化、制度化运行。

目前，关于校园公共卫生管理的法规政策性文件涵盖了学校卫生管理的各个方面，包含健康教育、健康体检与体质监测、营养干预、常见病防控、食品安全管理、传染病防控、突发公共事件卫生处置、机构建设与设施配备和督导评估与监督检查等方面内容。[①]

有关部门要及时补充、修订校园公共安全管理的相关政策法规。对于学校卫生实践中出现的现有法律法规政策缺乏的内容，要及时补充该领域的法规政策，避免学校卫生事件漏洞的出现。对于学校卫生实践中的成功做法，在经过讨论后可以将其纳入卫生规范标准。对于法规政策中不适应现有实践的内容，要及时调整与修缮，以跟上现行校园公共卫生管理形势。

第四节　校园公共卫生安全管理的未来展望

一　推进制度建设

要保障校园公共卫生安全管理工作的成效，核心就是要加强制度建设。制度建设包含法律法规建设、校园日常的公共卫生安全制度建设，也包含相关部门监督检查活动的公共卫生安全制度建设，具体包含如下内容。

1. 完善学校公共卫生安全制度建设

要完善学校的公共卫生安全制度建设，就要健全面向全过程、涵盖多领域的攻关制度。对于食品安全而言，具体包含如下方面：（1）食堂

---

① 廖文科：《改革开放 40 年中国学校卫生法规政策体系的发展》，《中国学校卫生》2019 年第 8 期。

从业人员培训制度；（2）食堂从业人员每日晨检制度；（3）食品（原料）采购索证索票制度；（4）食品贮存、加工、供应管理制度；（5）进货查验和台账记录制度；（6）食品留样制度；（7）餐用具清洗消毒制度。学校也要建立基本的食品安全事故应急预案，以应对可能出现的突发食品卫生事件。① 此外，按照 2019 年实施的《学校食品安全与营养健康管理规定》，各级各类学校需要建立健全日常食品安全规章制度，进一步提升食品安全工作管理水平。

要全面推进传染病防控管理制度建设。根据《中小学校传染病预防控制工作管理规范》《学校卫生综合评价》《学校和托幼机构传染病疫情报告工作规范（试行）》等相关政策法规文件，校园传染病防控制度包含以下一些方面的内容：（1）晨检与因病缺课登记追踪工作；（2）预防接种；（3）传染病登记；（4）传染病报告；（5）复课证明查验。目前，全国范围内仍然存在传染病防控管理制度缺失等问题，具体体现在晨检工作不规范、因病缺课登记追踪工作流于形式、预防接种查验工作不重视、传染病登记出现缺漏、传染病报告不及时不规范、缺乏核实的复课证明查验等诸多方面。一旦在校园发生突发传染病，容易导致严重后果。因此，学校内部要健全传染病防控体系，做到早发现、早报告、早处置，同时落实好制度建设工作，以加强传染病预防工作。

2. 完善政府监督检查制度建设

校园公共卫生安全已经成为一个社会问题，需要相关部门进行有效监管。基于此，监督检查制度建设要以专项整治活动常态化为切入点，通过部门联动实现整体推进，并积极探索、实施网上管控等新型监管模式，有效落实校园公共卫生安全管理的监管职责，切实保障在校学生的卫生安全，提升校园卫生安全的整体水平。

要以专项整治活动常态化为切入点完善监督检查制度。2019 年秋季实施的校园食品安全专项整治取得了良好效果。在全国范围内，专项整治活动得到了普及开展并取得了良好效果。例如，广东省通过联合市场监管部门与全省 26171 名校（园）长、食堂负责人签订《广东省校园食

---

① 戴洁、胡佩瑾、王珺怡等：《中国中小学校食堂基础设施建设和卫生管理现况》，《中国学校卫生》2019 年第 9 期。

堂食品安全承诺书》，进一步压实了学校校长的主体责任。此次活动也扎实推进了校园食堂"明厨亮灶"的建设，通过此次专项整治活动，该省餐饮服务食品安全量化分级 B 级以上的学校食堂占比达 97.7%，学校食堂"明厨亮灶"的建成率为 99.9%，真正推进了政策的有效落实。①

要通过部门联动整体推进，完善监督检查制度。校园公共卫生安全管理涉及内容多，涵盖食品安全、文具用品安全、校园卫生设施安全、传染病防控和艾滋病防控等多方面内容，单靠教育部门无法实现有力监管。事实上，无论是专项整治活动或是出台政策法规，都需要教育部门、市场监管部门、卫生管理部门和公安部门等多个部门配合，才能推动校园公共卫生安全的监管行之有效。校园公共卫生安全管理是一项系统工程，需要多个监管部门有效配合，联合部署。在这一过程中，多个部门可以通过开展统一的工作会议或专项活动，以会议的形式明确具体的各部门行动计划与工作安排，以此做到监督检查工作推进的协调统一，密切配合，以实现健全监管部门的监督检查制度。

要大力创新监管模式，完善监督检查制度。近年来，一些地方监管部门通过多项举措创新监管模式，实现了监督检查制度的与时俱进，提升了监管部门监督检查制度的建设和管理水平。其中，网上管控是对于校园公共卫生安全管理的监管模式一大创新。例如，海南省市场监督管理局和省教育厅不断推进"阳光餐饮 + 智慧监管"校园食堂监管模式，并在全省范围普及。通过"阳光餐饮 + 智慧监管"的第三代校园食堂监管模式的网络巡查，海南省明确由学校食品安全管理员填报系统数据，每日开展食堂自查，并将每日自查记录表和现场照片、视频、整改情况录入系统。② 综上，这一举措利用现代科技手段实现了网上管控，推进了校园公共卫生安全监管模式创新。

---

① 《筑牢食品安全防线　保证师生"舌尖安全"》（http：//www.moe.gov.cn/fbh/live/2019/51525/sfcl/201910/t20191029_ 405719. html，2019 年 10 月 29 日）。

② 张惠宁：《海南推动"阳光餐饮 + 智慧监管"　校园食堂安全监管模式全覆盖》（http：//www.hainan.gov.cn/hainan/jywtcy/201910/44960873778b4a85a2bf189d7c9334a9. shtml，2019 年 10 月 2 日）。

二　强化责任落实，加强队伍建设

队伍建设是实现校园公共卫生管理的重要举措。增强队伍建设水平可以有效提高校园公共卫生管理的效果。具体而言，该项工作具体包含如下内容。

1. 落实学校管理人员责任

《学校食品安全与营养健康管理规定》对学校管理人员的责任认定与追究有了明确规定。在实践工作中，要通过责任落实提升学校管理人员对校园公共卫生安全工作的重视程度，促使其学习相关政策法规，从根本上推进校园公共卫生安全管理工作。

首先，学校管理人员要重视校园公共卫生安全工作，才能在实际工作中落实各项法规政策。其次，学校管理人员要认真学习校园公共卫生政策法规，并制定切实有效的管理制度。以传染病防治为例，学校管理人员要严格按照《中华人民共和国传染病防治法》《学校卫生工作条例》等有关法律法规要求，切实增强做好传染病防控工作的责任感和使命感，加强组织领导，主动与卫生健康（计生）部门加强沟通和联系，明确工作职责，及时了解和掌握本地流感等传染病流行情况，结合教育工作实际和学校工作特点，狠抓重点环节，切实落实学校传染病防控各项要求。

2. 加强校内卫生工作人员队伍建设

校内卫生工作人员是守护校园公共卫生的重要防线。要加强校园公共卫生管理的队伍建设，就需要提升校内卫生工作人员的业务水平，增加校内卫生专业工作人员的比重，提高工作人员待遇水平。

至今，部分学校仍未按照相关校园卫生管理法规政策要求设置足够数量的校内卫生专业工作人员。这一问题不仅出现在农村学校，甚至涉及许多发达城市学校。因此，对于学校公共卫生安全管理工作而言，首先要按政策法规要求配备符合标准数量的卫生专业工作人员。在此基础上，再逐步提高校内卫生专业工作人员的比重。

此外，要改善校内卫生工作人员待遇水平，以吸引专业人才。通过优化工作人员队伍，切实提升校园卫生工作队伍建设水平。

三　宣传教育

宣传教育是校园公共卫生管理长效机制建设的重要实现途径。通过健康知识的宣传教育，不仅可以提升广大师生校园卫生安全意识，还有助于营造良好的食品安全社会环境。

1. 通过多种形式推进宣传教育工作

2019 年，宣传教育活动主要包含全国食品安全宣传周等多种活动，起到了良好的宣传教育作用。相关单位通过开展主题绘画、手抄报作品活动、科学知识宣讲等活动，让学生参与其中，深刻认识了公共卫生安全的重要意义。

2. 运用多种渠道营造宣传教育氛围

要积极运用线上线下多种渠道，营造良好的宣传教育氛围。例如，江苏省开展了食品安全宣传周暨食品安全进校园主题活动，并充分调动线上线下多个渠道对公共卫生安全知识进行宣传，在社会上营造了良好的校园公共卫生教育氛围。[①]

3. 通过建立长效机制巩固宣传教育成果

只有将宣传教育活动转变为日常活动，使宣传教育在学校公共卫生管理工作中扎根落地，才能真正巩固宣传教育成果。这不但可以增强学生的健康知识水平，而且可以普及推广校园公共卫生安全管理的法规政策，从而真正巩固校园公共卫生管理的宣传教育成果。

---

① 方方、金禹：《2019 年江苏省食品安全宣传周暨食品安全进校园主题活动在宁举行》（http：//www. js. xinhuanet. com/2019－06/21/c_ 1124654673. htm，2019 年 6 月 21 日）。

第 四 章

2019 年校园网络安全治理

互联网具有海量丰富资源和快速传递信息等多种优势，其快速发展在给学校和学生带来便捷的同时，亦带来了学生意识形态安全、校园暴力及欺凌的网络延伸、未成年人网络性侵、网络消费异常和青少年网络沉迷成瘾现象等威胁学生身心健康或安全的问题。其所具有的多样性、复杂性、隐蔽性、突发性、渗透性和动态性特征，给校园网络安全问题治理带来了诸多治理难题。重视校园网络安全问题，加强校园网络安全治理日益成为校园管理的中心，已成为当前教育领域的重要议题。本章将通过总结校园网络安全问题的具体内涵与具体特征，回顾 2019 年校园网络安全事件关于网络游戏成瘾、浏览或建立不健康网站、网络隐私泄露、校园网络贷款、网络诈骗转账、校园网络舆情事件等典型案例，从以网络安全教育为核心、以数字校园网络为基础、以网络舆情事件为契机、以社会协同管控为重点四个方面着力，强化对校园网络安全事件的治理。

第一节 校园网络安全问题的内涵

截至 2019 年 6 月，我国网民规模达 8.54 亿人，其中学生已经成为我国网民群体中最多的人群，占比 26.0%。[①] 但学生网络安全意识与行为的滞后、校园网络安全管理不完善，使得校园网络安全问题在所有的校园

---

① 《CNNIC 发布第 44 次〈中国互联网络发展状况统计报告〉》（http：//www.cac.gov.cn/2019 - 08/30/c_ 1124939590.htm，2019 年 8 月 30 日）。

安全问题中更加凸显。网络是一个动态发展的过程，新时代建设智慧校园和发展智慧教育使得校园网络安全成为一切发展的基础，要求我们必须重视校园网络安全问题。认知决定行为，因此对校园网络安全问题的研究，首先要做到明确其概念，为更好地分析校园网络安全事件典型案例及提出相应的治理策略研究奠定理论基础。

互联网作为一个开放的平台，为智能化校园和师生的生活、学习提供了极大的便利。但与此同时，网络也带来了信息良莠不齐、信息犯罪等威胁学生身心健康的负面影响。校园网络安全问题是校园安全中的重要组成部分，是教育事业中的一个重要阵地，对校园网络安全相关概念和事实有明确的了解以及提升对这一问题的重视程度，能够将校园安全的风险降到最低。在新时代背景下，校园网络安全应该坚持以学生为中心，以需求驱动实现校园网络安全的智能化管理。正所谓"网络安全三分技术，七分管理"[1]，对校园网络安全我们可以从技术和管理两个角度进行理解。技术方面，信息技术的网络安全主要是指与网络这一固态形式息息相关的网络系统的数据、网络系统的硬件、软件等与校园网络系统相关的内容，通过技术保障的方式保护校园网络的安全。而本书所研究的网络安全问题则侧重于以学生和教育者为主体的校园网络安全管理，一方面指大中小学生如何正确认识并运用网络，提高自身的安全防范意识以确保其自身处于一个相对安全的网络环境当中，避免自身沉迷网络和受到不良网络信息的侵害；另一方面是指学校管理者针对学生可能遇到的网络问题如何进行教育和引导，提升学生由网络导致的相关问题的安全防范的意识和能力，从而保障校园网络的安全等事项。要实现构建良好的校园网络秩序目标，不仅需要学生对网络安全有一个清晰的认识，学校亦要在这个过程中发挥教育引导的功能和作用。

因此，我们将校园网络安全问题定义为学生在校园学习生活过程中所面临的与学生本人身心健康息息相关的网络安全意识、网络安全能力和网络行为等问题，具体包括网络游戏上瘾、不健康网站、网络隐私保护、网络贷款、网络转账、校园安全网络舆情事件等内容，具有多样性、复杂性、隐蔽性、突发性、渗透性和动态性等特征。校园网络安全治理

---

① 《信息安全管理概论——BS7799 理解与实施》，机器工业出版社 2002 年版，第 14 页。

主要指教育者通过有计划地开展思想政治教育的方式，通过结合一些典型案例开展相关课程、专题讲座、主题班会等增强学生掌握和认识校园网络安全问题，从而提高学生的自我保护能力。

第二节 校园网络安全事件的特征

网络的快速发展改变了校园和学生的生活学习方式，但网络上的安全隐患亦是当前校园安全中不得不重视的方面，呈现出多样性、复杂性、隐蔽性、突发性、渗透性和动态性等特征。

一 校园网络安全问题的多样性

随着网络新载体和新技术蓬勃发展，校园网络安全问题呈现出多样性的特征。一方面，微信、QQ、支付宝和各种手机客户端软件在学生群体中广泛普及，演变成校园网络安全问题海量爆发的平台。中国互联网络信息中心发布的第 44 次《中国互联网络发展状况统计报告》指出，我国 99.1% 的网民都会使用手机上网，而学生乃是最大网民群体，这为不法分子利用网络对学生进行犯罪提供了可乘之机，增加了校园网络安全问题的风险。同时，以手机为载体的新型诈骗应用层出不穷，许多暴力信息和校园贷款信息也通过社交软件影响学生的日常生活。另一方面，网络的使用遍及学生生活各个层面，容易诱发不同维度的校园安全事件，使得受影响的群体和事物也具有多样性的特征。在当今互联网快速发展的时代，网络订餐、网络购物、网络教育和网络社交等与平常生活密不可分，带来了更加广泛便捷的服务，但也增生了学生过度依赖网络和学生网络犯罪增加的问题。同时，学生个人信息暴露、学生利用网络参与违法犯罪、学生网民低龄化等问题频频出现，无疑加重了校园网络安全治理困难程度。

二 校园网络安全问题的复杂性

校园网络安全问题的复杂性取决于校园网络安全事件的分布、网络技术本身特性以及安全主体的特殊。首先，校园网络安全事件的分布虽有时段、地域的差别，但从风险治理的角度来看，其发生和分布具有不确定性,很大程度上不受时间和地点的限制。未知性导致关于校园网络安全的诸多风险无法提前预知,加上信息泄露和不法分子的狡猾,校园网络安全问题及其治理变得复杂化。其次,网络技术边界的缺乏规制不明晰,部分技术监管缺失,容易被违法分子所利用。木马病毒、诈骗软件、黄赌毒信息和域外网站等数不胜数,新型校园网络安全问题日新月异,防不胜防,亦使得校园网络安全问题变得愈加复杂。最后,学生群体作为校园网络安全事件中最重要的主体,不同年龄段的学生具有不同程度上的判断能力、心理素质不成熟的表现,大部分学生的人生价值观还未成型,容易受到复杂的网络信息的影响,增加了校园网络安全问题治理的复杂性。校园网络安全问题复杂化要求教育者要针对不同年龄段和不同认知水平的学生实施网络安全教育,以应对校园网络安全问题的复杂性。

三 校园网络安全问题的隐蔽性

网络技术能够跨越时空,使得网络黑客入侵、不同类型的网络安全事件等校园网络安全问题的出现和爆发更具隐蔽性。从网络入侵的过程来看,当今黑客技术是网络安全问题隐蔽性不可忽视的重要问题,抓住系统漏洞、盗取 IP 地址和篡改系统信息等行为不易被学生和校园管理者所察觉,最终可导致校园网络攻击和隐私信息泄露等问题。从校园网络安全事件类型来看,当前的网络诈骗、网络诱骗、网络暴力欺凌等经过不法分子包装或伪装后以假乱真,学生对这种虚拟的现实辨识难度大,容易受到欺瞒和哄骗,亦是校园网络安全问题具有隐蔽性的重要体现之一。其中,网络诈骗和网络诱骗通过利用学生的侥幸心理与焦虑心理,包装成与学生生活息息相关的内容,使得学生落入网络诈骗和网络诱骗的陷阱;网络暴力欺凌更是有别于传统的校园暴力,这种欺凌表现为施暴人处于阴暗和隐蔽的一面,其借助网络平台所进行的语言辱骂等内容对学生造成的伤害更为深刻持久。

四 校园网络安全问题的突发性

任何安全问题都有突发性特征,网络平台的全面覆盖使得校园网络安全问题的突发性特征尤其突出,其发生过程超越时间和空间的限制,决定了其所产生的危害性甚至比一般普通性的校园安全事件更大。一方面，互联网具有实时迅速传播信息的功能，可以让暴力欺凌等信息非常容易地在社交平台、网络社区、直播平台传播，对学生身心造成严重伤害。同时，由于不良信息的监管漏洞存在，学生上网时仍容易受到突发性的黄赌毒信息、网络谣言等问题的影响；另一方面，网络贷款、网络诈骗等网络安全问题直接危害学生，具有突发性，轻者导致学生上当受骗钱财受损，重者导致学生产生心理疾病甚至自杀倾向。校园网络安全问题的突发性加剧了校园管理者和有关管理部门的管理难度，对校园监管、家长引导和政策支持等校园网络治理措施的实施是一个不小的挑战。

五　校园网络安全问题的渗透性

校园网络安全问题的渗透性主要体现在意识形态方面。一是良莠不齐的信息会使得学生的世界观、人生观和价值观受到侵蚀，享乐主义、个人主义、功利主义和金钱至上等错误的观念会使学生在成长的过程中迷失方向，影响学生未来的成长与发展。二是学生上网人数日益增多，通过网络表达诉求已成为当今学生维护权益的一种方式，但这个过程容易受到诸如外部势力等因素的影响，从而形成网络舆情问题。同时，学生还容易参与网络舆情当中去，而网络舆情对于学生是把"双刃剑"，真实正面的舆论信息有利于学生了解社会现状和培养更广阔的视野，但虚假负面的舆论信息则会让学生偏离客观事实，形成偏激和愤怒的不良情绪。三是当前西方反华势力等多股力量增强，资本主义的普世价值观、个人英雄主义、自由主义已有通过互联网向高校和中小学校渗透的倾向，企图冲击社会主义的价值体系。在现实的校园安全教育中，需要加强大中小学生社会主义核心价值观的涵养、认同和践行，以应对这一严峻的问题。

六　校园网络安全问题的动态性

互联网是动态发展的，校园网络安全问题也具有动态性的特征。近年来，不断涌现的网络安全事件覆盖了大中小学生的日常生活、心理健康和人身健康等诸多方面。新时代网络信息技术正处于快速发展阶段，在带来诸多便利的同时也产生了与传统安全问题不同的新问题，具有较强的动态性特征。一方面，伴随着互联网的受众和平台的扩大，校园网络安全问题所涉及的领域不断变化，诸多校园网络安全问题愈演愈烈，层出不穷，难以捉摸。针对校园网络安全问题的进一步发酵，需要进一步加强校园安全宣传教育、网络平台监管、校园网络司法审理等力度，落实校园网络安全防控工作。另一方面，互联网本身具备动态性，校园网络安全问题从形式上来说超越了时空限制，具有高度不确定性，呈现出动态变化的过程。这种动态性充分显示了在治理过程中需要对新出现的校园网络问题进行研判，不断完善应对校园网络安全问题的措施和处理机制，以更好地维护学生的身心健康安全。

第三节　校园网络安全事件的典型案例

智能手机使用群体的年轻化、计算机网络在教学中扮演重要角色的趋势，使得学生接触网络的频率逐年升高。在享受互联网带来的便利时，出现了部分学生因网络安全意识薄弱而荒废学业，甚至误入歧途的现象。同时，网络自身虚拟性和隐蔽性强的特点，也给了犯罪分子可乘之机，在利益的驱动下将"魔爪"伸向保护意识较差的学生群体。此外，受到西方话语体系的影响，部分学生容易忽视国家主流媒体的声音而轻信其他网络媒体，从而产生不正确使用网络的行为。与传统校园安全风险相比，新时代的校园网络风险覆盖面更广、渗透力更强。为更好地梳理和总结新时代校园网络安全面临的难题，本节整理了部分现实校园生活中的典型案例，结合具体案例所反映问题的特点，从网络游戏成瘾、浏览或建立不健康网站、网络隐私泄露、校园网络贷款、网络诈骗转账、校园网络舆情事件六个方面的案例出发，关注校园网络安全事件的典型案例。具体而言，一是在多方位防控下，形势依然严峻的学生群体网络成瘾案例，主要表现为青少年网络游戏成瘾；二是2019年呈现高发态势的网络性侵案例，主要表现形式为学生群体浏览或者在这些含有不健康内容的网站发布不健康信息；三是学生群体网络自我保护意识欠缺的案例，包括遭遇网络诈骗后轻易转账，以及不经意在网络中留下个人隐私信息的事件；四是学生群体的网络消费异常案例，其中受害人数最多、损失金额最大且危害程度最为严重的是校园网络贷款事件，即"校园网贷"

事件；五是针对师生群体频发的校园网络诈骗转账事件，其给师生带来了巨大的财产损失；六是学生群体陷入网络犯罪和被害的"双刃危机"案例，包括校园网络暴力和校园网络谣言传播事件，也可概括为校园网络安全舆情事件。

一 网络游戏成瘾案例

网络世界内容丰富且充满诱惑，不少大中小学生沉迷其中无法自拔，表现出上瘾现象，是当前校园网络安全事件中需重点受关注的现象之一。"网络成瘾"指的是在无成瘾物质的作用下，人群上网行为的失控，具体表现为因过度使用网络，导致使用者的社会和心理功能受损。2019 年 5 月 25 日，世界卫生组织（WHO）正式将"游戏成瘾"（Gaming Disorder）列为一种疾病。[①] 中国互联网络信息中心（CNNIC）发布的第 44 次《中国互联网络发展状况统计报告》显示，截至 2019 年 6 月，我国网络游戏用户规模达 4.94 亿，占网民整体的 57.8%。[②] 据相关数据统计，全世界青少年因过度依赖网络而发病的概率是 6%，我国的比例较世界平均值高，接近 10%，足以说明我国青少年网络成瘾形势的严峻。[③]

人们常用"竖屏聊天和直播，横屏王者加吃鸡"这 14 个字形容不少学生使用手机的状态，尤其是对于几乎人手一部手机的高校学生，横屏玩游戏基本成了大多数大学生使用手机的写照。在北京上班的郑宇（化名）这样形容他正在上大学的弟弟："除了吃饭和睡觉，其余时间都在打游戏，对于学习自然也抱着无所谓的态度。"沉迷手机游戏的弟弟根本控制不住自己玩游戏的欲望，虽然依旧按时到课，但心思根本没有在课堂上，而是专注于自己的手机，到了周末无课时段甚至会整夜玩网游。与此同时，他用谎言欺骗家人，声称自己能够控制住玩游戏的冲动。网络

---

① 《世界卫生组织正式将"游戏成瘾"列为一种疾病》（http：//game. people. com. cn/n1/2019/0527/c40130-31103923. html，2019 年 5 月 26 日）。

② 《CNNIC 发布第 44 次〈中国互联网络发展状况统计报告〉》（http：//www. cac. gov. cn/2019-08/30/c_ 1124939590. htm，2019 年 8 月 30 日）。

③ 王希文：《我国网瘾少年接近 10%》（http：//gongyi. people. com. cn/n1/2018/1101/c151132-30376597. html，2018 年 11 月 1 日）。

游戏不仅侵占了学生的学习时间，还严重影响了他们的身体健康状况。①
在高二时就沉迷网络游戏，在学校严管下暂时压制住网瘾却在大学时期
再犯的张杰（化名），原本在父亲眼里是个性格开朗、能说会道的孩子，
但自从他将自己封锁在网络世界后，父亲发现他整个人变得精神萎靡不
振，精神状态堪忧，甚至连说话都说不利索。②

　　身心已经较为成熟的大学生抵制网络诱惑已经不易，何况年纪更小、
猎奇心理更重的中小学生群体。陈灿（化名）是中国青少年心理成长基
地的"老学生"了，2019 年，他第三次接受基地戒除网瘾的治疗。他的
母亲曾经对他寄予厚望，因为他在初中时成绩优异，有望在中考时考取
全县第一名的成绩。然而，一切都因沉迷一款网络游戏发生改变，他开
始每晚长时间玩游戏，初中阶段因为课业任务不重并没有对学习产生很
大影响，升入高中后他开始出现白天精力不济的状况，学习成绩也出现
大幅度下滑。他的个人情绪也变得更加暴躁，不听取家人的劝阻，对父
母发脾气，表现出失礼的行为。他对记者坦言，网瘾最重的时候自己宁
愿上网聊天也不愿意和现实生活中的家人、朋友说话。前两次的治疗都
因为疗程不够而导致网瘾复发，而等到第三次治疗期结束，他的同龄同
学已经步入了大学校园，曾经的"学霸"少年成了不学习的反面典型。③

　　从报道中不难看出，学生沉迷网络游戏既有主观因素的推动，又受
到外部条件的影响。一方面，网络世界的虚拟和理想性满足了学生们逃
避现实的需求，使得性格较为孤僻、自制能力差，日常生活中缺乏目标
的青少年群体出现了主观意志层面的松懈，陷入网络游戏的"黑洞"；另
一方面，对现有教育方式的不适应、家庭宣传教育的不到位、网吧管理
的缺位和身边群体的影响，也为学生沉迷网络创造了外部条件。

　　随着网络游戏市场的迅速发展，青少年沉迷网络游戏以至于猝死和
被退学的报道屡见不鲜，且在多渠道防治的情况下也未能大程度缓解。
沉迷网络不仅侵占学生原有学习时间，耽误学业，还对他们的身心健康

---

① 韩丹东、李恋洁：《除了吃饭睡觉都在打游戏　游戏成瘾的危害有多可怕》（http：//
m. people. cn/n4/2019/0107/c3351 – 12150694. html，2019 年 1 月 7 日）。

② 慈鑫：《电竞应避免成为电子游戏"漂白"手段》，《中国青年报》2019 年 2 月 19 日第
5 版。

③ 同上。

造成了严重的损害，"网瘾少年"往往体弱多病，甚至最后会丧失正常的社交能力，严重影响学生的健康成长和未来发展。因此，避免学生网络游戏成瘾，引导他们有节制、有规划地使用网络，是校园网络安全事件探讨中需要重视的议题。

二　浏览或建立不健康网站案例

网站作为互联网的基本要素，是网络信息传播的主要渠道，具有形式复杂多变、内容良莠不齐的特点，其中还不乏对学生群体危害性较大的不健康内容，包括色情、赌博以及暴力等。不健康网站传播形式多样，内容低俗恶劣，而淫秽色情类型网站因数量多、遍布广，学生群体极易接触等特点，成为国家重点查处的对象。然而，极大的惩处力度依然遏制不住巨大学生群体市场的形成，不少学生偶尔或经常浏览色情、暴力等不良信息且呈现出低龄化趋势，而且这一趋势随着网络在学生群体中的普及愈发明显。

不良网站对心智未成熟的青少年而言，诱惑力大且隐蔽性强，不易被家长发现。新闻上不时会爆出中小学生半夜浏览色情网站被父母发现的报道，因自控能力较差，青少年在接触网络之后，极易受不健康网站及信息的荼毒，耗费大量正常睡眠时间，导致白天昏昏欲睡、萎靡不振，如同行尸走肉，不仅导致学习成绩下滑，还对身心健康造成极大的损伤。经过警方的调查，其实很多未成年的女孩并不知道法律在这方面的相关规定，且自己怀有侥幸心理。由于售卖这些资源利益不菲，她们根本无暇将心思放在学习上，精神层面也背负着道德上的愧疚和罪恶感，无法面对自己的家人。①

相较于中小学生群体，心智较为成熟的大学生对不健康网站免疫力较强，但部分具备网络信息技术的大学生受暴利的蛊惑，也会成为不健康网站的经营者。以前通过传播不良网站牟利，如今利用网络直播的方式牟利，许多大学生未能抵制住巨额利益的诱惑，在灰色地带游走。在法律层面，根据《中华人民共和国刑法》、《全国人民代表大会常务委员

---

① 韩丹东、李恋洁、张睿青：《"福利姬"软色情交易黑幕调查　APP网站成引流门户》（http：//media.people.com.cn/n1/2019/0212/c40606-30623329.html，2019年2月12日）。

会关于维护互联网安全的决定》的规定，他们这种以牟利为目的，利用互联网制作、复制、出版、贩卖、传播淫秽物品的行为，会以牟利罪定罪并处罚。[①]

通过对上述案件的分析，不难发现，不健康网站案例呈现出以下趋势：一是涉及学生群体的可能性升高。不仅在于浏览不健康网站具有低龄化趋势，还体现在学生进入高校后存在从浏览者转向经营者的可能；二是由于动漫文化的兴起，动漫与不健康信息的结合，使其制作与获取的成本更加低廉，参与者会更多。对于学生群体，一方面，学生自控能力差，意志薄弱，难以抵制诱惑；另一方面，不良网站具有顽固性、反复性和隐蔽性强的特点，监管难度较大。另外，性教育的缺失与学校、父母未能及时引导也是学生受不健康网站影响的重要原因。

随着网络的不断发展，网站出现不健康信息的现象会愈加难以控制。沉溺不良网站不仅会危害青少年身体健康，而且会对心理产生潜在影响，诱导他们走上暴力犯罪的道路。而经营不健康网站则是触犯法律，破坏社会秩序的行为。此外，用户财产以及信息安全也会受到威胁。因此，为加快网络安全治理体系建设，查处不健康网站及相关 APP，引导学生绿色上网、理性上网、安全上网，是非常重要的举措。

三 网络隐私泄露案例

"大数据"时代在信息传递、资源共享方面给人带来巨大便利的同时，也对个人信息安全保护提出了更高的要求。学生群体本就不可避免地处于"大数据"洪流之中，在自我保护意识未进一步提升的情况下，容易引发隐私泄露问题。现实生活中很多大学生都有类似的经历：在淘宝网站浏览过想要的商品后，再次打开淘宝主页时，最显眼的一定是自己浏览的类似产品；在填写一份问卷之后，随之而来的便是骚扰电话和短信；在填写手机号码来获取验证码时，手机信息便已经泄露。总的来说，学生的个人隐私在泄露端缺乏保护意识，而在获取端存在着虎视眈眈以获利为目的的不法分子和组织。

2018 年 9 月，江苏靖江发生的大学生信息大规模泄露的事件引发广

---

① 张夺：《"蜜糖"的"引流通道"》，《中国青年报》2018 年 11 月 20 日第 5 版。

泛关注。位于江苏靖江的某大学学院的大量学生信息疑被多家企业盗用，企业范围涉及省内多地，疑被用于帮助企业偷逃税款。相较于以往的大学生个人隐私泄露的案例，此次事件的危害更为严重。一般情况下，常态的信息泄露都停留在泄露手机号、家庭信息等初级层面，后果基本是商业骚扰电话或者欺诈欺骗等。可此次事件让人不寒而栗，因为涉及私自给学生办理入职手续，所需要的信息可不只是手机号这么简单，还需更全面而细化的身份信息。普通的大学生隐私泄露问题往往是个体行为的忽视，而这次大规模的群体隐私信息泄露更多的问题出自学校，学校在学生信息管理层面，缺乏一个健全而严谨的安全保护机制。[1] 近几年，学生信息泄露事件屡见于舆论场，前有徐玉玉电信诈骗案，这次是 2000 多名大学生信息疑被企业盗用。前者呈现出的是信息泄露现实伤害性的深度，即触痛学生的生命权，而后者呈现出的则是信息泄露现实伤害性的广度，即触痛更大范围的学生群体，说明在学生信息保护方面仍存在不少漏洞。

学生个人隐私的泄露问题不仅仅发生在高校，中小学生也难逃其魔爪。家住张家港的孙女士表示，每到孩子开学前后的时间段，自己经常会接到教育机构的电话，且这些教育机构对孩子的姓名、学校等信息了如指掌，甚至连推荐的课程都针对孩子目前学习上的"短板"。这种从各方面搜寻儿童信息的机构有很多，他们的目的均是扩展自己的客户市场。一些人通过利用职务便利侵犯他人隐私信息而获取巨大利益，从中可见网络隐私市场的庞大和个人隐私泄露的轻易性。除了针对性推销外，近期还有假冒学生，对家长进行"诈骗"的新骗术。这种以孩子名义发出QQ 好友申请实施的诈骗行为，让许多防范意识强的家长都受骗上当。[2]

对案例进行综合分析，学生网络隐私泄露问题的原因有以下几方面：第一，学生的安全教育体制并不完善，隐私安全意识淡薄。学生群体对网络漏洞的洞察力弱，难以发现隐私泄露的陷阱。第二，不法组织恶意

---

[1]　朱彩云、李超：《常州大学怀德学院 2600 名学生信息泄露"被入职"》(http://js.people.com.cn/n2/2018/0913/c360307-32048541.html，2018 年 9 月 13 日)。

[2]　李超：《〈儿童个人信息网络保护规定〉10 月 1 日正式实施》(http://edu.people.com.cn/n1/2019/0925/c1053-31371602.html，2019 年 9 月 25 日)。

泄露，将学生隐私信息卖给不法分子牟取暴利。掌握学生信息的组织或机构出于利益考量，或因安全意识淡薄，并未妥善处理隐私信息而造成泄露。有些组织甚至恶意泄露隐私以谋取暴利，例如一些招聘网站存在着虚假招聘，贩卖求职者信息的情况。第三，互联网工具设备自身存在遭到攻击后泄露信息的可能。

个人隐私泄露事件的频发，不仅严重影响学生群体的正常生活，存在财产损失和通信骚扰的风险，还容易加剧公众对社会的不信任感，不利于和谐社会的构建。还有部分每个个体都拥有的不愿公开的隐私，它们可能涉及个体的自身利益或情感，属于私人领域，尤其是对于隐私拥有欲强的学生群体，隐私被曝光后将对他们的心理健康造成不可预计的严重影响。因此，增强学生的隐私保护意识，规范校园中对学生信息的使用行为，是现阶段校园网络安全保护板块中有待强化的内容。

四 校园网络贷款案例

近年来，互联网与金融行业的不断融合，各种网络贷款平台顺势而生。大学校园就如一个小社会，大学生相对于初高中生而言，交际更多，消费需求也更大。针对大学生无稳定收入来源且消费需求相对较大的特点，各网贷平台看到了大学生群体的巨大潜力，开始将业务延伸至大学校园，推出校园网络贷款服务。校园贷本是为了帮助学生解决学业和创业资金问题而推出的，但一些不良网络借贷平台利用了该板块配套设施尚未完善的漏洞，采取降低贷款门槛、隐瞒高额利率等诱导学生过度消费的手段，让众多学生最后陷入"高利贷"陷阱。

在现实中，由于大学生本身自制力不强，且易形成攀比心理，容易造成消费过度却无力偿还债务的局面，最终被迫以贷还贷，甚至最终以伤害自己的身体为代价的方式进行还贷，造成对身体的永久性伤害。晓雯（化名）自从网贷平台借款后，欠下大额债款。无法一时还完全部贷款的她受到网络文章的蛊惑，想通过捐卵的方式在短时间内获取报酬，促使她如此着急做出这一决定的，是贷款机构每天一通通的催款电话，她坦言在巨大的压力下，自己感受到了崩溃和绝望。而据捐卵机构的负责人透露："晓雯并不是个例，大部分女生都是欠了贷款才来做的。"由此可见，校园贷对高校学生身心健康影响的危害力度之大、影响程度之深和覆盖范围之广。[①]

　　事实上，在国家逐年严格的监管下，人人喊打的"校园贷"被遏制住了猖狂的势头，然而，花样百出的培训贷、创业贷等又进入了学生群体的视野。有记者在 2018 年年底持续关注了全国多省份有关"培训贷"的事件，发现这些贷款基本以培训、助学和创业等为名，实际上属于部分培训机构与网贷平台合作的产物。在开始时均以各种套路吸引学生报名课程，吸引的套路为"先培训、后还款"的轻松缴费上课形式，促使学生向网贷机构提交学费分期的申请，再按月还钱。从表面上看，这似乎属于教育行业与金融行业合作的新模式，可以达到实现三方共赢的效果，然而最后的结局往往南辕北辙：出现培训机构收到钱后即卷钱跑路的情况，使得部分学生还没上课却已经背负上贷款，甚至出现不少学生在发现培训机构未能兑现当初的承诺，要求退费的情况下被拒绝。"校园贷"如同一个巨大的骗局，圈套陷阱层出不穷，环环相扣，迫害着无数处在利益链条末端、涉世未深的学生群体，花式骗取着学生的钱财。[②]

　　类似案例只多不少，上述案例只是网络贷款危机的冰山一角。为何大学生容易陷入网络贷款的陷阱？究其原因，一方面，大学生自身对网络贷款缺乏一定了解。大部分校园贷的大学生参与者知道但不了解网贷未按时还款的后果，容易因为盲目跟风或法律意识淡薄而掉入非法网贷的深渊。另一方面，网络贷款平台复杂，相关部门监管难以深入。由于网络发展具有相对虚拟化的特点，目前的监管体系有待完善，而监管盲区的出现，使非法团伙得以钻空子，建立不法网络贷款平台牟取暴利。

　　大学生因网络贷款导致自杀或被迫退学的案例时有报道，且近几年热度频频上升。非法网络借贷平台不仅骗取了大学生的钱财，导致众多学生无法正常学习、生活，还对他们的价值观产生误导，产生协助犯罪的行为，更有不幸者债务波及家庭，造成家破人亡的悲痛局面。因此，杜绝非法网络平台的出现，防范网络贷款风险，进一步保障学生安全，

---

　　① 陈远丁、席莉莉、邹雅婕：《〈人民直击〉聚焦"校园贷"之一：捐卵还贷》（http://society. people. com. cn/n1/2019/1230/c428181 - 31528149. html，2019 年 12 月 30 日）。

　　② 胡春艳：《穿上马甲的"校园贷"为何禁而不止》，《中国青年报》2018 年 11 月 2 日第 8 版。

合法发展校园贷，是校园网络安全事件需要探索的一大议题。

五　网络诈骗转账案例

网络诈骗通常指通过网络，为达到某种目的而向他人骗取财物的诈骗手段。在校园网络诈骗事件中，骗子一般表现为利用互联网的虚拟特性，使学生陷入错误的判断思维，从而乘机骗取其财产的行为。随着智能手机和网络的普及化，网络诈骗呈现出显著的上升趋势，诈骗手段也不断翻新。《2018 年腾讯 110 反欺诈白皮书》显示：2018 年网络诈骗占比高达 72%，其中交易诈骗、交友诈骗与兼职诈骗的手段最为常见，而与网络接触较多的在校学生自然成为犯罪分子侵害的主要群体之一。未来，网络诈骗活动将逐渐呈现出年轻化、跨境化和多样化的趋势。

在众多网络诈骗案中，徐玉玉电信诈骗案无疑在公众心中留下了深刻的印象。一名准大学生在花季的年龄离世令人痛心，说明即使是心智较为成熟的学生也不免会掉入网络诈骗的陷阱中。山西运城的一名准大学生在 2019 年同样被网络诈骗骗光了学费，该生在使用手机上网时，看到了骗子在 QQ 群内发布的诱导信息，而这就是用于吸引受骗学生进行充值的诈骗信息。在该生充值第一笔钱后，骗子以其他一系列理由继续诈骗该生，直至将他的学费全部骗取。① 除了充值类诈骗，广州警方经过对案件的梳理，发现近年来刷单类、购买服务类诈骗警情呈现出上升趋势。自 2019 年以来，这两类警情占到了较大比重，且受骗人多为大学生。在校大学生因为大学期间课业较高中时期没那么繁重，想在读书之余做兼职赚点零花钱。诈骗分子在使用这种手法行骗时，往往利用学生的侥幸心理，而学生通常在被拉黑后才意识到自己上当受骗了。

随着居民生活条件和生活水平的提高，不仅大学生，不少中小学生也能通过多种途径接触网络。2019 年一个小学生的作文在网络上被刷爆。作者是温州市的一个小学生小江，他在文中讲述了自己遭遇网络诈骗的全过程。小江表示自己直到被对方"拉黑"后才意识到自己已经被骗，

---

① 李庭耀：《准大学生学费被骗光　山西警方循线打掉作案百余起电信诈骗团伙》（http://legal.gmw.cn/2019 - 08/27/content_ 33111140. htm? s = gmwreco&p = 2，2019 年 8 月 27 日）。

而此时的她已经清空了自己和妈妈手机微信里所有的钱。①

在网络诈骗案例中上当受骗的学生群体往往呈现出共同的心理特点：一是贪图小利的侥幸心理，认为自己可能真的有碰到投入少、回报却特别高活动的运气，疏于防范；二是被过分放大的紧张焦虑心理，在得知自己的存款存在被盗取，亲人可能有危险，或者应得的补助款无法顺利拿到时，情急之下个体容易忽视信息真实性，在紧张心理的驱动下"听话"地按照指示进行钱财转移。而网络自身的虚拟性、个人隐私信息泄露的严重性给予了犯罪分子骗取受害者信任的可乘之机。

这类网络诈骗转账案例的危害集中于财产方面，骗子花样百出的最终目的就是使被骗对象完成"转账"这一操作，自愿将自身钱款转移到他们指定的账户中。金额方面轻则损失部分，重则倾家荡产。如果当事人心理承受能力不佳，还会对身体健康造成严重的威胁。对于社会阅历少、心理承受能力不够成熟的中小学生以及部分高校学子而言，预防他们遭到网络诈骗仍然是校园网络安全工作的重点。

六 校园网络舆情案例

网络舆情是社会舆论的表现形式，主要表现为在互联网上流行的、针对社会问题的不同看法，这些看法往往带有较强的影响力，且含有倾向性观点。校园网络舆情则是将信息的受众缩小在学生范围内，且大部分通过校园网进行传播。在网络兴起和发展的时代背景下，相较于传统媒介时代，目前学生群体对网络的依赖性和参与积极性都有显著提高，在缺乏理性思考的情况下，更易对带有情绪性和煽动性的言论进行附和，甚至产生冲动性行为。其中，对他们身心健康构成较大安全威胁的是校园网络暴力和校园网络谣言扩散事件。

校园网络暴力是一种存在于虚拟网络世界的针对未成年人的"校园暴力"行为。美国研究者警告称：这种"网络欺凌"行为对未成年人造成的伤害正显示出比现实欺凌更大的危害性。有报道过许多校园网络暴力事件的记者，分享了一个现象：大多在网络上表现出暴力倾向的人员，

---

① 安徽卫视：《浙江温州：小学生"受骗"作文刷爆朋友圈 民警帮其追回被骗988元》(http://www.xinhuanet.com/video/2019-03/27/c_1210092433.htm，2019年3月27日)。

在现实生活中"难寻踪迹"，他们或许还是家人眼中的好孩子，甚至给人以"老实内敛"的评价。他们在现实生活中"唯唯诺诺"，却因为在网络可以隐藏自己的真实身份，选择与其他"施暴者"一起成为"网络骂霸"。① 被暴力的对象除了网络的公众人物外，还有同在校园里生活的同学们，而且校园网络暴力一旦发生，不仅会给当事人带来巨大压力，严重干扰当事人的正常生活，还有维持时间较长、压力不易消散的特点。由此可见，校园网络暴力具有不易发现，却能够对人的身心健康造成严重影响的特点。

与校园网络暴力相同，校园网络谣言也有着歪曲或夸大事实的特性，但其危害的影响范围可能从当事人个体扩展到更多群体。某高校的留学生"学伴"项目就因受到网络舆论的恶意曲解，使得校方最终不得不出面对不当选项进行道歉。网友们质疑的是相关报名表格中出现的"结交外国异性友人"这一选项，舆论还发酵出认为存在 1 名男留学生对应 3 名女生学伴的情况，引发网友们指责的热潮。② 无独有偶，同时期还有某高校对要求中国学生为外国留学生腾宿舍的事件回应，以及某高校留学生在当街推搡警察后被学校领回的争议。不难发现，网络谣言的背后，体现的是对留学生群体享受"超国民待遇"的不满情绪，有着"不平等"感受的担忧，只是并没有找对正确的宣泄方式且极具煽动性。③ 这在另一方面也反映出高校学生的"自由权利"意识观念重的特点，一些微小却可能对自己产生不利的细节都会被放大，并且希望通过网络呼吁的方式得到更多人的关注。2018 年年底某高校因"禁止外卖入校"的话题登上了微博热搜，学生认为学校此举造成食堂就餐人数暴增，是一种"垄断行为"且严重延迟了学生正常的就餐时间。最后学校回应称此举并非"禁止"，而是"引导学生去食堂就餐"，初衷只是为了保障师生的用餐安全，包括在过程中便于对环境卫生、交通安全等问题进行整治。④

---

① 杨鑫宇：《面具之下　唯唯诺诺者成为网络"骂霸"》，《中国青年报》2019 年 12 月 5 日第 2 版。

② 《山东大学就"学伴"项目致歉：将进行全面评估》(http://www.xinhuanet.com/local/2019 - 07/12/c_ 1124745791.htm，2019 年 7 月 12 日)。

③ 李思辉：《大学应该怎么呈现开放友好》(http://difang.gmw.cn/2019 - 07/13/content_ 32996137.htm，2019 年 7 月 13 日)。

④ 宋继祥：《闽江学院"禁外卖"风波　校方：只是提倡并未禁止》(http://news.youth.cn/sh/201811/t20181114_ 11785432.htm，2019 年 7 月 13 日)。

不论是校园网络暴力，还是网络谣言的发布和传播，对于信息发布主体而言，为了扩大信息的影响力、提高自身的知名度，学生群体在意识不到信息传播危害性的前提下，往往在信息加工的过程中，将原始信息进行扭曲、重塑，行为本身带有明显的自利性和随意性。对于信息传播者而言，学生群体较其他人群表现出更为强烈的好奇心，驱使他们热衷于关注热点信息，而盲目从众的心理倾向干扰了他们尚未成熟的判断力，常常人云亦云，缺乏对信息真实性进行核实，而在认同信息后产生的转发行为，更是助力了不实信息的传播。对于信息的承受对象而言，学生群体因具有心理抗压能力不强、容易情绪化等特点，在成为此类事件受害者时承受能力更弱，产生不理性行为的可能性较大。

互联网发展给人们带来便利的同时，也为网络暴力和谣言的滋生蔓延提供了土壤。这些不实信息内容既有对学生个人的污蔑、诽谤等，也有对公共信息的伪造、事实的歪曲。如果校园网络舆情控制不当，不仅会损坏学生的个人名誉，给受害人或者受害群体造成极大的精神困扰，严重的还会损害国家形象，影响社会稳定。在当前，重视校园网络舆情案例，使大家认清传播不实信息的危害并自觉抵制，是净化校园环境至关重要的一环。

第四节　校园网络安全的治理策略

校园网络安全是互联网时代下维护校园稳定的重要方面，也是助推教育信息化建设进入高速发展阶段的有力保证。现实中诸多案例显示了我国校园网络安全存在多种治理风险：意识形态安全问题，如学生易受到不良信息影响，在校园网中传播不健康内容；网络违法侵害问题，校园欺凌、拐卖儿童、未成年性侵等暴力犯罪向网络延伸；网络舆情事件恶化，学生进行网络造谣、恶意攻击他人；网络消费问题，如校园贷、网络诈骗；等等。我们必须将校园网络安全教育与法制教育、德育教育、心理健康教育等紧密衔接；严格依照《中华人民共和国网络安全法》相关规定，完善校园网络的防御保护机制；在舆情事件中积极防范不法分子和敌对势力，防范是通过网络煽动利用学生群体，威胁社会稳定；打造清朗的校园网络空间，建立高校牵头、政府主导、社会协同的校园网络治理模式。

一 以网络安全教育为核心，净化校园文化空间

随着互联网技术的飞快发展，网络普及率也在不断提升，并且实现了全网覆盖，只要拥有移动设备便能够随时随地上网。在大学生活中，网络已然成为无比重要的工具，在日常生活、生活娱乐、上课学习、人际交往等方面发挥着必不可少的作用。然而网络中繁杂信息、违法操作、诈骗行为等不良因素也层出不穷，严重损害了学生的身心健康，开展校园网络安全教育刻不容缓。

1. 在理论教育上，提升学生重视程度

当今社会人才竞争激烈，"硬实力"经济基础的较量实质上是科技和人才的较量，高校作为国家人才培养的重要阵地，坚守着培育国家栋梁的重要任务，应立足网络安全教育，从意识上加强学生对网络安全的重视和认知。首先加强学生对网络安全的重视程度，第一可以采取理论灌输法，即通过有目的、有计划地进行理论知识的传输，在学习经典案例和专业知识的过程中了解校园网络的现状。第二是榜样示范法，榜样是不可缺少的方向标和精神力量，同龄人之间的暗自对比将会激发大学生的积极性和主动性，更好地激发大学生自身对网络安全的重视。第三是咨询辅导法，教育者通过多种形式平等真诚地与大学生进行交流和心理疏导，帮助解决网络上遇到的困惑和难题，使其做出正确的判断。其次是搭建好网络安全教育平台，在教育教学上形成"互联网＋"教育思维。教育者应通过整合线上线下资源，调动一切力量和因素，针对现实热点和学生关注点，及时追踪学生思想动态，搭建案例教学、情景模拟、文化平台，形成"三位一体"育人模式，除增强内在意识外，也增加外在实践经验，切实提高大学生网络安全意识、网络安全能力。内外机制联动发展，教育与自我教育相结合，高校教育者应加强学生网络安全意识，使学生在正确引导和虚拟操作下做到自我察觉和防范，调动自我教育的积极性。

2. 在社会实践上，动员校方组织力量

在学校教育者进行引导的同时，更应发挥学生组织在学生群体中的凝聚力量和号召能力，支持和指导学生举办各种关于网络安全教育的社

团活动，为其提供场地和资金支持，鼓励学生自主策划活动，激发学生了解网络安全知识的积极性。一方面，鼓励学生建立预防校园网络诈骗和网络暴力的社团组织，通过活动举办、媒体公众号广播宣传等进行各项宣传推广工作，并发挥学生组织在校园文化建设中的作用。学生内部组织不仅可以拉近距离，让学生更好地接受网络安全知识，还可以让学生在自我实践中提高网络安全能力，逐步提高防骗意识和安全意识。另一方面，发挥理论教育与社会实践相结合的原则，理论教育立足于学生的自我教育，社会实践则需要高校教育者搭建教育平台，教育者是学生的引路人，起到的影响也是关键性的。具体而言，建设一个专业、科学的教师队伍，壮大网络教育的师资力量是极为重要的。首先，高校或中小学可以聘请专业的网络安全技术管理专家、经验丰富的网络专业人才来学校担任兼职教师，壮大师资队伍，开展相关网络安全教育课程，潜移默化地影响学生，提高他们的安全意识和防范能力。其次，积极对外交流，充分学习国内外网络安全教育的经验，输送人才进行深造，引进人才传授知识，在条件许可的范围内，聘请优秀网络安全教师来校进行专题讲座，积极开展学术交流。最后，重视思想政治理论课，定期开展网络安全课程，不遗余力地普及相关知识，平时也可以采用专题研讨会、小知识竞赛等形式来加强学生网络安全的意识。专业教师团队、高校辅导员、专题课程开展三者应相互配合，形成教育合力，全方位推动网络安全教育工作的开展。

3. 在制度建设上，形成安全教育体系

互联网是一个自由开放、施展个性的平台，可以帮助人们更好地表达自己的观点，促进更好的情感交流。在制度建设上完善网络安全教育体系，有利于为理论教育和社会实践的开展保驾护航，建立起稳定牢固的网络防火墙。首先，建立网络安全教育考核监督制度。在资源引进的同时不可忽略筛查机制，排除混淆视听的不良教育资源，力求为学生提供积极有效的网络知识。完善考核监督的流程体系，做到程序化、专业化、常态化，按时或按季度考评，考评结果公平公正，对考评成绩进行排名，并总结经验和奖励支持。考核内容包括教育者对网络安全知识的掌握情况，开展安全教育的方式方法，学生接受教育后的重视程度和安全技能是否提升等。其次，建设、完善网络安全教育舆论监控体系。主要通过舆论体系了解教育者工作情况以及学生所思所想，结合实时情况，做到实事求是、与时俱进。在意见反馈的舆论监控下，不断完善学校的网络安全教育课程、内容和方法，更好地实现以学生为中心的教育理论，有效提高学生网络安全意识。再次，建立社会、学校、家庭网络安全教育联动机制，形成"社会—学校—家庭"三位一体的合力。其中，社会机构打击网络安全违法犯罪，为学生学习生活提供良好健康的环境；学校开展网络安全教育课程，提高学生重视程度；家庭环境关注个人身心发展，密切关注学生网络使用情况，及时遏制危害事件的发生。三者缺一不可，要从完善联动机制等方面保护校园网络安全。最后，形成网络安全教育制度，净化校园网络环境，大力推行文明安全上网。通过制定制度规章，明文规范学生上网，提高学生网络道德素养，让学生自觉正确使用网络，提高抵制不良信息诱惑的能力。定期开展网络清查工作，清除不实信息和危害学生身心健康的言论，制度层面上规范网络风气。在网络安全教育制度的实施过程中要注意创造性发挥，根据事实情况更新发展，充分吸收来自各个方面的意见和建议，完善相关实施措施，切实保障校园网络安全教育工作的开展。

二 以数字校园网络为基础，打造信息安全堡垒

随着各类校园网络规模不断扩大、应用领域日益广泛、应用内容日趋丰富，网络环境在爆炸式信息和有心人蓄意扰乱下日趋复杂，校园网络安全形势非常严峻。如何加强校园网络安全防范，保护学生的身心健康，在如今的学校教育中是一个不可忽视的部分。我们既要满足丰富的网络教学资源和上网的便利，又要预防安全隐患和威胁的侵入。在此背景下，加强校园网络安全技术防护是关键突破，需建立网络城墙，做好技术抵挡和网管清查，并利用强大信息系统避免学生隐私泄露，多方面构造网络信息安全堡垒。

1. 引入先进信息技术，提高应对攻击能力

由于校园网络初建时，大多数学校的安全意识薄弱、重视程度较低或经费投入不足，导致校园网硬件设备不到位，网络系统和应用软件也存在着严重"漏洞"，为校园网络安全埋下了巨大隐患。首先，要积极引进人工智能、大数据、云计算等先进信息技术，坚守"打铁还需自身硬"

的道理，改善信息技术来增强校园网络的防范能力，并利用高端技术取代低端技术，优化网络信息系统和运行效率，建立坚固的防火墙，补足网络弱势短板。通过大数据技术对校园网络进行全天候、全方位感知、检测、预警、相应、修复，防患于未然，接下来通过人工智能、云计算等技术分层、分等级对计算机病毒进行分析、攻破，自动形成应对程序，后期进行高精度的预测和处理。其次，调整校园网络安全管理架构，建立健全校园网络安全防御体系。在技术基础上进行优化预防解决内部缺陷，以及建立专业管理体系进行外部防御。最后，采用多种模型对网络安全进行保护，例如，传统的网络安全防御模型、P2DR 动态网络安全模型、SAWP2DR2C 网络安全防御模型、校园网络空间安全层次化保障体系模型，从技术上防范黑客入侵和信息泄露等网络安全事故，大大提高校园网络安全性。

2. 选拔优质网络人才，保障网络安全运营

校园网络安全的着力点是人的需求和权益保护，建设网络安全智能化管理的核心力量是人本身，任何一个网络的安全防范必由人来实施，因此要重视网络核心人员的选拔和培训，打造一支专业的硬实力团队，以准确判断网络安全的关注重点和最紧迫的需求点，借助主观能动性有效提高预防和处理问题的效率。第一，筛选出过硬素质的网络技术人才，从良好的思想素质、钻研和吃苦精神以及不断成熟的技术三方面进行考虑，比如能够具备网络规划、设备选购、系统维修等各项技术，能够建立和维护好网络安全信息系统等。第二，确立明确的安全问责制度，人是网络安全的决定因素，在网络安全教育实施过程中，免不了出现纰漏而导致工作失败，并且网络安全的建设涉及内部成员和外部机构多重利益交错，容易导致贪污腐败问题出现。因此，完善网络安全教育机制和人员队伍，需要在安全问责机制上再加一道防线，通过程序问责、内容问责、结果问责等多个指向，确认责任所属，一方面遏制腐败因子，另一方面给予工作人员压力和动力，提高工作效率与质量。第三，重视信息系统维护工作，一个网络的"健壮"与安全性是动态变化的，随着黑客技术的不断发展，网络病毒的不断升级，静止不变的网络系统将遭受严重袭击。因此，后期的信息系统维护管理至关重要。学校需要加大信息维护成本，合理投入资源和技术，使其发挥最大效益，通过数据备份

和镜像策略、物理安全策略、构筑防火墙策略、数据加密策略、日志管理策略等，定期进行系统维护。

3. 形成多方机构合作，扩大网络安全资源

维护校园网络安全必须将技术体系、组织体系、制度体系三者结合，组织体系的完善在校园网络安全中起着重要的支撑作用，学校应该积极学习外部先进经验，整合相关资源，集中网络技术力量，建立一个网络安全信息中心，为技术发展、人员配备、体系运行构建平台，使校园网络安全工作更具科学性、专业性、高效性。首先，学校应该制定发展规划、路线、目标等宏观决策，为工作开展提供明确战略计划，坚持以人为本的管理理念，以安全需求驱动智能化管理。其次，要从学校发展的大局出发，加强学校各部门之间的通力合作，发挥各自优势，各部门之间以开放的态度进行交流学习，实现资源共享、数据信息互通，在整体眼光布局下发挥集体作战的协同配合作用。最后，主动开放与校外网络技术安全公司、专家智库的合作，利用专业领域的力量为校园网络安全贡献智慧。通过建立长期合作关系，加强在合作机制上的投入，积极学习校外优秀经验，引进网络安全技术，定期进行学术交流，派教师团队观察学习，分享彼此的发展经验。在网络人才培养、科研合作等方面深化合作，是促进校园网络安全管理的重要途径，能够为其提供决策思路、资源支撑、人才储备等，有效加强校园网络安全建设。

三 以网络舆情事件为契机，强化风险应对机制

近年来网络舆情事件不断增多，并将校园舆情治理形势复杂化。一方面，学生群体极易受到不当言论的煽动，更容易采取过激手段表达诉求，甚至被有心制造社会混乱的不法分子利用，使得校园网络舆情一定程度上成为社会不稳定因素；另一方面，校园网络舆情的发展影响学生群体的思维方式和行为表现，而对其处置不当，反而会助长网络不良风气，对学校正常教学工作产生一定影响。在开放程度较高的校园网络舆论场域中，无论是对其充分利用还是规范管理，都具有很大价值。校园网络舆情的不稳定、易扩散等因素增加了师生越轨行为、过激行为的发生概率，为了规避上述风险，并给在校学生提供良好的网络互动环境，学校必须响应国家网络安全工作的总要求，重视校园网络舆情管理，把

握和引导校园网络舆论价值导向和文化导向，建构健康向上的校园网络议题，正确有效地发挥校园网络促进校园工作的良性运行和社会的协调发展。

1. 强化校方话语权威，主动引导舆论走向

在校园网络中，由于学生网民的个人处理信息能力有限，在面对大量真假难辨信息和纷繁复杂的言论时，更偏向信任网络权威舆论主体的意见。网络舆论权威主体通常由校外的官方媒体和资深评论家，以及校内的专职网络管理员、兼职管理引导员和学生网络管理员两大部分组成。通过这些权威发布方对校园网上的舆论进行引导，学校可以突出官方媒体或有见地且具有代表性的正确言论的主流地位，也可以由学校当事部门与权威机构或政府部门联合发布网络信息，创新宣传手段，阐述澄清客观事实，引导学生理性分析社会问题，加强主流舆论宣传力度。主动引领主要体现在鼓励学生积极参与讨论、提高舆情事件的回应效率和开展有益健康的网络活动等方面。值得注意的是，学校辅导员和中小学班主任作为学生群体日常生活学习的重要教导人员，往往能在引导学生网民群体正确对待网络舆情方面发挥重要而特殊的作用。可通过对辅导员和中小学班主任的网络舆情知识培训，使他们加强与学生沟通交流，为学生答疑解惑，增强学生网络辨别能力，养成网络道德自律。此外，辅导员和中小学班主任作为向学生传达校方工作部署的中介，应按学校要求及时开展学生网络道德责任教育工作，并向学校反映学生诉求，以此达到"政府—学校—学生"信息互通，营造文明健康的校园网络文化氛围。

2. 重视校园网络监测，加强校园信息化建设

网络舆情监管是一项具有长期性和细致性的工作。在学校这样的基层机构，由于舆情基本呈现散点状分布，需要学校的网络舆情监管部门和思想政治工作主管部门时刻保持警觉状态，对待网络舆论事无巨细，不能有丝毫松懈。尤其是突发事件通常会引起网络舆论产生较大波动，更加考验着学校的预判能力。为了提取有效的网络舆论发展信息，支持网络舆论管理的决策，应重视对校园网络舆情监测软件的开发，具体可从"网上预测""网下跟踪"两方面入手，以保证监测的全面性。对于"网上预测"，应运用相关先进技术手段对海量数据进行采集、分析，预

先排查出一些隐性的热点问题，捕捉、筛查出敏感或有害信息并进行阻断，同时提炼出有价值的信息优先传播，如严格把控相关关键词的设置等。对于"网下跟踪"，则是密切关注未来人工智能技术等新技术在校园网络舆情管理方面的应用，借助监测软件建立网络舆情反馈监测系统，跟踪监测舆情主题并定期分级报送，形成基于大数据的分析和预警机制，依据反馈结果研判网络舆论的价值导向，以便学校实时调整网络舆论管理决策，进而促进校园网络文化正向发展。

3. 建立舆情监管队伍，及时甄别舆情危机

建立校园网络舆情监管小组不仅要求其成员自身要有维护正确舆论和主流言论的坚定信念以及高度的社会责任感，还要具备一定的语言表达技巧，在辨识不同舆论空间特点的基础上，整合引导或监管话语。一是对于不危害大局稳定和扩散性小的舆论，用合理严谨的评论加以疏导，缓和师生意见冲突，在积极交流中培养师生自觉维护校园网站的清净和谐的意识。二是密切观察牵扯纠纷的舆论事件发展，把握舆论走向，尽可能以追根溯源的调查办法替代一味地隐瞒压制，稳定当事人过激情绪，促进舆论危机的化解。三是如攻击诽谤、散布谣言等网络舆论涉及学校名誉和个人隐私，可能影响到学校和社会稳定，可采取封帖等一般方式进行管理。四是有社会不法分子蓄意传播色情、邪教、暴力或集众游行等非法网络信息，应立即上报学校网络舆论监管负责人审定，谨慎地配合使用实名信息、删帖和封锁身份权限等强制手段，以扫清非法网络舆论，避免引发群体恶性事件，使学生误入歧途。

四 以社会协同管控为重点，完善网络治理体系

当前，传统校园安全治理模式在互联网变革与发展下受到冲击，我国实现教育治理现代化方兴未艾，因此有必要探索适合当下校园网络发展趋势的治理模式。基于治理理论的安全治理，强调安全地实现基于多元主体互动合作前提下的协同供给，[①] 在社会协同管控下，联合社会安全力量，构建校园网络治理体系成为应对校园网络安全问题的新思路。而校园网络的开放性、相关主体间的非线性关系、校园网络本身的非平衡

---

① 王智军：《安全治理理念下高校校园安全的协同供给》，《江苏高教》2016 年第 6 期。

性，使其具有可行性。为了实现校园网络治理体系的多元化、立体化、协同化，可将以政府和公安机关为代表的战略主体纳入其中，并充分吸收家庭、社会组织等能量主体进入校园网络安全治理决策、信息共享以及专业培训、实操之中，达成学校与学校之间、学校与社会和政府之间的合作与联动机制。对此提出以下几点建议，保障校园网络的平稳运行。

1. 广泛调动社会力量，形成协同治理环境

目前，社会各界在日常实践中较少以互联网社会组织的形式融入校园网络安全治理活动。然而，强化校园网络安全意识，靠校园单方努力还远远不够，还需要其他主体的积极参与，如家庭、社会组织等。从家庭的角度，家长应该加强其自身责任导向的道德文化教育，加大对子女接收网络信息的关心程度。家长可以对学生进行网络道德教育，使其融入家庭观念中，并把网络安全主动纳入学生的教育目标，与家风建设形成一体，使其成为学生的道德规范和行为准则。从社会组织的角度，则主要借助互联网时间、空间的优势，靠舆论监督来增强校园网络安全意识。此外，学校可以支持和鼓励建立一些合法的社会组织，由这些社会组织对网络行动主体发布的信息进行监督审核，抵制负面内容，保证正能量的有效传播。只有在社会各方的关心帮助下，校园网络安全才能更有保障。

2. 实行校际安全合作，构建一体化网络平台

随着校园网络开放扩大化，越来越多的学生开始通过网络共享平台实现信息互通、情感表达等社交需求。基于此，学校间可以充分利用QQ、微信、微博、学校论坛等网络工具搭建网络交流社区，保持较为紧密的实时联络，掌握各学校动态，为学生在网上畅所欲言提供安全环境。通过网络后台监测，及时了解学生的舆论动向，并根据发现的网络安全问题，开展有针对性的网络安全教育，帮助学生提高自我保护能力。同时评估校外不良信息入侵风险，动员各学校为解决校园网络安全问题出谋划策，建立多校网络安全数据库并将其纳入智能化的应急反应机制和管理体系，进行分类管理，增强校园网络突发事件应急管理能力建设，跨校开展校园网络安全宣传，培养学生的安全意识，共同培养师生的风险意识与教育培训。换言之，各个学校要发挥自身优势强化校园信息网络建设，促进信息一体化及新技术的应用，齐心协力促进校园网络长治

久安。另一方面,可以借鉴美国一些学校的做法:与相关保安公司或市、镇、州的执法机构签订合同,① 让他们代为执行学校制定的各项规章制度,完善校园网络安全预防、预警、评估、决策与应对、沟通与协调以及恢复机制,为师生提供监控、报警、救助等一体化服务。根据目前我国校园网络安全状况,公安机关可首先与学校比较集中的区域或规模特别大的学校进行合作,专门处理所辖校园的网络安全问题,设立安全部门办理相关案件等,以有效预防和制止威胁校园网络安全的行为,以此实现校园网络安全管理。

3. 发挥政府主导作用,推动网络安全法制化

首先,政府要确立师生安全的首要地位,充分了解学校意见,以法律的形式对个人信息和数据安全进行确认和保护,全心全意为学校服务。其次,政府健全校园网络安全法律法规,提升政府相关部门对大数据的分析和应用能力,充分利用好相关数据,明确问责问题、具体问责事项,界定问责对象,增加处理过程到结果的透明度,以及整个校园网络安全治理体系的信息化和智能化。再次,通过出台一些引导性制度,配合激励措施,引导和鼓励社会组织参与校园网络安全治理。最后,健全政府和学校的信息网络沟通制度,如运用政府官方网站、官方微博、微信公众号等推动诈骗举报平台建设,拓展政府与学校的沟通渠道,增强师生参与意识,提高校园网络安全事件处理效率,调动公民监督的积极性。同时,政府引导师生树立网络参政议政的意识,正确行使国家赋予的合法权益,共同推进网络安全建设。

---

① 覃红霞、林冰冰:《高校校园安全共同治理:美国的经验与启示》,《教育研究》2017 年第 7 期。

第 五 章

校园周边安全管理

　　通过对中央和地方的政府网站、教育部和地方教育局官方微博、公安部门户网站，以及人民网、新华网、光明网等权威网站报道的相关内容进行搜集与筛选，编写组选取发生时间自 2018 年 11 月到 2019 年 10 月的校园周边安全事件，最终得到 18 起校园周边安全事件。本章通过分析 2019 年校园周边安全事件及治理工作的发展态势，从时间、地域、类型、学段进行统计归纳，分析 2019 年校园周边安全事件的特点和治理情况，并通过回顾 2019 年校园周边安全相关政策的内容，研判 2020 年校园周边安全治理的趋势。

第一节　校园周边安全事件特点分析

　　2019 年①一媒体报道的校园周边发生的安全事件共 18 起，校园周边安全事件涉及司机、家长、学生、教师 184 人，造成 80 名学生轻伤、6 名学生重伤、36 名学生死亡、2 名老师重伤。校园周边安全事件多为校园周边交通安全突发事件，事件影响范围小，较少引起事件扩散和事态升级，危害程度仅限于事件涉及主体，但仍需有关部门和学校引起重视。本节将统计归纳 2019 年发生的校园周边安全事件的类型、时间、地域、学段特征，分析校园周边安全事件发生情况。

---

　　① 实际上指 2018 年 11 月至 2019 年 10 月，为方便描述，本章节采用"2019 年"的说法。

一 校园周边安全事件类型分布

校园周边安全事件是指发生在校园周边，受害主体为学校师生的安全事故。校园周边安全事件可以分为交通安全事件和突发治安事件，如图5—1显示，校园周边交通安全事件有13起，校园周边突发治安事件有5起。一些校园周边交通事件发生于学生上下学期间，部分校园周边交通事件源于校园周边交通管理的缺位，如路口处没有设置非机动车道，没有管制超载车辆，导致学生及家长步行时被车辆倾轧；部分校园周边交通事件受偶发因素影响，如新手、吸毒司机驾驶的失控车辆，导致家长骑车或开车接送学生时与其发生碰撞。此外，一些校园周边交通事件发生于学校上课期间，由逃课的初中学生无证或超速驾驶摩托车造成。校园周边突发治安事件多为被辞校工、家长、社会青年等非校园人员意图强行闯入校园或在学校周边，使用刀具、手锤等工具恶意伤害或诱拐学生。校园周边突发治安事件对受伤害学生及其家庭造成了不可磨灭的伤害，同时也严重影响了学校的整体风气和安防体系，学校必须予以重视，加强对可疑人员的进出排查，守住校门这道"安全线"。

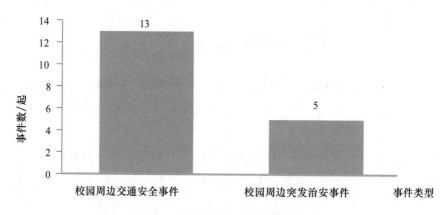

图5—1 校园周边安全事件类型统计

二 校园周边安全事件时间分布

2019年我国校园周边安全事件有18起，平均每个月发生1.5起。如

图5—2显示，2019年4月发生了5起校园周边安全事件，为校园周边安全事件发生频率最高的时段；2018年11月和2019年2月、3月、5月、6月、9月均发生了2起校园周边安全事件；2019年10月发生了1起校园周边安全事件；2018年12月和2019年1月、7月、8月均没有发生校园周边安全事件。可以看出，2月至6月发生13起校园周边安全事件，占全年的72.2%，这是由于春季学期校园周边人流量较大，路况拥挤，因此过往车辆容易与上下学的学生发生摩擦碰撞。而在临放假或寒暑假期间，校园周边的人流量较小，因此在校园周边发生的安全事故趋近于0。

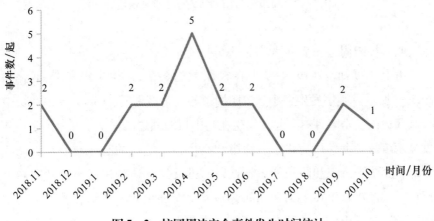

图5—2 校园周边安全事件发生时间统计

三 校园周边安全事件地域分布

2019年我国校园周边安全事件一共涉及八个省份（直辖市、自治区），如图5—3所示，其中，校园周边安全事件数量最多的为安徽省、福建省、广西壮族自治区和广东省，均为3起；辽宁省和河北省发生的校园周边安全事件频次相对较低，为2起；北京市和江西省发生的校园周边安全事件最少，仅为1起。

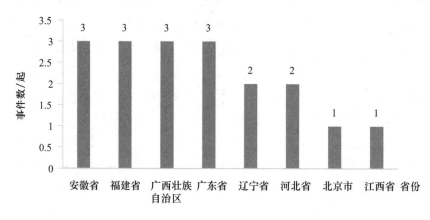

图5—3 2019年校园周边安全事件地域统计

四 校园周边安全事件学段分布

由上文可知，2019年发生在校园周边的安全事件共有18起，如图5—4所示，其中发生在小学校园周边的安全事件有11起；发生在初中校园周边的安全事件有3起；发生在高中校园周边的安全事件有4起。数据显示事故频发学段为小学、初中和高中，小学生的身体与心理未完全成熟，其防护意识和防护能力较低，遇见突发交通情况时不能及时做出反应，因此小学生在上下学期间容易发生交通事故，而部分逃课的初中生为寻求刺激无证超速驾驶摩托车，因此发生意外交通事故。大学生相对而言安全意识较高，已形成基本的抵抗外界风险的能力，因此大学校园周边安全事件相对较少。

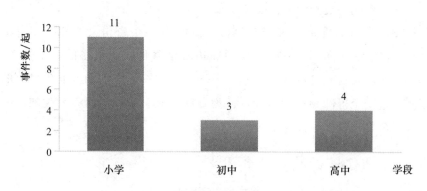

图5—4 校园周边安全事件学段统计

第二节　校园周边安全管理现状

校园周边环境一般是指校园周围一定范围内有形与无形的环境，包括交通、娱乐、商业、治安等因素。[①] 校园周边安全管理是指针对校园周边存在的各种隐患，据其类型和特点，建立健全校园周边安全管理体系，制定校园周边安全管理策略，切实维护和保持良好的校园周边治安秩序，创建有利于学生安全、健康成长的良好环境，有效保障学生的安全。为了减少校园周边发生的交通安全事件和突发治安事件，保障学生在校园周边的安全，国务院、最高人民检察院、最高人民法院颁布了有关校园周边安全管理的政策法规，下发了加强校园安全工作的通知公告。各地教育部门与公安、综治、卫生健康、应急管理等部门密切合作，认真贯彻落实，不断强化校园周边食品安全、交通安全等方面的管理措施，结合不同学段学生的年龄特点，开展形式多样的宣传教育活动，完善校园周边安全管理体系。

一　校园周边安全管理制度分析

数据搜集结果显示，2019 年国务院、教育部等有关部门针对校园周边安全事件颁布的政策有 9 项，如表 5—1 所示，国务院教育督导委员会办公室、教育部办公厅、最高人民法院、最高人民检察院、公安部、司法部在临换季或临放假时间段下发预警、通知，提醒各级地方政府、教育行政部门和学校落实责任，联系学生家长，做好防范工作，加强学生教育，排查安全隐患。

---

① 朱美宁：《校园周边安全综合治理路径研究》，《南方论刊》2015 年第 3 期。

表 5—1 **2018 年 11 月至 2019 年 9 月国家颁布的关于校园**
周边安全事件的政策

发布时间	政策名称	涉及内容	关键词
2018. 11. 28	《国务院教育督导委员会办公室关于加强中小学（幼儿园）冬季安全工作的通知》	1. 各地教育行政部门进一步完善与综治、公安、交通、城管、食药监等部门的联动机制，落实部门监管职责； 2. 加大学校周边综合整治力度，要在重点路段及水域设置安全警示标牌，设立安全隔离带、防护栏； 3. 密切关注灾害预警信息，及时以电话、短信等多种方式通知学生，提醒做好应对防范，确保学生离校返家交通安全； 4. 对家长到校接学生回家的，要做好与家长的交接工作，要教育学生不乘坐非法营运车辆和超载车等不安全车辆，加强对驾驶人和校车的安全管理	冬季/隐患整改/预警教育
2018. 12. 17	教育部督导局《关于有针对性地组织开展隐患排查整改做好岁末年初中小学（幼儿园）安全工作的通知》	1. 落实人防、物防、技防设施建设工作； 2. 落实学校食品与卫生安全工作，包括对流感等呼吸道传染病以及手足口病等传染病的卫生防疫工作情况等； 3. 落实冬季采暖及消防安全工作，包括冬季取暖物资是否备齐备足，学校采暖设备运转情况等； 4. 落实校园周边环境综合治理工作，对校园及周边治安乱点和重点隐患进行专项排查整改，加强校园及周边治安综合治理工作情况； 5. 落实校车及上下学交通安全工作，针对不同季节交通安全特点，完善事故应急处置预案工作情况； 6. 落实各地各校加强安全保卫工作队伍建设，建立学校安全风险预防、管控与处置制度和工作机制	岁末年初/加强防控/隐患整改/完善制度

发布时间	政策名称	涉及内容	关键词
2019.4.16	国务院教育督导委员会办公室 2019 年第 1 号预警：绷紧安全弦 坚决防范学生溺水事故发生	1. 深入分析各类溺水事故发生的时段、地域、溺水原因等情况，及时发出风险提示和预警； 2. 结合学生群体特点开展形式多样的防溺水安全教育； 3. 要加强与家长的联系，增强家长安全意识和监护人责任意识； 4. 加强对水域的隐患排查和治理，及时设置安全警示标牌、安全隔离带和防护栏； 5. 要调动企事业单位、社区乡村基层和学生家长的积极性，加强日常巡查，形成联防联控机制	预警/防溺水/宣传教育/隐患治理
2019.5.9	国务院教育督导委员会办公室 2019 年第 2 号预警：群策群力 织牢防溺水"安全网"	1. 提醒地方各级政府要切实加强学生防溺水工作的组织领导，逐级压实学生防溺水工作责任； 2. 提醒各有关部门要通过广播、电视、报纸、网络等途径加强宣传； 3. 提醒中小学校要在关键时间节点，印制"防溺水致家长信"； 4. 提醒学生家长要提高孩子防溺水的安全意识，切实履行好看管职责	预警/防溺水/宣传教育
2019.6.3	国务院教育督导委员会办公室 2019 年第 3 号预警：防范雷雨天气灾害 确保学生安全	1. 提醒各地教育行政部门和学校做好有关防范工作，确保学生安全； 2. 密切关注当地天气预报，科学合理安排学校教育教学活动； 3. 做好学校建筑物及设施设备安全隐患排查，采取必要的预防性安全措施； 4. 加强校车管理，做好车辆安全检查，加强学生防雷电防溺水安全教育，加强防溺水事故警示教育	预警/自然灾害/隐患整改/宣传教育

续表

发布时间	政策名称	涉及内容	关键词
2019.6.5	教育部、最高人民法院、最高人民检察院、公安部、司法部共同发布《关于完善安全事故处理机制 维护学校教育教学秩序的意见》	1. 规定各级教育部门要依法加强对学校安全工作的督导、检查； 2. 要求学校完善安全管理组织机构和责任体系； 3. 规定学校要加强学生的安全教育、法治教育、生命教育和心理健康教育，建立并严格执行学校教职工聘用资质检查制度； 4. 规定健全学校安全隐患投诉机制，对学生、家长和相关方面就学校安全存在问题的投诉、提出的意见建议，及时办理回复； 5. 规定学校要健全安全事故处置机制，制定处置预案、明确牵头部门、规范处置程序，完善报告制度	宣传教育/督导检查/完善制度
2019.6.27	教育部办公厅《关于做好2019年中小学生暑假有关工作的通知》	1. 各地教育行政部门要会同当地宣传部门和新闻媒体，特别要用好互联网新媒体，加强宣传引导，普及安全知识。要通过公益广告、微视频、发布手机短信等形式提升宣传效果； 2. 要认真做好教育部印发的《致全国中小学生家长的一封信》的复印发放、回执回收保管工作，及时提醒家长担负起学生离校期间的监护责任； 3. 各地各校要健全暑假值班制度，明确带班领导，强化人员和条件保障。要完善应急处置机制，确保重大事件第一时间妥善处理，并及时做好通报和上报工作	暑假/宣传教育/落实家长责任/完善制度

续表

发布时间	政策名称	涉及内容	关键词
2019.7.8	国务院教育督导委员会办公室2019年第4号预警：加强暑假安全防范　确保广大学生安全	1. 提醒中小学、幼儿园放假前学校做好离校教育管理，有针对性地帮助学生了解掌握假期防溺水、警惕交通事故、躲避自然灾害等安全常识； 2. 提醒家长切实履行好孩子的看管监护责任； 3. 提醒各地教育行政部门要会同公安、应急、气象、水利、交通等部门通过短信、微信、广播、公告等方式，及时提醒学生和幼儿远离危险； 4. 加强对河流、湖泊、坑塘等重点区域的隐患排查和治理，及时在危险路段及水域设置安全警示牌，设立安全隔离带、防护栏	预警/暑假/宣传教育/隐患整改
2019.9	国务院教育督导委员会办公室《关于进一步加强中小学（幼儿园）安全工作的紧急通知》	1. 提高各地教育部门和学校的安全意识，压实安全责任； 2. 各地教育部门要会同公安、市场监管等部门，在开学期间全面开展排查，化解安全隐患； 3. 各地教育部门要积极组织学校安保人员、教师和家长志愿者等，配合执勤民警做好上下学时段校门周边防控工作； 4. 各地教育部门要严格按照学校安全防范工作规范要求，严格落实门卫值守、内部巡查等制度，严防无关人员和危险物品进入校园； 5. 各地教育部门、学校要有针对性地开展防火、防爆、防灾、防不法侵害等安全专题教育和应急疏散演练； 6. 各地教育督导部门要充分发挥督学作用，一旦发生重大学校安全事件，责任督学第一时间赶赴现场，督促学校妥善应对和处理	防范督学/宣传教育/

1. 政策议程设置多源流化

科布等人认为，议程设置是指把社会各阶层群体的需求整理并上升成政策议程，进而尝试进入决策者政策视野的过程。约翰·W. 金登提出的多源流模型认为特定时间内某一焦点事件的发生，能够促使彼此独立的问题源流、政策源流和政治源流汇合，进而促使某一公共问题的政策议程的设置。① 中央政府将校园周边安全提上政策议程源于校园周边安全事件开启的政策之窗，如《国务院教育督导委员会办公室关于进一步加强中小学（幼儿园）安全工作的紧急通知》。湖北某地于国庆前后发生一起严重伤害学生事件，造成多名学生伤亡。在该事件的影响下，政府部门针对校园周边安全事件提出压实安全责任、化解安全隐患、强化周边安全、强化三防建设、提高防护能力、强化责任追究的要求。当某一校园周边安全事件被网络媒体捕捉并向大众传播扩散时，校园周边安全即成为公众关注的焦点，因此政府对校园周边安全事件的重视度相应提升，校园周边安全被提上政策议程。

2. 政策制定主体多元化

校园周边安全政策的制定主体包括国务院教育部、国务院教育督导委员会和最高人民法院、最高人民检察院、公安部、司法部。教育行政部门为校园管理的直接主体，负有维护校园安全的直接责任。公安、交通运输部门对校园周边交通安全的执法负有直接责任。校园周边安全管理的法治化、规范化离不开司法行政部门的参与。地方政府对校园周边安全的管理方式多为区教委、公安、卫生健康、应急管理、市场监管等各级政府部门的联合执法。由于校园周边安全涉及交通安全、食品安全、商铺整治等多个方面，校园周边安全政策的制定和执行常由多个职能部门协同配合参与其中。各部门通过抽取人员组成临时领导小组，联合执法，整合相关部门的公共资源，实现资源和信息的协调分配，从而建立起矩阵式组织，统筹专项整治活动的有效进行，进而实现对校园周边环境的全方位监管以及治理对象的深入整改。

---

① 白锐、吕跃：《基于修正多源流模型视角的政策议程分析——以〈科学数据管理办法〉为例》，《图书馆理论与实践》2019 年第 10 期。

3. 政策执行方式精准化

地方政府及有关部门以校园周边安全的突出问题为导向，通过颁发针对性政策、制定精确工作方案等落实中央政府对校园周边安全的要求。各地教育部门加强和公安、卫生健康等部门的协调配合，积极组织和指导学校安保人员、教师和家长志愿者等做好校园周边防控工作。如河北省交管局发布了《告农村小学（幼儿园）学生家长安全乘车明白书》；2019 年 2 月 20 日，上海市公布了《上海市人民政府办公厅关于本市加强中小学幼儿园安全风险防控体系建设的实施意见》；2019 年 7 月，沈阳市市场监督管理局下发了《关于强化校园周边食品安全管理工作的通知》《校园内及周边食品安全主体责任告知书》；2019 年 2 月 27 日，长春市发布了《宽城区校园及周边社会治安综合治理"百日攻坚战"专项行动实施方案》。这些政策将家长纳入校园周边安全管理的责任范畴，呼吁并要求学校及家长做好学生的交通安全工作，健全校园周边环境综合治理长效工作机制，加强对学校周边有关经营服务场所和经营活动的管理、监督，及时做好整改工作，加强学校周边环境综合治理，切实消除各类安全隐患。

4. 政策执行效果高能化

在有关政策的指导下，地方政府及有关部门展开的整改行动有效改善了校园周边安全环境，取得了校园周边安全治理高效能。广东省排查走访各类学校及幼儿园，排查整治校园周边交通安全隐患 732 处。[1] 沈阳市共检查校园周边、食品集散地经营业户及供应商 6501 户，发现问题 168 个，涉及 108 户，其中立即整改 87 户，下达限期整改通知书 21 个，发放主体责任告知书 1053 份。[2] 为进一步加强学校及周边社会治安综合治理工作，各地政府以平安校园为目标，通过压实责任、协调配合，推动校园周边管理工作有条不紊地进行。通过清理取缔校园周边地区非法违章经营的各类商铺，如网吧、电子游戏厅、歌舞厅、棋牌室、音像书

---

[1] 《广东省教育概况》（http：//www.moe.gov.cn/jyb_ sjzl/moe_ 364/moe_ 2732/moe_ 2758/tnull_ 47907. html）。

[2] 杨婷：《辽宁沈阳：严把校园食品安全关　全面排查问题小食品》（http：//www. xinhua-net. com/2019－07/09/c_ 1124728196. htm? ivk_ sa＝1023197a，2019 年 7 月 9 日）。

刊点；整治"黑校车""黑摩的"等各种非法营运车辆；取缔学校周边的餐饮店、医疗点、食品店、流动摊点等各类非法经营无牌无证摊点；整顿违章搭建、占道经营、乱摆摊设点等情况，改善了学校周边食品卫生、建筑设施和文化环境，维护了学校周边交通秩序和治安秩序。

5. 校园周边安全管理制度整体评价

2019 年的校园周边安全政策发布数量占校园安全政策文本总数的10.97%，各级政府对校园周边安全的重视程度日益上升，但校园周边安全管理制度仍存在疏漏。

首先，缺少校园周边安全综合治理的相关政策。政府颁发的政策大多针对校园总体安全，而不是单独针对校园周边安全，其只在内容中提及校园周边安全的管理工作。如《教育部督导局关于有针对性地组织开展隐患排查整改做好岁末年初中小学（幼儿园）安全工作的通知》，有关政策的关键词局限于暑假、冬季或岁末年等季度性的加强安全工作或紧急通知，没有针对校园周边安全综合治理做出法律规定，造成其综合治理工作没有涵盖校园周边安全工作的各个方面。学校安全管理工作的总体框架和实施要点，地方政府及相关部门对校园周边安全的认识不足、把握不清、应对不及时，其校园周边安全事故处理能力有待提高。

其次，现有政策没有界定校园周边安全管理部门的权责。由于校园周边安全综合治理政策的不健全，地方政府及有关部门的责任落实不到位。各省市对校园周边环境进行整改的部门不一致，如北京市门头沟区教委、卫健委、消防支队、应急管理局对校园周边环境进行整治，黑龙江省大庆市龙凤区检察院联合区市场监督管理局开展辖区校园及周边安全专项检查行动，广州市公安局对辖区内校园及周边安全进行隐患排查和整改。现有政策没有对校园周边环境的综合治理部门权责和事件处置标准进行统一界定，导致其检查和整改力度出现差别。校园周边安全政策要进一步明确校园周边安全管理的意义，科学界定政府部门、学校及其他责任主体的责任范围，探索校园周边安全事件的治理机制，有效预防校园周边事故的发生，做好事故的处置工作。无论是地方政府还是管理部门，都应拿出对学生、教师、学校负责的态度和毅力，坚决做到对校园周边安全事故"零容忍"，切实保障学生身心健康。

二　校园周边安全管理手段分析

为进一步加强和改进中小学、幼儿园等学校周边的安全工作，强化校园人防、物防、技防建设，提升校园周边安全防护能力，中央政府颁发校园周边安全政策和通知公告，完善学校及周边治安综合治理机制，督促地方政府健全完善校园周边防控网络，不断提高校园安保工作能力和水平。地方政府为贯彻中央政府下发的政策、保障校园周边安全工作落到实处，常常制定详细的实施意见或工作方案，以便对校园周边实施安全管理。编写组依据 2019 年各省市（自治区）发生的校园周边安全管理事件，发现政府最常采取预警手段、监测手段和处置手段有效降低校园周边安全风险。

1. 安全事件预警手段

地方政府及有关部门常常采取思想诱导的方式进行校园周边安全事件预警。思想诱导手段是指通过运用宣传教育、协商对话等非强制性手段，教导执行对象和受众自觉自愿地去遵守相关政策。针对学生和教师群体，教育局、公安局等部门通过开展举办讲座和实践课、学习校园周边安全的法律法规、举办应急逃生演练等方式进行校园周边安全的教育宣传活动。针对家长群体，政府通过发放"给学生家长的一封信"的方式，提醒家长落实看管防护责任，配合学校及政府工作人员做好校园周边安全的管理工作。如吉林省双辽市交警大队在临暑假前发放《暑假前致学生家长的一封信》，广东揭阳交警支队法宣科组织交警市区三大队及揭东交警大队发放了1200 余份《致学生与家长的一封信》，提示家长关注送孩子上学、放学应注意的安全环节，自觉做到守法出行、文明出行、安全出行。

2. 安全事件监测手段

在大数据时代，对安全事件的监测离不开互联网的使用，有些地方政府或检察院通过网络建立相应的监管防控机制。如重庆市检察院分别向市公安局和市教委发出检察建议，推动构建校园内外立体防控机制，阻断黑恶势力向未成年人渗透，建立健全网上巡查机制，由市公安局开展网络专项巡查，及时处置 614 条有害信息[①]；有些地方政府相关部门运用网格化监

---

① 曹昆：《最高检发布推动加强和创新未成年人保护社会治理十大典型案（事）例》（http://legal. people. com. cn/n1/2019/0527/c42510 - 31104941. html，2019 年 5 月 27 日）。

管手段对校园周边安全进行检测，如山东省针对校园周边食品经营店铺实施网格化监管，依托食品经营许可系统及校园周边食品经营者信息，建立全省中、小学校周边食品经营者（含餐饮服务提供者）监管工作台账，开发校园周边食品经营店铺电子地图，以地图形式呈现经营者基本信息、监管人员信息及监管动态信息，并通过网站、微信小程序向社会公开，方便公众查询和监督。山东省还根据网格化监管中的校园周边食品经营者主体业态、单位性质、场所面积、经营类别等基本情况，对校园周边食品经营者划分类别，实施分类监管。这一监管方式以食品生产经营风险分级管理办法为基础，建立以监管部门为主导，学校、家委会、家长、第三方机构参与的评价分级机制，每年组织开展评价工作，确定各经营者食品安全风险等级，对高风险等级的食品经营者每季度检查一次。①

3. 安全事件处置手段

地方政府根据各部门的职能划分，在法律允许的范围内对校园周边环境以检查、巡防的方式排查、整改安全隐患和突出问题，以维护校园周边安全。一方面，部分公安部门以巡防的方式开展校园周边整治工作，通过在学校上下学重点时段、重点路段加大巡逻密度，定期检查、清理校园周边消防或治安乱点，及时发现、消除消防或治安隐患，如重庆市公安局联合市文化旅游委、市场监管局开展校园周边网吧专项整治行动；另一方面，部分卫生健康部门或市场监督管理局以例行检查校园周边食品商贩商铺经营许可证、健康证、供货渠道的方式，排查和整改未获有关证件或贩卖过期、不健康食品的商铺，以达到保障学生的食品安全的目的，如沈阳市市场监督管理局在《沈阳市 2019 年小食品安全专项整治工作方案》的指导下，检查校园周边、食品集散地经营业户及供应商，对发现问题的经营户实施现场责令整改或下达限期整改通知书。最后，校园周边发生的交通事故与暴力入侵事件由公安部门依法进行事故的调查与处理，如公安部门对北京宣师附小伤人事件嫌疑人贾某、湖南永州宁远县柏家坪镇完全小学砍伤学生事件嫌疑人郑某采取刑事拘留措施。

---

① 刘琼：《山东制定十条措施强化校园周边食品安全监管》（http：//www. xinhuanet. com/
2019 –06/22/c_ 1124657975. htm，2019 年 6 月 23 日）。

三　校园周边安全管理体系分析

校园周边安全管理体系是指政府部门以总体国家安全观为指导，协调学校及其他责任主体对校园周边安全环境进行安全监管、事前预警和事后处置，以达到维护校园周边安全秩序、保障学生健康成长的安全管理体系。通过对 2019 年校园周边安全事件的梳理分析，校园周边安全事件多发，可归因于校园周边安全管理体系的不健全，安全管理过程有疏漏，具体体现为校园周边安全环境管理中的安全监管不全面、事前预警不完善、事件处置不及时。

1. 安全监管不全面

在校园周边安全的监管环节，存在安全监管不全面等问题。政府部门没有构建定期巡查和反馈机制，定期巡查学校安全教育落实情况和实施效果，定期跟公安部门了解校园周边存在的问题，全面落实安防监控系统。有的学校门卫管理不严格，形同虚设，未能严格落实出入登记制度。一些校园周边的治安和交通等环境比较复杂，安全隐患突出，巡逻防控常态机制落实不到位。如 2019 年 1 月 14 日浙江舟山定海区发生的周边环境污染事件，定海区检察院公益损害与诉讼违法举报中心负责人在本地论坛中发现有群众举报，"某学校附近一家厨卫厂，在生产的过程中向外排出浓烈的油漆味，给学校的学生及周边居民们的学习、生活造成了很大影响"①。不难发现，有关部门检查校园周边商铺商品的供货渠道、保质期是否符合规范，检查校园周边环境是否有利于学生健康成长仍依赖于实地检查和举报，不能对其进行跨空间的事先监管，将危害扼杀于摇篮之中。

2. 事前预警不完善

在校园周边安全的预警环节，各级政府的预警力度不一，主要依赖于中央政府对校园周边安全事件的统一预警。首先，相关部门针对校园周边安全进行的预警仅限于周期性的宣传教育活动，仅在需重点防范的

① 陈洪娜：《"孩子们终于能安心上课了！"——为了 500 名学生的身心健康　定海区检察院试水涉未成年人公益诉讼》（http：//www.zjjcy.gov.cn/art/2019/1/14/art_ 28_ 66732.html，2019 年 1 月 14 日）。

时段或"百日攻坚战"期间开展"应急式"教育，没有真正将校园周边安全教育纳入教学计划当中。其次，地方政府和学校对校园周边安全的宣传教育工作抓得不细不实，交通安全或消防安全等的专题教育和应急演练缺乏常态化、系统性和实践性，其针对性和可操作性不强，因此学生的紧急逃生和避险能力仍旧处于较低的水平。如各地展开的宣传教育内容仅限于交警指挥姿势等交通安全常识，缺少对周围治安环境、文化环境等安全知识的教学指导。

3. 事件处置不及时

在校园周边安全的处置环节，市场监管局、公安局等部门对校园周边经营商家摊贩实行突发式检查，未能实施全方位的动态监管。相关部门接到检查建议后，会对检查建议提出的校园周边安全监管问题制定有效措施，积极部署专项整治行动，但突发式的专项整改活动不能根治校园周边安全问题。原因在于校园周边安全隐患的处置工作和监管工作发生了错位，对校园周边环境进行检查整改不是目的，而是维护校园周边环境安全的手段。并且，在特定时间段集中整治容易造成执法时松时紧的状况，使商家形成"挺过检查即可""罚点钱即可"的惯性思维，忽视了对法律规定的自觉遵守和尊重。

第三节 校园周边安全的典型案例

本节选取校园周边安全综合管理、校园周边交通安全、校园周边食品安全以及校园周边突发治安事件四个典型案例，对案例过程进行梳理，分析校园周边安全治理现状与存在的问题，为实现校园周边安全治理提供借鉴。

一 校园周边安全综合管理：广西壮族自治区"4 + N"全面守护校园安全

1. 案例过程

广西壮族自治区由教育厅牵头、会同各级公安部门组成的"护校安园"专项领导小组于 2014 年 12 月 19 日正式成立。此小组选派民警担任辖区内中小学、幼儿园的法治副校（园）长，定期开展普法教育、预防未成年人犯罪等主题教育活动，参与指导学校组建校园治安巡防队伍，加强对学校内部及周边的安全隐患排查，加强校园周边巡逻防控，确保校园及周边安全。①

到了 2015 年，广西壮族自治区进一步完善校园安全稳定工作机制，加大安全教育宣传及环境整治力度。在秋季学期"护校安园"行动中，共整改中小学校校内安全隐患 2835 处，高校校内安全隐患 323 处。② 另有，"广西校园安全预防及应急综合管理平台"于 11 月 4 日正式启用。

2017 年 1 月 10 日，广西壮族自治区教育厅启用"广西校园安全信息五网合一上报平台"，进一步推进广西"校园安全预防及应急综合管理平台"建设。③ 广西各学校学生可通过微信、电子邮箱、短信、微博、网站对食品安全、校园欺凌、校园暴力等校园及校园周边的安全事件或环境隐患进行上报。

自 2018 年 10 月最高人民检察院发出《中华人民共和国最高人民检察院检察建议书》以来，广西检察机关向学校、教育部门提出检查建议 98 条，发现安全管理隐患并整改 133 件。④

截至 2019 年 6 月，广西壮族自治区区、市、县中小学责任督学队伍有成员近 6000 人，全区实现覆盖面 90%以上，责任督学挂牌督导涵盖教育教学、校园安全、食堂卫生等事项。

2019 年，广西壮族自治区扎实推进"护校安园"行动，5 月 28 日，公安厅、教育厅共同在全区推行"4 + N"安全防范措施，"4"即校园封闭式管理、视频监控和一键音视频报警系统、校门防冲撞系统、专职保安派驻；"N"为各地结合实际自行建设的防控设施，如访客管理系统、进出校园管理系统、人脸识别系统等。在 9 月底完成了一键音视频报警

① 《广西壮族自治区人民政府办公厅关于进一步加强女童身心健康保护工作的意见（桂政办发〔2014〕115 号）》（http：//www.gxzf.gov.cn/zwgk/zfwj/zzqrmzfbgtwj/2014ngzbwj/20150121 - 437174.shtml，2014 年 12 月 19 日）。

② 秦斌：《抓常规抓重点抓难点　全面做好学校安全稳定工作》（http：//jyt.gxzf.gov.cn/jyxw/jyyw/jyt/t3233147.shtml，2016 年 3 月 28 日）。

③ 《关于启用广西校园安全五网合一信息上报平台的通知》（http：//jyt.gxzf.gov.cn/zwgk/tzgg_ 58179/W020200324255118338846.pdf，2017 年 4 月 26 日）。

④ 周珂、李沛：《广西落实"一号检察建议"维护校园平安》（http：//www.gxzf.gov.cn/gxyw/20200111 -789761.shtml，2016 年 3 月 28 日）。

系统安装，并与属地公安机关联网；12 月底前完成了视频监控系统建设，并与属地公安机关联网，以及全区中小学、幼儿园实行校园封闭式管理；全区中小学、幼儿园 2020 年年底将完成专职保安员派驻及校门防冲撞系统安装。[①]

2. 案例分析

（1）"4＋N"安全防范措施优势分析

从 2014 年"护校安园"专项领导小组到 2019 年"4＋N"安全防范措施，全区中小学、幼儿园实现封闭式管理，运用信息化技术平台、采用智能化先进设备，实现"人防、技防、物防"的全面结合，扫除校园安全管理盲区，及时消除安全隐患。广西壮族自治区近五年来采取的校园安全体系完善措施有以下几点值得借鉴。

转变安全管理观念，注重预防意识普及。中小学、幼儿园学生由于年纪小、心智不成熟、缺乏社会经验，对自身安全保护防范意识不强。全区教育部门联合公安部门组成校园治安巡防队伍，定期进入校园开展安全知识和普法宣传，加大安全知识普及力度，从观念上引起全校师生的重视，有利于提高防范意识，形成良好的校园安全管理文化。

搭建安全信息平台，落实风险隐患排查。自 2014 年开始，自治区各教育部门、学校不断推进"护校安园"行动，完善校园安全稳定工作机制，依托信息技术平台，建立"广西校园安全信息五网合一上报平台""广西校园安全预防及应急综合管理平台"。同时形成线上、线下安全隐患排查措施，安全管理部门不需要花费大量人力、物力、财力便能实现隐患排查，督促相关部门及时整治。同时，自治区呼吁师生、市民等各方主体形成责任意识，对校园安全管理共同进行监督。

推行安全防范措施，构建校园平安防火墙。"4＋N"安全防范措施中的四项防范措施能有效地避免校外暴力等校外风险入侵威胁学生安全，将学校与社会环境相隔，创造有利于学生健康成长的平安防火墙。N 项管理防控设施能解决学校方面管理人手不足的问题，降低管理成本，形成"人防、技防、物防"的结合，避免人为疏忽的漏洞，建立一个智能

---

① 蓝锋、谭勇超:《广西部署推行校园"4＋N"安全防范措施》(http://www.gxzf.gov.cn/gxyw/20190603－750813.shtml，2019 年 6 月 3 日)。

且便捷的校园环境。

（2）"4＋N"安全防范措施存在问题及思考

虽然校园安全管理体系在不断完善，但存在以下问题。

首先，隔离校外风险的同时，如何保证校内安全？"4＋N"安全防范措施主要为校内学生与社会环境创造了"人为防护墙"，但校内也存在安全隐患。例如2019年1月北京市宣师一附小发生的伤害学生事件中，犯罪嫌疑人为校内聘用人员。此外，校园内仍有流浪狗、流浪猫伤人事件发生，因此学校也必须完善内控措施，加强对校内人员的管理。

其次，资源支持何以保证，如何全面实施"4＋N"安全防范措施？校园安全防控设施的智能化、完备化，需要大量资金的支持，并非所有的学校都有充足的资金更新信息化系统、聘用专职保安，那么如何为中小学提供资金支持是应解决的问题。

最后，如何保障大学校园安全？中小学、幼儿园可施行封闭式管理，而大学校园由于校区范围广泛或分散，难以实现封闭式管理，校园内道路也为社会车辆共同使用。因此校园内交通事故、社会车辆、人员混杂等事件威胁着大学生的生命安全，无法实现封闭式管理的大学校区，应采取与中小学不同的措施来保证校园及周边安全。

3. 案例启示

虽校园安全管理技术与手段不断进步，但仍然存在很多薄弱环节。维护校园安全必须从法律层面巩固管理成果，加强制度建设，促进社会各界形成合力，借鉴国外成功经验，构建符合我国国情的校园安全管理体系。

第一，建立校园安全管理法。建立校园安全管理法具有现实意义，仅依靠各个学校的规章条例和政府临时出台的建议措施不足以保护学生的合法权益，不足以起到警示作用。当前校园周边安全事件以周边交通安全事件居多，依赖交警对中小学、幼儿园校门口交通秩序混乱等问题进行突击执法不是长久之计。制定校园安全管理法，构建系统的校园安全管理体系，让各类校园安全风险防控均有法可依，明确规定学校、家庭、社会各相关利益主体的权利、责任，为高校师生保驾护航势在必行。

第二，转变校园安全管理模式，凝聚家庭预防力量。校园安全关乎每一个家庭的未来，关乎国家和民族的未来，应构建"人人共建、人人共治、人人共享"的校园安全管理模式。现代校园安全建设需要多主体共同参与，家庭教育方式对于未成年学生的成长具有重大影响，父母的言行举止可能被学生学习和模仿，尤其对于低龄儿童，更是具有潜移默化的影响。对于高校学生来说，高校需要社会力量的协同合作，高校周边安全风险隐患主要来自校内外交通、周边网吧、饭店、流动摊位等，学生生命安全和食品安全容易受到威胁。因此，多样化治理举措、多方力量的协作整合、重视预防机制的构建是校园安全防范的重要手段。

第三，及时公布年度校园安全隐患排查情况。及时公开校园安全年度报告，能避免线上、线下安全隐患排查措施流于形式，既肯定了学校方面做出的努力，也为家长选择学校提供参考，便于加强对校园安全信息的监督，打破政府、学校的信息垄断。同时，借助智能化系统对数据进一步统计和分析，及时发现问题并改进整治，有利于落实校园安全管理的具体措施。

二 校园周边交通安全精细化管理：宁波市鄞州区改善学校门口拥堵

近年来，随着国民经济水平的不断提升，家用车辆的数目不断增长，上下学时段校门口拥堵已成为常态。为预防校园周边交通事故的发生，宁波市鄞州区多措并举，积极开展校园周边交通安全治理工作。

1. 案例过程

由于鄞州区老城区 90% 以上的学校临近主要公路，短时接送车辆、人流聚集，在学校上学、放学这两个时间段交通压力很大。而近年来，鄞州区教育局联合区交警大队、区城管局等部门，结合学校实际，创新管理模式，对学校上下学期间的校园及周边综治环境进行整改。

其特色主要包括：①：

第一，学校门口两侧设立平安绿色通道。通过在学校正大门两侧人行道增设硬隔离栏，在人行道上用色带划分学生等候区、家长等待区、

---

① 《鄞州推出 10 条精细化管理举措缓解上下学校门口拥堵现象》（http：//www. nbyz. gov. cn/art/2018/11/9/art_ 113972_ 8152389. html，2018 年 11 月 9 日）。

绿色通道区三个区域。上学时学生从两端隔离栏末端进校，放学时按年级各班依次通过人行道近端进入指定区域，不在正大门直接进出，便于家长有序接送和离开。这一举措已在四眼碶小学、鄞州第二实验小学（东西校区）、江东实验幼儿园日月园、江东中心幼儿园东海园、行知实验小学等处推行。

第二，校门口两侧设立等待长廊。镇安小学、宁波艺术实验学校在外部设施不能改变时，通过把学校外墙往内退三米的办法，建起 30 米至 50 米长度不等的半封闭式文化长廊。它既是学生上下学的安全通道，也是家长接送孩子的待候区域。

第三，对新建学校或已有地下停车场的学校，把停车场划成两大块：家长机动车停车区和家长等候区。将车流、人流出入口分道，使得所有接送全部在地下完成。这一举措已在德培小学、华泰小学等处推行。

此外，鄞州区各学校还采取以下措施。

第一，在上学、放学高峰段，对车辆和人员分流，组织学生有序通过多通道多校门出入校园。

第二，避开高峰，"错时"放学。在全区推行不同年级段"错时"放学，通过班主任将一周内每天放学时间发送给每位家长，避免所有家长在校门口集中等待，让其准时接孩子。

第三，通过在校门口附近设立即停即走接送区，并与在学校主入口马路上方设置的超时违停抓拍系统相结合，督促家长在开车接送孩子上学、放学时做到有序停车、文明停车、即停即走，如有家长违规停车或长时间停车将对其进行抓拍和处罚。

第四，在学校周边空地设立临时停车位以及临时停车带。例如鄞州第二实验小学所在的通途路辅路南侧、春晓中学所在的沧海路两侧划定临时停车位和停车带，容纳接送孩子上下学车辆。

第五，正大门两侧增设单边硬隔离。中心城区学校主路口大多面临城市主要道路或小区主道路。该区在学校正大门两侧增设单边硬隔离（机非隔离栏），有效缓解了放学阶段门口的交通压力，提升了校门口开阔度，确保了师生和接送家长的安全出行。

第六，在家长群中征集志愿者。据悉，此举已在董山小学、东湖小学、宋诏桥小学等处推行。家长志愿者们通过"一护二导三提醒"，用大手牵小手为学生上学、放学搭建安全屏障。

2. 案例分析

（1）鄞州区精细化管理举措优势分析

"错时""错门"放学的举措有效地缓解了放学时段校园附近道路交通的压力。"错时"可避免学校周边道路在同一时间段大量的人口以及车辆的涌入，而"错门"放学可有效地将学校平常放学主要通行校门所在道路的人流与车流"分流"至其他校门所在道路，缓解单一道路承载的人流量与车流量。此做法在缓解校园周边道路交通压力的同时，也有利于校方对于放学时校园周边安全的管理。

在学校周边人行道上用色带划分学生等候区、家长等待区、绿色通道区三个区域，在保障学生与家长安全的前提下，使得家长与学生在人口密集的环境下更快速、准确地找到对方，缩短了在放学时间段校园周边人均滞留的时间。

设有地下停车场的学校，将接送活动转移至地下停车场进行。学校通过把停车场划成两大块：家长机动车停车区和家长等候区，实现车流、人流出入口分道。上述举措在处理上学、放学时间段存在的交通隐患方面有值得借鉴之处。

（2）鄞州区精细化管理举措存在问题及思考

首先，本案例中的上述举措有进一步扩大推广的可能性，但在进一步推广之前，仍有些许问题有待解决：以政策的形式推广落实、灵活借鉴宁波市鄞州区的成功经验。上述举措所针对的问题，主要出现在坐落在老城区的中小学。新城区或开发区新建的中小学其周边道路交通压力较小时，或是某一项举措能解决其学校上下学时间段内校园周边交通问题时，不需要大刀阔斧地彻底改造：新造硬隔离带、新建地下停车场以及新修等待走廊等，对于特定的中小学，上述举措，应该因地制宜，选取最有效的即可。所以，在进一步推广之前应明确各举措的执行标准，为其他中小学解决同类问题提供实际的指导意义。

其次，学校作为解决校园周边交通问题的责任主体，还需要政府部门参与配合校园周边交通安全的维护工作。政府、学生家长以及校方缺一不可。造成上下学时段校门口拥堵的原因，主要有接送孩子的私家车乱停乱放，电动车、自行车走机动车道，家长带学生不走斑马线、随意穿越马路等。

最后，在学生方面，其家长或者本人在上下学时对于校车、步行或其他公共交通工具的选择较少，是造成中小学上下学时间段校园周边拥堵的重要原因。校车或公共交通工具的主要问题在于以下两点：其一，社会公众对于校车的不信任；其二，校车和公交车增加了单一学生上下学的通勤时间，学生在上下学路上乘坐校车或公交车所耗时间与乘坐私家车相比，往往相对较长。

3. 案例启示

由宁波市鄞州区改善校园周边交通安全状况这一案例，可见校园周边交通安全的管理中仍然有不足之处，但也可以从中找到可取之处，通过政府、社会合力构建中小学校园周边的安全交通环境。

第一，控制上、下学"高峰"时间段校园周边的私家车数量。学校应加大宣传教育力度，通过召开家长会、签署承诺书等形式，增强家长安全意识和规矩意识。建议接送学生的家长能步行不骑车，能骑车不开车，开车遵守交通规则，不要乱停乱放。同时，应大力发展公共交通，特别是在学生上下学高峰时段增加公交车发车频次，倡议接送学生的家长尽可能选择公共交通工具出行。

第二，联合社会各方力量加强管理。建议政府有关部门在学校门前划定禁停区，交警提前上岗，从严查处非法占道、乱停乱放、机动车随意掉头等行为。征集学生家长作为带领学生通行斑马线的志愿者，以弥补人力上的不足。

第三，建设学校周边智能交通系统。完善学校周边智能交通监查系统的建设和学校周边智能疏导系统的建设。进一步改善学校周边道路交通安全设施，适当增设电子警察设备；在学生上下学时段加强交通疏导；严厉打击占道经营、非法占用学生通道等行为。

三　校园周边食品安全专项整治：宁夏回族自治区中宁县校园周边食品安全公益诉讼案

民以食为天，学校食品安全与营养健康事关师生身体健康，关乎亿万家庭幸福，而校园食品安全问题因其自身的特殊性，无论在网络还是现实中，都处在风口浪尖的位置，被关注度高、影响广，往往"一石激起千层浪"。中宁县某小学学生因购买校园周边小商店的食品而引发中毒事件引发社会关切。中宁县检察院在履职中发现全县 40 余所中、小学校附近 60 家商店、小卖部，不同程度存在销售超保质期、无生产日期、来源不清的食品、饮料等问题，还存在一些商店未办理食品经营许可证、部分商店经营者未办理健康证或健康证过期等情况。中宁县市场监督管理局对校园周边食品卫生安全依法具有监督管理责任。

1. 案例过程

2018 年 6 月，中宁县检察院通过实地检查、调查询问、调查取证，向中宁县市场监督管理局发出诉前检察建议，要求中宁县市场监督管理局依法履行职责，加强校园以及校园周边的食品安全监督检查力度，杜绝不符合安全标准的食品出现在校园周围及全县其他地区，及时督促未办理食品经营许可证及健康证的经营者办理相关证照，对检察院发现的问题饮料查清后依法处理。收到检察建议后，中宁县市场监督管理局迅速行动，开展城乡接合部、学校食堂、校园周边等专项整治活动，重点对粮、油、奶制品、豆制品、饮品等进行监督检查和专项治理。先后检查食品经营单位 2348 户（次），检查食品加工单位 292 家，对卫生条件不达标的 16 家经营户下达责令整改通知书；查获、没收 23 个品种的过期、无标签标识等不合格食品 1325 袋 153 公斤；对 843 家餐饮单位、72 所供餐学校、35 所幼儿园、4659 名从业人员进行了检查，并下达责令整改通知书 224 份。① 针对中宁县检察院发现的问题饮料，中宁县市场监督管理局通过饮料包装物上标识的生产地址，查到该饮料生产加工点，并于该生产加工点发现其负责人在未办理任何证照的情况下从事饮料生产、加工活动，且其生产的产品无生产日期、保质期等标识标签。由此，执法人员现场对已生产的问题饮料及用于制作饮料的原料、包装物进行了扣押，并对该加工点予以查封，对此加工点的负责人进行了行政处罚。

2. 案例分析

宁夏回族自治区中宁县校园周边食品安全公益诉讼案的办理有效督促了中宁县市场监督管理局对本县食品生产、零售、批发行业的日常监

---

① 《中宁县校园周边食品安全公益诉讼案入选全国十大典型案例》（http：//www. nx. jcy. gov. cn/QJCY/contents/DWJS/2019/01/12655. html，2019 年 1 月 11 日）。

管。在检察机关的监督推动下，中宁县市场监督管理局对校园周边食品安全问题开展的专项整治，不仅注重规范食品经营单位和经营者的经营行为，还注重加强对从业者健康状况的监管、对线索问题深入摸排打击，实现了全方位整治和净化，营造了安全、可靠的校园周边食品经营环境。

再有，在本案中，检察机关及时回应社会关切，对青少年缺乏判断能力的校园周边食品安全问题开展有效监督，督促行政机关及时、全面依法履职，严防"三无"食品对青少年造成的健康威胁。检察机关发出诉前检察建议所指出的问题覆盖全面、线索明确清晰，对行政机关起到了很好的监督指导作用，最终取得了全面整改、全员整顿的良好成效，真正达到了办理一案、警示一片、教育一面的办案效果。

与此同时，宁夏回族自治区中宁县某学校发生的问题也暴露出我国校园周边食品安全存在一些问题：首先，食品经营制度有待健全，校方责任履行缺位。学校没有权力直接管理周边商铺，看似也不需要为周边商铺的行为负责，容易造成校方"不想管""不敢管"的心理。实则学校应该为学生的身体健康负责，应主动承担起对于周边商铺的监督责任，加强监督管理。其次，校内外商店经营者食品安全意识淡薄。校园周边存在大量食品零售单位和流动摊点，它们的进货渠道混乱不清，购销管理不规范，容易出现售卖过期产品或者"三无"产品的情况，这不利于学生健康。再有，有的小卖部在卫生条件不达标的情况下加工制售熟食，如烤肠、粉面之类，未进行食品留样，一旦发生食品安全事故，追溯成为问题。最后，学生消费安全意识薄弱。由于广大学生尤其是小学生零花钱少和对新事物好奇的心理原因，往往购买较为便宜且觉得好吃的食品，而对于该食品是否有利于健康的重视程度不够。经营者往往也投其所好，这便是校园周边流动摊点屡禁不止的原因之一。

3. 案例启示

通过宁夏回族自治区中宁县这一案例我们可以看出，校园食品安全问题，处理得好，会及时将损失降到最低；处理不好，处理不及时，往往会激化矛盾，引发事态的进一步恶化，进而造成不必要的负面影响和损失。除了积极处理已经发生的问题，为预防此类事件再次发生，还应从以下方面开展校园周边食品安全整治工作。

第一，加大检查力度，消除校园周边食品安全隐患。有关部门需要加强对校园周边小卖部、小吃店的行政监督检查力度，对食品的购进、加工、保存、售卖等流程进行深入检查；加强对负责人的教育引导，强调学校食品安全的重要性，要求其严格落实食品安全制度；对发现问题的单位和个人，严肃处理，并责令及时整改；学校所用食品，均从正规厂家采购。

第二，学校需高度重视并严格落实食品安全管理工作。建议校方完善学校食品卫生安全工作机制，推进学校食品安全和卫生管理科学化、规范化以及长效化。同时，校方可择优选择食品供应单位，切实加强对校园食品配送单位的监管。再有，学校须加强对食堂从业人员的教育培训，强化其安全责任意识。

第三，家长需加强对孩子进行食品安全教育。家长在日常的生活中，多培养孩子良好的饮食习惯，不松懈对孩子的食品安全教育，让孩子能自觉远离垃圾食品。同时以身作则，教育好孩子们，管好自己的嘴，不到没有卫生许可证的小摊贩处购买食物，一定要选择安全的食品，购买食品时，要注意查看是否腐坏变质，不能购买"三无"产品。

四 校园周边突发治安事件：北京宣师附小伤人事件

回顾近年校园周边事件发生情况，不难发现校园周边的突发治安事件虽属于偶发事件，发生频次少，但影响极大，其性质也较为恶劣。此类事件的预防，可从社会和心理两个维度着手。

1. 案例过程

1月8日上午，西城宣师某学校发生一起男子伤害学生事件。共有20个孩子受伤，其中3人伤势较重，但无生命危险。据悉，嫌疑人贾某某是学校聘用的劳务派遣人员，主要从事一些校园的维修工作。由于贾某某的劳务派遣合同将到期，学校对贾某某不再续签劳务合同。贾某某为了发泄不满情绪，将多名学生打伤。事件发生以后，公安、教育、卫生、应急等相关部门都成立了工作专班。北京区教委对全区学校幼儿园的安全工作进行专项的部署。市委、市政府的主要领导赶赴现场指挥。首都医科大学宣武医院启动了医院突发群体伤害救治应急预案，开通了急诊抢救手术的绿色通道。1月21日，北京市西城区人民检察院经依法审查，以涉嫌故意杀人罪对贾某某做出批准逮捕决定。[①]

2. 案例分析

在此次事件发生后，北京市教委于当日迅速召开了学校安全工作的紧急会议。会议中指出，安全是学校各项工作最基本的底线，容不得半点的闪失和漏洞。各级各类学校要认真吸取这次事件的教训，举一反三，严格按照平安校园建设规划的各项要求，对包括后勤管理、人员管理在内的各项安全隐患进行再排查大检查，认真彻底地进行整改，确保孩子在平安的校园内健康成长。[②] 由此可看出相关部门对于此次事件的回应是十分及时的，但我们并不能忽略此次事件的恶劣行为以及其造成后果的严重性。同时，因此类事件仍有发生，且后果十分严重，可针对此案例提出以下三个值得关注的问题。

（1）如何在此类恶性事件发生时最大限度地保护好学生的安全？

事发当天，区委和区政府就联合医院、公安、教委和学校一起召开了新闻发布会，向公众通报事件的情况。通报内容中体现出了学校在一些方面做得较好，例如：学校比较及时地制服了行凶者；学校于第一时间报警、安排救治以及在第一时间通知到学生家长。可以看出学校对应急事件处置是有一套处理机制而不是全无准备的。事后学校没有出现任何混乱，这离不开学校老师们的努力。

针对北京市教委发言中所提到的"平安校园建设规划"，可追溯到2012年1月10日的《北京市教育委员会、北京市人民政府教育督导室关于印发2012年工作要点的通知》，这份通知中提到："全力维护校园安全稳定；全力做好教育系统稳定工作；深入推进'平安校园'创建工作，大力加强校园及周边治安综合治理；健全重大事项社会稳定风险评估机制，深入开展矛盾纠纷预防化解工作。[③]"

① 白宇：《北京宣师一附小校内发生一男子伤害孩子事件》（http：//legal. people. com. cn/n1/2019/0108/c42510 - 30510462. html，2019 年 1 月 8 日）。

② 熊旭、曹昆：《北京市教委回应北京西城一小学伤童事件》（http：//edu. people. com. cn/n1/2019/0108/c1053 - 30510937. html，2019 年 1 月 8 日）。

③ 《北京市教育委员会、北京市人民政府教育督导室关于印发 2012 年工作要点的通知》（http：//jw. beijing. gov. cn/xxgk/zxxxgk/201603/t20160303 _ 1444973. html，2012 年 2 月 10 日）。

此次伤人事件事发前最新的政策性文件是《关于推进中小学幼儿园平安校园建设工作的意见（试行）》。由此可见，教育部门和学校为保障学生的安全，已经做了多年的努力。

（2）如何预防此类恶性事件的发生？

现有的政策文件以及管理标准出台后，每一次事件、事故的发生，都应该引起相关部门和单位的反思，找出政策与标准的遗漏之处，对原有的标准或规则进行完善，以避免相同的悲剧再一次发生。

此次恶性事件的主谋，是因为对自身境遇不满，向社会实施报复行为。学校对于聘用教职工的筛选是否"用心"直接关系到这类悲剧是否会再次发生。学校在筛选教职工的时候，在对教职工是否具备优秀的专业能力进行考核的基础上，还需要对教职工的心理承受能力、社会品德等方面进行多维度的检测和考察。各中小学可设立相关的心理健康部门，周期性地对在校教职工以及学生们的心理素质进行监测，对于心理不健康的相关人群，及时地进行心理干预。在有效的心理监测和及时的心理干预下，上述案例中的贾某某很有可能不会走上歧途，也可以说这一悲剧很大程度上是可以避免的。

（3）如何划分此类突发治安事件的责任？

厘清学校在学生安全管理中应尽到何种义务和责任，这种责任的限度应该如何界定，对于学校、学生还有法院都十分重要。

近年来，学校与学生之间因事故责任的认定频起纷争。受害的学生家长往往指责学校没有尽到对学生的教育管理职责，而校方则主张自己已尽其所能，不能承担"无限责任"。面对双方的纷争与诉求，法官往往会同情弱势而偏向利益受损方。由此导致校方容易在媒体的指责声中走向另一个极端，试图通过取消春游、校外实践活动，甚至课间休息来尽可能地降低安全事故发生的风险，继而又引来家长对学校教育活动的不满，加剧双方矛盾。所以，明确学校承担责任的限度，有利于在事件发生后，继续维持学校与家长的稳定关系。

3. 案例启示

由于此类突发治安事件很有可能会伤害到学生群体，甚至威胁到学生们的生命安全，并且此类事件在后期极有可能造成严重的心理创伤，所以我们能为学生们做些什么？

第一，进行及时的危机干预。除了依法严惩犯罪分子，积极救助受伤学生学校与家长更应该关注事件本身对孩子们造成的心理创伤。学生本来是无忧无虑的，他们的心理应对能力以及调试能力是有限的，突然经历此类事件，一定会对孩子们敏感脆弱的心灵造成严重的伤害。甚至，一次恶性伤害事件的发生，该校其他学生和家长都有可能因此产生应激反应，严重者可能产生创伤后应激障碍（PTSD），产生一系列情绪、行为和生理问题，如暴躁易怒、退缩行为和容易做噩梦、易惊醒等，这会对学生或学生家长的学习、生活以及心理健康造成严重的影响。事件发生时，是情绪反应和直接心理冲击最大的时候，虽然这些情绪反应会随着时间慢慢变淡，但是这并不代表心理伤害已经过去了，相反，这些心理伤害会隐藏起来，表面看不出来，但在长久的将来会一直对孩子的心理产生不可磨灭的影响。因此，对于恶性事件造成的心理阴影，越早解决，效果越好。而一旦错过危机干预的最佳时期，就很有可能事倍功半。

第二，依靠社会力量维护校园安全。不要无限地扩大学校在学生安全方面的责任和工作内容。在孩子的安全问题上，没有人可以理所当然地置身事外。让家长参与维护校园安全，这本就是家长作为公民、作为孩子的监护人理应承担的责任。除此之外，由于学校的设备资源和人力资源都是有限的，如果要求学校承担的事务过多，反而会由于无法多方兼顾而使得学校在各个方面都不令人满意。学校有工作不到位之处，我们不能只是一味批评和提出更多的要求，我们需要去思考自身能否参与其中，为保护孩子们的校园尽自己的一份力。

家长是孩子最重要的利害关系人，作为家长不应逃避责任，应该克服焦虑，用自己的力量为孩子们加固安全防护网。要让学校、老师、学生和家长之间的关系更为融洽而不是相互对立，要共同为孩子们创造和谐的校园环境。

第四节　校园周边安全管理展望

根据习近平总书记关于总体国家安全观的重要论述，校园周边安全管理必须坚持以人民为中心的发展思想，深刻认识维护校园周边安全的重要性，切实保护学生群体的安全。为了准确把握当前校园周边安全工作面临的风险和挑战，防控校园周边交通意外、消防治安、食品卫生等安全隐患，打好防范和应对校园周边安全风险的防护和攻坚战，必须健全校园周边安全法律法规，完善校园周边安全管理体系，更新校园周边安全管理手段。

一 管理政策具象化、重预警、周期化

通过对上述校园周边安全政策的总结梳理，未来校园周边安全政策将内容分类更细、预警防控类政策更多、周期性特征更明显。

校园周边安全政策内容更具象化。2018 年校园周边安全政策主要涉及春节寒假等假期间的安全工作和针对校园周边五毛食品以及突发事故的整治工作（详情数据请参考《中国应急教育与校园安全发展报告2019》）。2019 年校园周边安全政策同样涉及加强假期安全工作及预警通知，但其在 2018 年政策的基础上，更加聚焦校园周边安全的分类整治工作，其对校园周边的食品安全、交通安全等方面的管理更加具象化。可以看出，校园周边安全管理工作将根据政府职能部门进一步细化。针对校园周边交通安全、治安管理、消防安全、食品安全的政策内容占比将增加，校园周边人防、物防、技防设施建设的位置逐渐凸显，利用三防设施及时发现问题，有效化解大风险，防范小风险演化为综合风险。

校园周边安全政策更侧重预警防控。校园周边安全政策要求学校执勤人员和部门工作人员做好上下学时段校园周边防控工作，确保重点时段、重点区域安全可控。有关部门制定更加明确具体的区域性学校安全风险清单，通过及时发布安全提示的方式督促学校认真做好安全防范工作。校园周边安全政策要求各级各类学校树立预防为先的理念，完善安全风险排查和防范机制，做好学生的宣传教育工作，加强学生的安全教育、法治教育、生命教育和心理健康教育，提高学生的安全意识和应急能力，从源头上预防和消除安全风险，减少校园周边安全事故的发生。同时，深刻吸取已发生校园周边安全事故的教训，将各种风险因素纳入防控范畴，重点监控薄弱环节和突出问题，切实维护学校安全、和谐、稳定，保障学生安全。

校园周边安全政策的发布周期化特征更明显。在春秋季或暑假、寒

假、岁末年发布的校园周边安全政策通知逐渐增加，这体现了学校安全风险预警机制愈加完善，针对不同季节、不同时段安全事故易发多发特点，提前发布安全预警，提醒有关部门和学校早部署、早安排、早防范。提高校园周边安全管理工作的前瞻性和针对性，切实做到"早防范、早发现、处置快、化解好"。同时，各地教育督导部门要充分发挥督导作用，把学校安全工作纳入责任督导工作职责范畴，压实督导责任，督促学校妥善应对和处理。有效防止学校周边商铺或治安工作出现"混乱—整治—反弹—再混乱—再整治—再反弹"的怪圈，有效发挥学校周边整治工作常态化、长效机制的作用。通过对事故数据进行统计分析和深入挖掘，从中找出事故发生的规律和根源，据此找出校园周边安全管理的有效对策。

二　管理体系法治化、重监管、常态化

校园周边安全管理体系法治化。培养良好的校园周边环境和稳定的社会秩序是学生健康成长的基本保障，教育规模和学生数量的扩大化造成校园周边治安环境复杂化，同时给校园周边安全带来一定威胁与挑战。随着政府和学校对校园周边安全的日益重视，制定、完善和落实校园周边安全管理相关的政策和规定势在必行。健全校园周边环境安全法，强化校园周边安全有关规定的整体性、系统性和可操作性，是应对日益复杂的校园周边安全状况的法律保障。

校园周边安全管理实施体系由动员式整改逐步转向监管式。各级政府相继将校园安全工作以及校园周边管理工作放在重点位置，建立长效监督机制，构筑校园周边食品安全监管体系，严防校园周边安全事故发生。地方政府根据中央政府的指示，每季度或每学期政府全面部署、校园及周边安全检查和风险隐患排查次数将减少，其针对查处隐患重点进行专项整改和治理回头看的次数将增加。有关部门对校园周边食品安全工作进行再部署、再要求，多次组织开展专项检查，排查和消除校园周边食品安全、交通安全、消防安全等风险隐患，减少校园周边重大安全事故发生。部分地方政府将校园安全工作纳入绩效考核中。如北京新规强化了考核奖励、责任追究和保障机制，明确要求各级政府、相关部门

和学校将安全工作作为绩效考核的重要内容。[1]

校园周边安全管理宣传体系常态化。各级政府及有关部门后采用广播、设置宣传栏、进校园等多种形式,拓大宣传阵地,加大宣传教育力度,有针对性地常态化开展校园周边安全常识宣传和警示教育。各地教育部门、各学校要落实校园周边安全专项整治工作要求,将消防安全教育纳入教学计划,全面加强学生的安全知识教育,指导大中小学校做好消防安全自查、隐患整改和宣传培训工作。

三 管理手段平台化、智能化、网络化

未来校园周边安全的管理手段将会结合大数据、物联网、人工智能等技术手段和平台,实现对校园周边安全事件的监管、预警与处置。

校园周边安全监测手段平台化。卫生健康、市场监管、交通、城管等部门结合校园周边实际情况,借助智能化手段拓宽安全信息采集渠道,输入校园周边商铺等信息数据以建立数据库和共享平台。准确、及时地获得校园周边安全状况的信息是校园周边安全教育质量和效果的重要保障。因此,校园周边安全监测工作越来越平台化,在获取校园周边信息数据的基础上,实现校园周边安全网格化管理,对特殊案例采取收集记录的方式,并且对输入的数据信息进行实时监控,以获取动态校园周边安全内容信息。

校园周边预警手段智能化。校园周边布置的一键式紧急报警装置逐渐增多,其视频监控系统均与属地公安机关联网工作,通过网络连接实现一键报警,实现校园周边安全事件的及时联动处置。校园周边设施属于校园周边安全物防的一种,互联网技术的加入有利于提升校园周边设施的运用率,有助于构建安全适用的保障体系。校园周边安全管理将加大物防和技防的投入力度,确保周边安全设施到位、安全防护用品齐全。积极构建全覆盖无死角的校园周边安全技防体系,对校园周边的重要安保设施实现视频监控、一键报警设施全覆盖,做到有效防范校园周边安全隐患。

---

[1] 高毅哲:《北京出台中小幼安全新规:扎实落实是关键》(https://baijiahao.baidu.com/s? id=1644340970181884781&wfr=spider&for=pc, 2019 年 9 月 11 日)。

校园周边安全管理处置手段网络化。校园周边安全事件极易通过媒体的传播迅速发酵，进而导致事态升级，因此校园周边安全事件的处置手段愈加网络化，相关部门必须加强涉及校园周边安全事故纠纷的网络舆情管控和处置工作。首先，学校要做好校园周边安全事故的信息发布工作，不隐瞒事故有关信息，应积极主动、适时公布或者通报事故信息，并且应对舆情的部门和人员在处置预案中保持对媒体的公正态度，增强舆情应对的意识和能力。学校及有关部门要及时发声、澄清恶意炒作或严重失实的报道。对有较大影响的安全事故事件，属地教育部门应在党委、政府的统一领导下，会同相关部门做好舆情引导工作。

第 六 章

校园欺凌整治

　　不同形式的校园欺凌事件在各个国家和地区频繁发生，校园欺凌已成为一种普遍的社会性问题。校园欺凌被广义地定义为以学校为背景，发生在学生之间的一种欺凌（霸凌）行为，是一个人或一群人对他人实施的肢体、言语或精神上的伤害和攻击。① 也有学者将其定义为在校人员借助某种权力长期压迫其他在校人员，造成他人生理、心理上的伤害或干扰正常教学秩序的行为。② 中国教育部等 11 部门于 2016 年联合发布《加强中小学生欺凌综合治理方案》，将校园欺凌界定为："中小学生欺凌是发生在校园（包括中小学校和中等职业学校）内外、学生之间，一方（个体或群体）单次或多次蓄意或恶意通过肢体、语言及网络等手段实施欺负、侮辱，造成另一方（个体或群体）身体伤害，财产损失或精神损害等的事件。"③ 不管对"校园欺凌"如何定义，已有研究和各类案例已证明，校园欺凌行为与学校师生高度相关，往往借助某种具体的攻击行为表现出来，而且这种行为具有隐蔽性和持续性，性质比较恶劣，对被欺凌者甚至旁观者造成了极大的生理和心理伤害，难以消除，甚至会影响其一生。同时，校园欺凌也会侵犯其他受教育者的受教育权，危害校园的和谐稳定。

---

　　① 张桂蓉、李婉灵：《校园为何成为孩子们成长的"灰色地带"？——基于 3777 名学生的校园欺凌现状调查与原因分析》，《风险灾害危机研究》2017 年第 3 期。

　　② 俞凌云、马早明：《校园欺凌：内涵辨识、应用限度与重新界定》，《教育发展研究》2018 年第 12 期。

　　③ 《关于印发加强中小学生欺凌综合治理方案的通知》（http：//www.moe.gov.cn/srcsite/A11/moe_ 1789/201712/t20171226_ 322701.html，2017 年 11 月 23 日）。

联合国教育、科学及文化组织（UNESCO）2017 年发布的《校园暴力和欺凌全球数据报告》①中指出，如果学习者在校园内经历着暴力和欺凌，包容、公平的优质教育就不可能成为现实。从长远看，校园欺凌事件的受害者和实施者在未来会遇到社会适应障碍，职业成就偏低，易产生反社会和犯罪行为，女生辍学还会危及未来人口质量，带来显著的社会经济损失。因此，本章通过文献调研和案例分析，总结校园欺凌行为的特点和校园欺凌行为产生的原因，分析校园欺凌行为防控的要点，期望对校园欺凌事件的防控产生积极良好的效果。

第一节　校园欺凌的构成与分类

一　校园欺凌的构成要素

校园欺凌事件一般含有如下三个要素：（1）欺凌事件中的人员，包含实施欺凌行为的人（包括主导者和协助者）、被欺凌者、欺凌事件的旁观者（起哄者，保护者或仅仅是旁观）；在欺凌事件中，人员的角色会发生变化，欺凌者可能受到更强大的他人欺凌而转成为被欺凌者；旁观者也可能会转变成为协助者或被欺凌者。（2）事件发生的时间。（3）事件发生的地点（环境）。

二　校园欺凌的分类

大部分校园欺凌行为可分为直接欺凌和间接欺凌两种形式。②李文等根据行为特点将校园欺凌行为分为如下四类③④：（1）言语欺凌。指欺凌者通过言语刺激、讽刺、谩骂被欺凌者的一种欺凌行为。（2）网络欺凌。指欺凌者通过在网络上诋毁、造谣等行为对被欺凌者的身心造成伤害的

---

① 罗怡、刘长海：《联合国教科文组织关于校园暴力和欺凌干预的建议及启示》，《教育科学研究》2018 年第 4 期。

② 高山主编：《中国应急教育与校园安全发展报告 2018》，科学出版社 2018 年版，第 35 页。

③ 潘虹：《中学校园欺凌问题及其成因研究——以 X 中学为例》，中国知网（https://kns. cnki. net/kns/brief/default_ result. aspx），2017 年 5 月。

④ 李文、王金荣：《校园欺凌现象的行为分析与对策研究》，《中国集体经济》2019 年第 33 期。

一种欺凌行为。（3）身体欺凌。指欺凌者对被欺凌者做出过激行为而对被欺凌者身体造成伤害的一种欺凌行为。（4）关系欺凌。指欺凌者通过拉拢关系孤立、冷落被欺凌者的一种欺凌行为。

2017 年，中南大学中国应急管理学会校园安全专业委员会在《中国校园欺凌调查报告》中指出，言语欺凌是校园欺凌的主要形式，其发生率明显高于关系、身体以及网络欺凌行为，占 23.3%。

三　校园欺凌与校园暴力的区别

为了更好地认识校园欺凌行为，开展对校园欺凌行为的治理，需要先区分两个概念：校园欺凌和校园暴力。我国对校园欺凌行为的研究起步较晚，国外从 20 世纪 90 年代开始对校园内恃强凌弱的行为进行研究，由此产生了两个词组"school bullying"和"school violence"，从英语词组的词义可以知道二者是两个具有不同内涵和指向性的概念。

国外研究者在说明校园暴力事件时，往往举例校园枪击事件、校车绑架案等，可见"校园欺凌"和"校园暴力"可直观的区分是行为中是否具有间接或直接暴力，乃至于犯罪行为。但是"欺凌"相对于"暴力"而言，不仅包含外在的身体强制和针对身体的有形暴力，还包括无形的精神压制，更包括现在信息网络环境下的网络暴力。①②

第二节　校园欺凌的特点

一　校园欺凌的基本特点

综合对校园欺凌行为研究文章和校园欺凌案例的分析，校园欺凌行为有以下六个基本特点。

1. 欺凌行为具有自觉性

欺凌人对被欺凌人所做出来的所有行为均是来自欺凌人的自主意识

---

① ［美］E. 斯科特·邓拉普：《校园安全综合手册》，张缵译，社会科学文献出版社 2016 年版。

② 李思：《校园欺凌概念的法治界定——兼论校园欺凌、校园霸凌、校园暴力的关系》，《大连海事大学学报》（社会科学版）2019 年第 6 期。

所导致的行为，具有自觉性。

2. 欺凌行为具有形式多样性

被欺凌人所受到的欺凌行为多种多样，对他们来说类似刑罚一般，包括谩骂、嘲笑、戏弄、侮辱、起绰号、殴打、名誉诋毁、恐吓、破坏物品、敲诈勒索和心理伤害等。

3. 欺凌行为的反复性

欺凌行为一旦出现，就会反复进行，也是一个长期存在的过程。欺凌者习惯上认定受欺凌者不敢也不可能将受害情况告诉家长或老师，因此他们会反复地把被欺凌者作为攻击对象。

4. 欺凌行为的普遍性

通过一些调查数据可以看到，比如在挪威五万中小学调查对象中，就有9%的同学不时受到其他同学的欺侮，6%的同学参与了欺侮他人；英国的一项调查表示，27%的小学生和10%的中学生经常性地受到欺侮，其中"每周至少一次"受欺凌的学生在小学和中学所占的比例分别为10%和4%；美国全国儿童健康和人类发展研究所2003年对15000多名学生的调查统计也发现，30%的学生承认有时或经常被欺侮或欺侮他人。

5. 欺凌行为的不平衡性

欺凌者和被欺凌者之间力量对比不均衡，往往是以大欺小。而且，欺凌行为与学生的年龄成反比例，年龄越大，受欺凌的比例就越小；此外，一般欺凌者较被欺凌者而言总是更强壮、更年长，低年级学生易成为高年级学生的攻击对象。

6. 欺凌行为的隐蔽性和难以判断性

欺凌行为往往很难被老师和家长发现，而且实施欺凌行为时一般会选择学校中较为隐蔽的地方，因此家长和教师通常也很难判断孩子是否遭遇到欺侮。①②。

二　校园欺凌的新特点

目前，校园欺凌有了新的特点。

---

① 刘天娥、龚伦军：《当前校园欺凌行为的特征、成因与对策》，《山东省青年管理干部学院学报》2009年第4期。

② 梁红霞：《校园欺凌受害者的心理干预》，《教学与管理》2019年第29期。

1. 校园欺凌的致因多样性

学校因素、家庭因素、社会因素、个人因素都会成为导致校园欺凌行为的原因。

2. 校园欺凌结果的多样性

欺凌结果的多样性在以往的调查中往往被忽视，如果是恃强凌弱、以大欺小的欺凌行为，被欺凌人在受到欺凌后会造成单方面的伤害，这些伤害主要包括生理、心理方面的损害；如果是被欺凌人自尊心强并且实力对比不是很悬殊，被欺凌人会做出一定的反抗。

3. 校园欺凌行为会造成连锁性的反应

欺凌人对被欺凌人的伤害行为，往往会造成严重的连锁性的反应。校园中发生的欺凌行为往往会对低年级学生产生消极的负面影响，低年级的学生会模仿、学习他们的欺凌行为，并造成连锁性的反应。实际调查走访发现，很多实施欺凌行为的学生就是受高年级学生欺凌低年级同学的不良行为的影响所形成的恶习。

4. 校园欺凌行为越发严重

以往的校园欺凌最多是谩骂、欺侮、损坏个人物品等情节较轻的行为，然而随着教师和家长对校园欺凌行为的长期忽视，更重要的是没有相关的法律进行约束，导致校园欺凌行为愈发严重。从学校以及社会方面出发，相关法律及早提出并实施将对校园欺凌行为有很大的限制作用。①②。

三 校园欺凌产生新特点的原因

校园欺凌行为实际上是一个很早就存在的问题，从一些父母辈的上学经历中以及一些影像资料和记录读物中也可以发现其由来已久。随着时代的进步和科技的历久弥新，人们之间的交流方式、性格特点、处事原则等都发生着巨大的变化，这些隐藏在背后的各种环境变化导致人的思想和行为发生着改变，所以校园欺凌行为也有了新的特点。在这其中，导致校园欺凌产生新特点的原因主要如下。

① 汪亚萍：《未成年人校园欺凌法律责任的思考》，《法制博览》2019 年第 36 期。
② 叶淦荣：《校园欺凌现象的法律分析》，《法制与社会》2019 年第 34 期。

1. 经济条件的巨大进步

改革开放以来，我国的方方面面都发生了翻天覆地的变化，无论是经济领域还是科技领域都取得了巨大的进步。这些进步导致了人们的思想观念发生变化，改革开放以前实际上也有校园欺凌，以前的校园欺凌的主要原因除了现在也存在的那些基本原因外最主要的原因就是贫富差距。那时候班里欺凌同学的和受欺凌的一般分成两种情况：一种情况是，家里有钱的同学几个一帮，后面跟着几个跟随者，对家里贫困的一个或者几个进行反复的长时间的甚至是没有理由的嘲讽、欺侮，这种情况在那个年代很常见；另一种情况是，家里经济条件太差，读书只是为了混完小学，对经济条件好的同学有仇视心理，不断地骚扰、威胁、欺负甚至敲诈。而现在，随着九年义务教育的普及以及经济条件的不断改善，这种分拨欺凌的行为在中小学中越来越少，但是随着经济条件的好转，学生的生活条件也好了，在家里娇生惯养，父母宠着，有的学生在学校也用零花钱组成了一帮小组，有的甚至定期交付"会费"，威胁着学校其他学生的正常学习生活。

2. 科技创新的迅速发展

科技发展日新月异，手机、电脑、人工智能产品对现在的中小学生来说几乎是人手一部。由于科技进步和发展，导致学生对这个世界的认识越来越快速和简单，碎片化的阅读信息的方式，让现在的学生在对信息的分析上缺乏自己的思考。手机、电脑的便捷使用，让世界的文化、信息、知识快速传播，让现在的学生接受不同文化的冲击，导致传统文化的缺失，在家里对父母称兄道弟要求人权，在学校对同学则是欺凌嘲讽要求霸权。[1]

第三节　校园欺凌的典型案例与分析

一　校园欺凌典型案例

1. 言语欺凌典型案例

案例：河南郑州言语校园欺凌事件[2]

---

[1]　蒋暖琼、孟瑞华：《旁观者干预理论在校园欺凌中的教育启示》，《校园心理》2019年第6期。
[2]　马进彪：《仅靠爸爸的一片天顶得住校园欺凌吗》（http://opinion.people.com.cn/n1/2019/0109/c1003-30511216.html，2019年1月9日）。

2019 年 1 月 9 日，郑州某中学初中女生遭受了言语欺凌，经了解，该女生是班里的体育委员，班里有同学考试不达标，体育老师让她记下来，并告知班主任。同学在补习的时候言语欺凌该女生，在操场上、大门口围堵该女生，联系别的班同学去堵截实施辱骂。通过聊天软件，对受害者进行言语欺凌。该女生在心理上遭受了极大创伤，不愿回家不愿接触同学。

该事件是一场典型的言语欺凌事件，通过言语对受害者进行攻击伤害，使其心理受到创伤，从而对受害者造成极大伤害。

2. 网络欺凌典型案例

案例：河南郑州网络动态欺凌事件①

2019 年 2 月 3 日晚，河南省初一学生甲遭受了网络欺凌。因在生活中受到打击，在社交软件中发布"这两天心情不好，你们谁都不要惹我"，另一名同学乙看到后，对其冷嘲热讽，随后甲、乙同学在网络上互相谩骂，在群里吵了起来。甲、乙两名同学觉得在网上吵得不解气，乙叫上同校的 5 名学生找到甲，对甲进行殴打，实施校园欺凌。

这是一起由"网上互怼""网上约架"引发的网络欺凌伴随身体欺凌的事件，欺凌方和受欺凌者在线上相互攻击谩骂，线下互殴。在这起网络动态事件中网络欺凌的实施者同时也是受害者。

3. 身体欺凌典型案例

案例：江苏宜兴女孩被跪打欺凌事件②

2019 年 6 月 28 日，宜兴某中学的学生小季，与同学小周发生口角，小周在当天下午，对小季采取辱骂、罚跪等手段实施欺凌，并拍摄下了视频。

这起校园欺凌事件发生在未成年女生身上，事发原因是一点小摩擦，施暴女生就对受害女生采取了侮辱性的欺凌方式，但因施暴者未成年并不能得到应有的惩罚，对于未成年人的管理，需要家庭和学校两方面共

---

① 赵红旗：《网络欺凌、沉迷直播……中小学生手机上网迷失敲警钟》，（www. xinhuanet. com/politics/2019 – 02/03/c – 1124081s41. htm，2019 年 2 月 3 日）。

② 孝金波、管福华：《警方通报小女孩被逼下跪打耳光：打人者已接受严肃训诫》，（http://m. people. cn/n4/2019/0724/c3535 – 12985105. html，2019 年 7 月 24 日）。

同帮助学生健康成长，进行良好的教育和引导。

4. 关系欺凌典型案例

关系欺凌是指受害者受到周围人的孤立、排挤、散布谣言等对待，虽然没有实质的身体侵犯，但这样的冷暴力行为使受害者的身心健康受到影响。关系欺凌事件所引发的社会影响一般较小，2019 年度无关系欺凌相关的典型案例。

二　校园欺凌事件分析

1. 言语欺凌特点分析

针对言语欺凌事件，从上述的案例可以看出，言语欺凌经常出现在学生之间接触的过程中，在网络发展迅速的时代也会交织着网络欺凌等其他方式，使受害者遭受到更长时间的校园欺凌，也将提高校园欺凌行为的危害程度。通过统计，校园言语欺凌行为发生在未成年学生之间的情况很多。根据调查发现，发生在校园中的"语言伤害"以 81.45%[①]的比例居于校园伤害的首位，同时言语欺凌大多会对受害者造成心理伤害。言语欺凌因其隐蔽性强、伤害范围广等特征，成为校园欺凌中最常见的形式之一。[②]

从上述案例也可以看出校园中存在的言语欺凌行为将会对青少年学生的身心健康状况产生不利的影响，同时也会对旁观欺凌事件的未成年学生有着不同程度的伤害，在周围旁观的同学有可能因为受到视觉刺激或无意听见周围同学的讨论从而进行模仿，甚至有可能出现更加恶劣的行为。并且，作为一个旁观者，他们也会产生一定的恐惧心理，害怕自己也会成为被欺凌的对象，可能会出现沉默、抑郁等反常行为，或逐渐产生一种冷漠的心理，对于所见到、所听到的欺凌行为保持着不关心、不在乎的想法与态度。[③]在青少年心智还未成熟的状态下，要避免其遭受心理和身体上的伤害，应及时发现并制止言语欺凌事件的发生。

2. 网络欺凌特点分析

---

① 李苗：《校园"语言暴力"的心理透析》，《现代教育科学》2005 年第 4 期。

② 徐涛：《言语欺凌心理辅导课的情境创设》，《江苏教育》2019 年第 48 期。

③ 林瑞青：《青少年学生言语欺凌行为研究》，《天津师范大学学报》（基础教育版）2007 年第 3 期。

　　针对网络欺凌事件，从上述相关案例可以看出，随着网络世界的发展，校园欺凌通过网络方式实施的情况越来越多，且网络欺凌案件中受害者也可能是实施欺凌者，同时网络欺凌也会伴随着其他欺凌方式的出现而产生。据调查，有 20%—40% 的未成年学生曾经至少遭受一次过网络欺凌。有 7%—59.2% 的 11 岁至 15 岁的青少年既是网络欺凌的施暴者也同样是网络欺凌的受害者。[①]

　　在校园生活乃至社会生活中网络欺凌现象十分普遍，并且呈现愈演愈烈的趋势。网络欺凌归属于欺负、攻击行为，在根本上是与传统欺凌相同的，但是又具备了区别于传统欺凌的特点。由于互联网作为网络欺凌的媒介，欺凌者与被欺凌者并非面对面直接发生冲突，且基于网络言论的相对自由性和隐蔽性，会产生欺凌者的去抑制化效应发展，因此造成的危害性更甚以往，由于旁观者复杂的社会角色且群体众多，卷入欺凌的人数也会增加。[②] 就像上述河南郑州网络动态欺凌事件中所看到的，在社交媒体上进行言语谩骂，借着网络言论自由和隐蔽的特点，越来越多的未成年人会牵涉进校园欺凌的事件中。

　　3. 身体欺凌特点分析

　　从上述案例中可以看出，身体欺凌也是一种普遍存在的校园欺凌行为，大多表现为对被欺凌者进行殴打、虐待、侮辱等带有身体伤害的行为。言语欺凌、关系欺凌等一些情节较轻的欺凌方式最终都有可能演变为身体欺凌，一旦上升到身体欺凌的程度，受欺凌者就要遭受身体和心理的双重伤害。

　　有研究表明男生相较于女生更容易产生身体欺凌行为，[③] 这可能是性别因素的影响，男生相对更容易冲动、攻击性更强、心理成熟时间较晚，所以身体欺凌行为在男生群体中发生的情况更多。对中学生进行调查发

---

　　① 刘琳：《中学生传统欺凌、网络欺凌及其与自尊的关系》，中国知网（https：//kns. cnki. net/kns/brief/default_ result. aspx），2014 年 5 月。

　　② 高杨：《大学生人际压力与网络欺凌的关系：社会兴趣的调节及自卑感中介效应》，中国知网（https：//www. cnki. net/），2018 年 5 月。

　　③ 茹福霞、黄鹏：《中学生校园欺凌行为特征及影响因素的研究进展》，《南昌大学学报》（医学版）2019 年第 6 期。

现,男生受欺凌行为得分为女生的 1.54 倍,[①] 说明中学男生遭受校园欺凌的概率高于女生,同时也说明男生之间实施校园欺凌行为的概率要远大于女生。由上述案例也可以看出,男生习惯使用暴力解决问题,而且大多是不计后果地实施欺凌行为,缺乏理性思考。

身体欺凌事件越来越多地出现在未成年人的身上,有研究表明,初中阶段的校园欺凌事件较其他年龄段更多,[②] 初中校园变为欺凌事件的高发地。校园欺凌案例中的施暴者、受欺凌者均为未成年人,这说明学校和家庭对于未成年人的正确引导程度还有待提高,有些未成年人甚至因为不会受到法律制裁而变本加厉。相比学校,家庭对于孩子的引导更为重要,良好的家庭环境利于孩子的健康成长,部分单亲、离异、存在夫妻矛盾的家庭有可能会造成孩子的人格扭曲。

4. 关系欺凌特点分析

关系欺凌事件大多隐藏在其他类型的欺凌行为中,关系欺凌是指欺凌者一方借助第三方的帮助对受欺凌者实施的欺凌行为,主要表现为在他人背后恶意诽谤、散布谣言、结成团体排斥他人等。校园冷暴力是指发生在校园,通过冷漠孤立、敌对排挤、冷嘲热讽等方式,从精神和心理上伤害、虐待他人的一种行为。[③] 关系欺凌是校园冷暴力的一种手段,校园冷暴力则属于校园欺凌。从上述案例中可以看出,关系欺凌是一种较为隐蔽的欺凌行为,相对于身体欺凌这种显性的欺凌方式来说,关系欺凌比较难以发现和干预,但是往往会给受害者造成不可估量的心理伤害,甚至可能是终生的。

关系欺凌在中学生中较为普遍,通过对中学生的调查发现,很多学生对校园欺凌行为的认识都归类于关系欺凌,因为处于青春期的中学生渴望结交同伴,会非常重视和同学之间的关系,[④] 他们主动与跟自己志趣

---

①　孙锋、羌霞:《南通市中学生校园欺凌现况及社会生态学影响分析》,《中国学校卫生》2020 年第 2 期。

②　杨书胜、耿淑娟、刘冰:《我国校园欺凌现象 2006—2016 年发展状况》,《中国学校卫生》2017 年第 3 期。

③　钟佩妍:《初中校园冷暴力调查与分析》,《中小学心理健康教育》2020 年第 1 期。

④　刘晓、吴梦雪:《中职校园欺凌现状:基于数据的分析与思考》,《职业技术教育》2019 年第 29 期。

相投的同学结合起来排斥其他同学，受到欺凌的同学大多不擅交际、不喜欢与别人交谈，这样就更容易促使其他同学对其进行排挤、欺凌。

根据对中职校园欺凌现象的分析，可以看出关系欺凌情况的占比较低，大约占有 25%，[①] 而且，大多的关系欺凌行为发生在女生之间，相对于直接欺凌，女生会更多地选择参与间接欺凌。女中学生欺凌行为呈现出排他性、侮辱性、聚众性、持续性的特点，通常由于一些琐碎的小事激发女生的报复心理，促使几个或一群女生集合起来开展一系列恶意针对某人的欺凌行为。而且女生之间迫于群体压力会无故加入同伴的欺凌行为中，有明显的聚众性特点。

三　校园欺凌事件分布的基本情况分析

1. 地区分部特征：华东、华中、华南较多

从校园欺凌的地区分布特征来看，按照事件发生的地域不同，2018—2019 年度[②]各地区校园欺凌事件发生频次如图 6—1 所示。从地区的

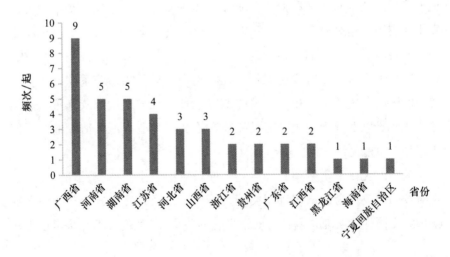

图 6—1　2018—2019 年各地区发生校园欺凌事件频次

---

① 张瑞：《初中生校园欺凌现象调查及对策分析》，《中小学心理健康教育》2019 年第 34 期。

② 实际上指 2018 年 11 月至 2019 年 10 月，数据来源与第一章同。

分布特征可见，校园欺凌事件分布在 13 个省（自治区、直辖市、特别行政区），其中广西壮族自治区有 9 起，河南、湖南两省分别有 5 起，江苏省有 4 起，山西、河北两省分别有 3 起，浙江、贵州、广东、江西四个省分别有 2 起，宁夏回族自治区和海南省、黑龙江省分别有 1 起。

依据国家规定的中国区域划分方法，以华东、华北、华中、华南、西南、西北、东北地区分布来看，校园欺凌事件分别为 8 起、6 起、10 起、12 起、2 起、1 起、1 起。华东、华中和华南地区发生的校园欺凌事件相对较多。

2. 后果严重性特征：心理问题不容小觑

按照事件导致后果的严重性，校园欺凌事件伤害程度分布如图 6—2 所示。其中，致死事件 3 起，重伤事件 2 起，抑郁事件 2 起，其中 1 起为重度抑郁，因校园欺凌事件导致的其他伤害共 33 起，其中未明确伤害程度的事件有 22 起，受害者出于自卫或家长报复导致施暴者受伤甚至死亡的事件有 3 起，施暴者猝死的事件有 1 起。导致受害者轻伤的事件有 5 起，导致受害者形成恐惧、焦虑等心理问题的事件有 2 起。

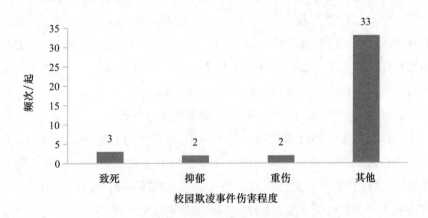

图 6—2　2018—2019 年校园欺凌事件伤害程度频次

从图 6—2 可以看出校园欺凌事件的发生，对将近 20％ 的学生造成了抑郁、重伤及以上的伤害，对受害者造成的伤害是不可小觑的。

3. 欺凌者学段分布特征：中小学尤为显著

从校园欺凌事件的学段分布特征来分析，按照事件发生的年龄不同，各地区校园欺凌事件中涉及的欺凌者年龄情况分布如图6—3所示。

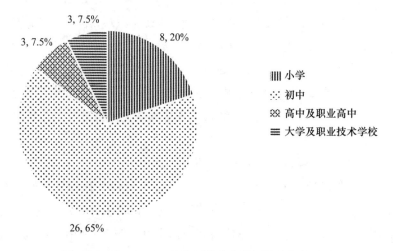

图6—3 2018—2019年校园欺凌事件年龄分布扇形图

从图6—3可以看出，上至大学校园，下至年幼的小学生之间均存在校园欺凌情况，其中65%的校园欺凌事件发生在初中，其中包含初中生伙同高中生、职业院校学生以及社会人员对本校学生进行的欺凌事件，共计26起。20%的校园欺凌事件发生在小学，共计8起。7.5%的校园欺凌事件发生在大学，其中包含职业技术学校，共计3起。7.5%的校园欺凌事件发生在高中，多为职业高中或者中专院校，共计3起。

4. 欺凌事件发生时间分布特征：期末欺凌事件频发

根据事件发生的时间序列，图6—4为2018年11月至2019年10月各月份校园欺凌事件发生频次图。可见，2018年的校园欺凌事件主要集中在12月份，共有8起；11月份发生2起。2019年的校园欺凌事件主要集中在5月，发生了8起；1月和6月，分别发生5起；4月发生3起；3月、9月、10月各发生2起；2月、7月、8月各发生1起。将2018年年末与2019年年初结合在一起看，可以发现校园欺凌事件在11—1月的发生频率较高，发生了15起；其次是5—7月，发生了14起；再次是2—4月，发生了6起，最后是8—10月，发生了5起。

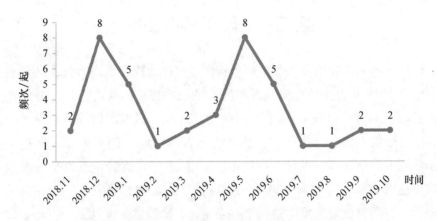

图6—4 2018—2019年各月份校园欺凌事件发生频次

由此可以总结出,校园欺凌事件在每个学期的期末时间段内发生频率较高,其次就是在秋季学期内发生频率较高。

5. 校园欺凌事件中被欺凌者大多不求救

在2018年11月至2019年10月发生的校园欺凌事件中,被欺凌者在受到施暴者伤害后选择向家人、老师、朋友、警方等渠道求助的占30%,在选择不求救的受害者中有2个是在被欺凌一段时间后选择运用网络平台的方式,发布自己遭受欺凌的事实情况。其中50%的校园欺凌事件都是通过视频、照片等方式在网络上曝光引发了公众关注,但是在视频曝光之前,受欺凌者并没有将自己受到欺凌的情况告知周围的亲人、朋友、老师等。施暴者将施暴过程拍摄下来,借助QQ、微信等网络平台进行迅速传播,从案例中可以看出,被欺凌者在受到殴打、辱骂等伤害时并没有采取反抗,反而是默默忍受,这样的反应更会刺激施暴者加大对其的伤害程度。施暴者采取边欺凌受害者边拍摄视频的方式,在一定程度上满足了自己的虚荣心,另一方面也对被欺凌者的心理造成了更大的伤害,这样通过新媒体平台快速传播的网络视频,极易在青少年群体中产生恶劣影响,刺激未成年人模仿这种不正确的行为方式。

第四节　校园欺凌风险防控

近几年来，我国发生了多起受到广泛关注的校园欺凌事件，结合上一节中 2019 年发生的校园欺凌案例，可以发现校园欺凌行为主要表现为：（1）打架、斗殴；（2）通过侮辱、中伤、讥讽、贬抑等手段，伤害受害者的人格和自尊；（3）损坏受害者的财物；（4）同学之间甚至于在网上传播谣言，进行人身攻击；（5）恐吓、威胁、逼迫受害者做其不愿做的事。从 2004—2019 年能够找到的案例和研究者的研究结果来看，校园欺凌行为发生的频率越来越高、隐蔽性越来越强，因此寻找解决方案和措施刻不容缓。

国务院教育督导委员会办公室于 2016 年 4 月印发《关于开展校园欺凌专项治理的通知》，强调加强校园欺凌的预防和处理；同年 11 月教育部也发布文件——《关于防治中小学生欺凌和暴力的指导意见》，强调要切实防治学生欺凌和暴力事件；2017 年 4 月，国务院办公厅在发布的《关于加强中小学幼儿园安全风险防控体系建设的意见》中，提出"营造良好教育环境和社会环境，为学生健康成长、全面发展提供保障"的要求，教育部于同年 11 月发布《加强中小学欺凌综合治理方案》，强调建立健全防治中小学生欺凌综合治理长效机制。

本节主要基于文献和案例分析，解析校园欺凌行为发生的原因、阐述欺凌者的心理特征、欺凌事件对学生产生的影响，总结防控校园欺凌行为的教育要点，辨识校园欺凌行为风险防控建设中的不足，以期为未来校园欺凌的风险防控提供参考。

一　校园欺凌行为成因

UNESCO 2018 年发布的《校园暴力和欺凌：全球现状和趋势、驱动因素和后果》中，认为校园暴力及欺凌行为发生、发展的驱动因素主要在于学生个体和育人环境两个层面。[①] UNESCO 于 2019 年 1 月发布的报

---

① 潘虹：《中学校园欺凌问题及其成因研究——以 X 中学为例》，中国知网（https://kns. cnki. net/kns/brief/default_ result. aspx），2017 年 5 月。

告《数字背后：终结校园暴力与欺凌》基于大量且全面的定量和定性数据，分析了全球范围内校园暴力与欺凌问题的现状及变化趋势，总结并归纳了学生遭受校园暴力与欺凌的影响因素。[①]

我国学者在充分分析发生在我国校园内的欺凌行为案例，并充分考虑我国处在各个学龄段的孩子的成长特点的基础上，指出我国校园欺凌行为的诱因如下。

1. 学生自身因素的影响

中小学阶段的学生精力比较旺盛，而身心仍处于未成熟阶段，对所有的事物都处在好奇和探索阶段，没有形成稳定的"三观"，在成长的过程中容易受到外界因素影响。特别是进入青春期之后，容易冲动、爱寻求刺激，对是非曲直的鉴别能力和抵御外界干扰的能力较弱，尤其一些性格很急躁的学生，容易做出一些不当行为，包括欺凌行为。

2. 家庭环境的影响

张春兴教授描述"如将青少年问题视为一种病态现象，其病因根源于家庭，病象显现于学校，病情恶化于社会"。家庭环境的影响可以从以下五个角度来理解：（1）受社会大环境的影响，一些家长自身浮躁而虚荣，甚至贪图享受，从不注意在孩子面前约束自己的行为，他们把教育孩子的责任推给学校或者老人。（2）过于重视成绩，在孩子成长过程中只注重书本学习，对孩子缺少人文关怀和品德教育。（3）甚至于一些家长相信"棍棒之下出孝子"，动辄打骂、处罚，孩子稍有反抗，会变本加厉地"以暴制暴"。（4）有些家庭的结构不完整，孩子成长过程中缺乏爱的教育，孩子心理上本就有些问题，他们在平时的生活、学习中遇到问题不会处理，由感到恐惧压抑、无助，逐渐产生暴力倾向而把欺凌弱小当成释放压力的途径。（5）家庭过于宠溺，孩子唯我独尊，社会认知差，缺乏责任心，由于已习惯了自己的所有要求都会被无条件地满足、自己的要求就是命令，于是入学后无法接受拒绝更不能听从别人的命令。一旦遇到有悖于自身愿望的行为，便会实施欺凌行为进行反击。

[①] 李文、王金荣：《校园欺凌现象的行为分析与对策研究》，《中国集体经济》2019 年第33 期。

3. 学校管理/教育的缺失

（1）学校教育重成绩而轻德育

虽然教育政策和指导方针一再调整，但我国目前仍以应试教育为主，尤其在中小学教育阶段，学校与老师和大部分家长重视的都是学生的文化课成绩，对学生的思想道德教育与人格教育不够重视，没有认识到青少年身心发育特点。当学生的学习能力和升学考试产生矛盾时，逐渐引起心理对抗，进而会导致其产生心理障碍和暴力倾向。

（2）监管不力

学校教室、操场以及宿舍是校园欺凌行为的高发地，非上课时段，老师一般不会再特别关注学生的行为；即使在寄宿制的学校内，老师的责任主要表现在寄宿本身的管理上，很少关注学生的行为。有些案例还表明，当一些老师和学校领导在意识到欺凌行为时，考虑到班级荣誉、社会影响等因素往往会想方设法掩盖，期望把事情的影响范围降到最小。另外，有的学校缺乏相关规范，出于对未成年人的保护，对于制止校园欺凌只是停留在口头上，没有落到实处，忽略对被欺凌者的帮助，这反而助长了部分欺凌者的嚣张气焰。目前学校监管不力的一个重要原因还在于学校出于对学生隐私的保护，有些位置监控设施缺失，这给欺凌者创造了条件。

4. 社会的影响

社会上的一些不良观念，例如"胜者为王败者寇"的观念，影视剧中宣扬的江湖道义、兄弟义气、冒险主义等都对身心正在发育中的孩子产生了不良影响。新媒体上也充斥着暴力文化，推崇暴力解决问题甚至恐怖主义等都会对孩子们的"三观"产生负面影响。近年来，中学女生校园欺凌本身也是媒体关注的话题，在校园欺凌事件发生后，部分参与者会将欺凌视频、图片上传至互联网进行炫耀，这对于是非曲直的鉴别能力和抵御外界干扰能力较弱的女生而言无异于实施校园欺凌的鲜活教材。

5. 法律体系的不健全

在我国目前还没有专门的反校园欺凌法制法规。我国《刑法》规定已满14周岁不满16周岁需负相对刑事责任，14周岁以下完全不负刑事责任。针对校园欺凌事件，如果14周岁以下则完全不负刑事责任。这强化了欺凌者的错误认识，认为自己未满 14 周岁即可不用为自己的错误负责任，因此很多欺凌者也更加猖狂，在学校中会变本加厉地欺负年龄小的同学。这也导致中学校园欺凌行为频发。因此，建立健全针对未成年人欺凌行为的法律法规，才能帮助管理部门制定切实有效的治理校园欺凌的对策，遏制校园欺凌行为的发生，保护学生健康成长。

二　校园欺凌行为的影响

分析典型校园欺凌案例发现，校园欺凌行为，不管是直接的或者是间接的，往往是被某种欲望驱使，会导致校园欺凌行为中欺凌行为实施者和受欺凌者的忧虑和恐惧。校园安全研究者多年的研究结果表明，幼年时期被校园欺凌行为控制和影响的个体，即使成年后可能都不具备建立或者维持社会关系的能力。

三　校园欺凌风险防控存在的问题

如今，在国家总体安全观的影响下，校园安全已成为国家公共安全的重要议题。国务院办公厅《关于加强中小学幼儿园安全风险防控体系建设的意见》（以下简称《意见》）提出"健全学校安全预警和风险评估制度"，如何实现校园安全风险防控也成为社会各界关注的热点。

我国校园欺凌风险防控整体起步较晚，从风险防控意识、风险识别与评估，到风险防控机制和制度建设等方面存在较大短板。从便于认识的角度，我们将校园欺凌风险防控中存在的主要问题归结为以下几点。[1]：

1. 顶层设计不到位，指导不力

学校安全风险防控是一项涉及校园区域内方方面面的工作，既包含学生的教学和日常生活管理、学校稳定和校园治安，也包含校园突发事件的应急处置和责任认定等工作，需要学校所在地的省、市、县各级党委和政府自上而下强力推动、综合施治。分析近年来所发生的校园欺凌事件的处理过程可见，在学校安全领域，顶层设计不到位、指导不力的现象，是比较普遍的，并成为引发学校安全风险防控诸多问题的重要原

---

① 董新良、刘艳、关志康：《学校安全风险防控：问题梳理与改进对策》，《中国教育学刊》2019 年第 9 期。

因。如《意见》中提到的"建立校园安全监管机构",尽管各地教育行政部门都按照要求在学校内设置校园安全组织机构,但这些机构存在人员配置不足、岗位职责不清晰等问题,且多表现出因工作人员的风险防控等专业培训不到位而工作随意性较大,无法对辖区内学校安全工作进行整体和长远规划。

2. 学校作为责任主体对校园欺凌行为存在认知偏差,缺乏警觉性

学校是推进风险防控工作、落实校园安全风险防控的责任主体。因此,校园安全工作者是学校安全风险防控的主体,他们对学校安全重要性的认识,直接影响着学校安全风险防控的进程与实效。本章第三节的案例表明学校内的工作者在面对欺凌时并没有意识到欺凌行为正在或已经发生。这要求在未来工作中,应加强对校园安全工作者的校园欺凌风险防控专项教育,强化校园安全工作者对当代社会和学校风险的不确定性和复杂性理解、加强对校园欺凌行为的认识和应急管理。

第五节 校园欺凌治理的未来展望

一 我国校园欺凌防治要求

2016 年 4 月,国务院教育督导委员会办公室、教育部、国务院办公厅等部门在 2016 年和 2017 年连续印发《关于开展校园欺凌专项治理的通知》、《关于防治中小学生欺凌和暴力的指导意见》(以下简称《指导意见》)、《关于加强中小学幼儿园安全风险防控体系建设的意见》等文件,强调要加强校园欺凌的预防和处理,要切实防治学生欺凌和暴力事件的发生,并要求"建立防控校园欺凌的有效机制,及早发现、干预和制止欺凌、暴力行为,对情节恶劣、手段残忍、后果严重的必须坚决依法惩处";教育部印发的《加强中小学欺凌综合治理方案》中,指明必须建立健全防治中小学生欺凌综合治理长效机制。

这些文件,对校园欺凌治理提出了五方面的要求:(1) 开展专题教育。学校要对学生开展以校园欺凌治理为主题防治的专题教育,要包含品德、心理健康和安全教育,并邀请公安、司法等相关部门到校开展法制安全教育。组织所有教职工尤其是校园安全机构的工作人员集体学习对校园欺凌事件预防和处理的相关政策、措施、方法等。(2) 完善校园

欺凌防控制度。学校要制定、完善校园欺凌的预防和处理制度，建立切实可行的校园欺凌事件应急处置预案，明确相关岗位教职工预防和处理校园欺凌的职责。（3）加强校园欺凌事件的预防。学校要加强校园欺凌治理的人防、物防和技防建设。利用校园心理咨询室开展学生心理健康咨询和疏导，设立并公布救助或校园欺凌治理的电话号码并明确负责人。（4）欺凌事件发生后需及时处理。学校要提高防范意识，及时发现或接到报警电话后第一时间调查处置校园欺凌事件，掌握充分证据后要严肃处理事件中的欺凌者。对涉嫌违法犯罪的学生，要及时向公安部门报案并配合立案查处。（5）加强监督指导。教育督导部门要加强对学校开展校园欺凌专项治理的指导和检查。相关政府职能部门的责任人要对责任区内学校的校园欺凌专项治理全程监督，发现问题及时督促并指导校方去解决，做好事件记录并向当地教育督导部门报告。

二　国际校园欺凌防治经验

早在1983年于挪威实施的奥维斯项目，认为防治校园欺凌行为在于早期干预，要"建立基于照顾、尊敬和个人责任之上的价值体系，增加成人监控和父母介入"；2007年的达维斯项目在奥维斯项目基础上提出学校教师应帮助有侵犯性的年轻人改变行为，为被欺凌者提供帮助和支持，鼓励旁观者阻止欺凌行为。

日本通过设置"道德课堂"，制定《防止校园欺凌对策推进法》来建立健全校园欺凌法治处理机制，对校园欺凌"零容忍"，鼓励志愿者形成非政府组织，尝试为受到欺凌的未成年人提供法律、心理帮助，鼓励他们走出阴影，辅助家长帮助被欺凌者重新构建对社会的信赖感和安全感。

美国、挪威、瑞典是较早的对反欺凌立法的国家，澳大利亚、新西兰紧随其后，政府以立法的强制性为依据，凭借自身拥有的强大的执行力来保证校园欺凌防治措施的有效实施。但防治政策和法案在上行下效的过程中总存在一定的疏漏。在"公共治理"理念的影响下，校园欺凌的防治理念转向依托"公共治理"进行。校园欺凌"公共治理"要求扩大校园欺凌的防治主体，将学校、家庭、社会等力量引入校园欺凌的防治体系及机制之中，注重发挥多元社会主体的力量。

2019年 UNESCO 发布的《数字背后：终结校园暴力与欺凌》报告在

分析全球范围内的校园暴力和欺凌的现状基础之上，根据诸多案例国家的成功应对措施，提出八条建议：第一，确保制定相关法律来保障儿童的基本权利，并制定政策以防止和应对学校暴力与欺凌行为；第二，对数据的准确性、可靠性进行优化，以及对数据进行分层分类，实施基于证据的举措；第三，注重对教师的培训；第四，促使各方参与其中，共同协作；第五，向儿童赋权，给他们提供发声的重要平台；第六，帮助儿童有意义地参与其中；第七，优先关照那些因种族、民族、身体残障、性别等而特别容易受到侵害的儿童；第八，确立儿童敏感报告、投诉和咨询机制以及康复方法。

三 我国校园欺凌防治展望

结合我国校园欺凌防治现状和其他国家的经验，建议我国应从以下几方面强化校园欺凌的防治。

1. 完善防范及治理校园欺凌的法制

目前我国对校园欺凌的研究集中在师范类院校中，大部分的研究和实践反馈仍然集中于教育学、心理学等领域，缺失法学领域的深入研究。从法治中国建设的时代背景和新时代法治发展的内涵来看，从法治角度切入传统教育学领域的校园欺凌治理与防控研究非常有必要。应从法学角度对校园欺凌问题给予深入研究，完善反校园欺凌专项立法，着力采取法治手段、法治方法、法治举措来开展校园欺凌的治理和防控。

2. 建立政府统一领导、相关部门齐抓共管、学校—家庭—社会三位一体的防治工作机制

《指导意见》明确指出，教育、综治、人民法院、人民检察院、公安、民政、司法、共青团、妇联等部门，应成立防治学生欺凌和暴力工作领导小组，明确任务分工，强化工作职责，完善防治办法，加强考核检查，健全工作机制。为了确保三位一体防治机制的有效运作，《指导意见》还要求建立学校、家庭、社区（村）、公安、司法、媒体等各方面的沟通协作机制，畅通信息共享渠道。

政府改革完善专门教育制度，健全专门学校接收学生进行教育矫治的程序，完善专门学校管理体制和运行机制。学校要切实履行教育、管理责任，会同有关部门研究制定学生欺凌预防以及应对的教育指导手册，

在教育中要适当增加反欺凌、防范针对未成年人的犯罪行为等内容，引导学生明确法律底线、强化规则意识；建立专项报告和统计分析机制。学校教育可适当增加人际关系交往、尊重他人等人文素质教育内容，设立专门职能部门或工作岗位，对相关教职员工做好防控欺凌专业培训，设立学生求助电话和联系人，及早发现、及时干预和制止欺凌行为。

3. 更新教育理念，提升家庭教育水平

如果把教育比作一条河流，家庭教育是上游，学校教育是中游，社会教育是下游，只有上游的水清澈了，源头得到治理，学生的身心健康才能得到保障。[1] 教育子女时，父母应避免缺位，采取民主而温暖的教养方式，父母要做好榜样，营造良好的家庭氛围，教给子女一些为人处世的道理，让孩子从小学会尊重生命，尊重他人，自爱自强。[2]

4. 加强媒体监督，正确引导社会舆论

随着科学及信息技术的发展，任何事情都可能被网络传播放大，导致大众对于事件的评论泛滥，好坏不一，有的甚至为了增加点击量，扭曲、编造事实，导致校园欺凌当事人承受巨大舆论压力甚至选择轻生。再者，青少年学生对于事实的辨认以及自控能力都较差，通过网络视频的不良传播，引起不良效仿，可能导致更严重的后果。因此，相关部门应加强对社会媒体的有效管理和监督，打击非法传播，降低社会暴力文化对青少年的影响。网络管理部门发现通过网络传播的欺凌事件，要及时予以管控并通报相关部门。

5. 将现代风险管理引入校园安全风险防控，并强化风险联动防控

把校园作为一个复杂的运行体，某些问题、事件、风险有害因素或者一些其他因素的叠加，就可能会成为校园风险，进而诱发各类校园安全事件。首先，健全校园安全风险防控机制。可在教育行政部门内探索设立由教育行政部门与应急管理部门双重管理的学校安全风险防控常设机构，确保校内各类人员及时进行校园安全隐患识别（包括校园欺凌）。

---

① 王梦亭：《留守儿童校园欺凌的家庭因素分析及治理对策》，《教育教学论坛》2019 年第 20 期。

② 杜丹：《高职校园欺凌现象演化分析及其应对——基于"学前教育专业某班级欺凌事件"的个案研究》，《晋城职业技术学院学报》2019 年第 6 期。

并在统一机构的领导下，形成层级内统一指挥与层级间对口监管相结合的联动模式，确保在学校安全风险防控的各个环节，能够实现纵向职能部门之间的有机衔接，及时应对和化解风险。其次，基于对校园欺凌案例事件的分析，识别诱发校园欺凌事件的有害因素，建立风险评估模型，为校园安全管理者和政府监管部门提供精确客观、需要重点考虑的校园欺凌风险及其他安全隐患信息。并从制度上约束风险评估者的行为，保证评估结果及时而准确。再次，基于区域风险管理的要求，从人—物—环—管出发，对各类与学校工作相关的工作人员，如校园安全管理人员、政府监管人员、社区工作者以及各类志愿者（包括家长），加强校园安全培训，充分发挥各类人员的协作功能，辅助学校安全风险防控工作开展。

总之，不仅仅针对防范校园欺凌事件的发生，为切实保障校园安全，净化校园环境，深入推进平安校园建设等工作需要更多的力量参与其中；更需要校园安全工作者充分理解国家总体安全的建设要求，基于公共安全风险管理的理念建立校园风险防控与应急联动体系。国家、社会、学校、家庭以及学生个人都要做出努力，构建多方协作、共促校园发展的校园治理体系，有效推进校园欺凌现象的防范与治理。

第 七 章

校园暴力的防控

近年来，校园暴力事件屡屡见诸媒体，社会影响十分恶劣。本章以人民网、新华网等权威媒体以及教育部、各地方政府和教育行政部门等官方网站报道的校园暴力事件作为数据来源，经统计发现，2019 年①发生的校园暴力事件不仅数量多，而且情节严重，性质恶劣。本章整理归纳了校园暴力的特点，概括了 2019 年校园暴力事件的总体特征，梳理反校园暴力的宣传行为，分析相关典型案例，进一步提出校园暴力事件的应急处置和风险防控建议，以期为中央与地方各级教育行政部门和有关执法部门科学防控提供有益参考。

第一节 校园暴力的特点

校园暴力指教师、学生以及校外人员蓄意滥用语言、躯体力量、器械及网络对师生进行身体暴力和心理侵害，造成严重后果的行为。通常发生在幼儿园、中小学和高校内部及其合理辐射区域，包括学生上下学途中及学校组织的校外教学活动中，对师生的身体、心理、财产、权益和名誉及学校的教学管理秩序产生恶劣影响的行为。其主要类型可分为教师对学生暴力、学生对教师暴力、学生间暴力、校外人员对师生暴力、猥亵性侵及虐童。

校园暴力和校园欺凌在近几年广受社会关注，但是在报道这两类事

---

① 实际上指 2018 年 11 月到 2019 年 10 月，为方便描述，本章节均采用"2019 年"的说法。

件的时候，往往将两者混为一谈。① 因此，我们在分析校园暴力之前，首先得正确区分校园欺凌和校园暴力。2016 年 11 月 11 日教育部等九部门联合颁发的《关于防治中小学生欺凌和暴力的指导意见》，② 提出了关于积极预防处置中小学生欺凌和暴力事件的宏观性、原则性的指导意见，但是并未进一步区分校园欺凌和暴力的防治措施。2017 年 11 月 22 日教育部等十一部门联合印发的《加强中小学生欺凌综合治理方案》③ 对学生欺凌进行了明确的界定，"中小学生欺凌是发生在校园（包括中小学校和中等职业学校）内外、学生之间，一方（个体或群体）单次或多次蓄意或恶意通过肢体、语言及网络手段实施欺负、侮辱，造成另一方（个体或群体）身体伤害、财产损失或精神损害等的事件"。

由此来看，校园暴力和校园欺凌两者既有联系也有区别，其区别主要有三点：一是在行为主体和客体上，校园暴力的行为主客体相较于校园欺凌更加广泛，校园欺凌的主体较单一，存在于学生与学生之间，而校园暴力的施暴者和受害者还有教师、学校管理人员及学生家长等，不仅包括学生间的暴力，也包括老师对学生的暴力、学生对老师的暴力、学生家长对师生的暴力及社会人员对师生的暴力；二是行为方式不同，校园暴力囊括的行为类型比校园欺凌更为丰富，例如猥亵性侵、打架斗殴等；三是在行为后果上，校园暴力的本质是伤人毁物，相较于以大欺小、以强凌弱的校园欺凌，即时危害程度更大。总体来看，校园欺凌和校园暴力并非同一概念。④

本节以发布于官方网站的 110 起校园暴力事件为数据来源，⑤ 分析

---

① 孙晓冰、柳海民：《理性认知校园霸凌：从校园暴力到校园霸凌》，《教育理论与实践》2015 年第 35 期。

② 《关于防治中小学生欺凌和暴力的指导意见》（http：//www. moe. gov. cn/srcsite/A06/s3325/201611/t20161111_ 288490. html，2016 年 11 月 2 日）。

③ 《关于印发〈加强中小学生欺凌综合治理方案〉的通知》（http：//www. moe. gov. cn/jyb_ xwfb/xw_ fbh/moe_ 2069/xwfbh_ 2017n/xwfb_ 20171227/sfcl/201712/t20171227_ 322964. html，2017 年 11 月 23 日）。

④ 高山主编：《中国应急教育与校园安全发展报告2018》，科学出版社2018 年版，第82 页。

⑤ 所选校园暴力事件主要来源于新华网、人民网、光明网等权威媒体以及教育部、各地教育行政部门等官方网站的有关报道。

2019 年校园暴力的主要特点，进而为 2020 年校园暴力的应急处置和风险防控提供现实依据。

一　类型特征：性侵和虐童类型事件有增长之势

按照校园暴力的实施主体和行为方式不同，结合 2019 年校园暴力事件的情况和特点，我们将校园暴力事件分为以下六种类型：

（1）教师对学生暴力：主要表现为老师对学生进行的暴力体罚、人格尊严侮辱等。

（2）学生对教师暴力：表现为学生因不满老师的教育方式等而对老师实施的暴力伤害行为。

（3）学生间暴力：主要表现为学生之间因矛盾冲突而进行的互殴、打杀等暴力行为。

（4）猥亵性侵：主要表现为老师利用其职务之便对学生进行的猥亵性侵伤害。

（5）虐童：主要表现为幼儿园老师或小学老师在看护教育幼儿的过程中对幼儿实施暴力行为并对幼儿产生一定的身体伤害。

（6）校外人员对师生暴力：主要表现为家长因老师和学生之间或学生之间的冲突而进校对老师和学生进行身体伤害的暴力行为，也表现在校外社会人员入校对在校师生实施的身体伤害行为。

这六种类型的校园暴力事件数量分布如图 7—1 所示。从图中可以看出，校园暴力事件的类型集中于教师对学生暴力、学生间暴力及虐童，占比分别为 26%、23% 和 23%，说明校园暴力事件的主体是教师和学生。这给今后校园暴力防控提供了一个大致方向，即以对师生的关爱和保护作为校园暴力防控的出发点和落脚点。值得注意的是，猥亵性侵和虐童事件各占比 16% 和 23%，已成为整个校园暴力事件总体中不可忽视的部分。因此在校园暴力事件的治理中，对猥亵性侵和虐童行为的预防和惩治也应被列入工作重点。在 2020 年校园暴力的预防与处置工作中，中央与地方各级教育行政部门及各级各类学校应从源头出发，以师生发展为本，在加强教师教育管理工作、促进师德师风建设的同时，重视对学生的自我认知教育、道德法律教育和能力建设，及时铲除滋生矛盾的土壤，构建政府、学校、社会广泛参与的"三位一体"校园暴力治理体系，在多方位、全面化、系统性防控校园暴力事件的过程中，有针对性地治理猥亵性侵、虐童等突出问题。

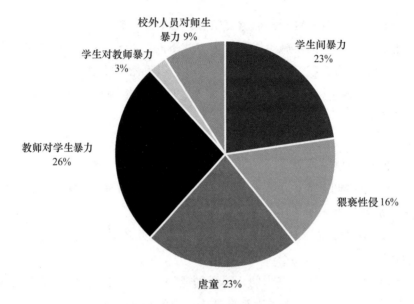

图7—1 2019年校园暴力事件类型分布

二 时间特征：呈现季节性和假期关联性

从时间分布来看，2018年11月至2019年10月校园暴力事件发生的数量服从非均匀分布，整体上表现出平稳态势，如图7—2所示，峰值处于2018年11月份、12月份和2019年5月份，占比分别为15%、16%和15%。

总体来看，校园暴力事件月均发生9起，其中2018年11月和12月是校园暴力的高发期，期间发生的校园暴力事件达35起，占据全年总量的31%；其次是2019年5月，共发生17起校园暴力事件；2019年2月正值寒假，校园暴力事件数量最少，仅有1起。

2019年的校园暴力事件集中发生在学期尾声的2018年11月、12月和2019年5月，这个时间段正是春夏季和秋冬季交替时间，可以看出校园暴力时间存在明显且相似的周期性。这个时间段，一学期的校园生活已行进过半，同学间及师生间的矛盾已有一定程度的累积。而临近期末，即将来临的寒暑长假令学生心生期盼，精神难免松懈，与此同时考试周到来，繁杂的作业和大大小小的考试充斥着学生的生活，陡增的学业压力诱生了焦虑感，此两种心态碰撞更显矛盾，加之季节更替引发的身心不适和各种烦闷，重重郁结交织在学生内心。以上均催化了校园暴力事件的高发。

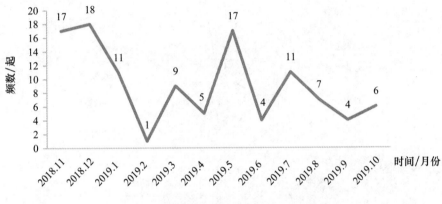

图7—2 2019年校园暴力事件发生时间分布

因此，在2020年的校园安全管理中，各级各类学校和家长尤其需要注意特定时间段内学生的心理状况。教育行政部门和各级各类学校要依据校园暴力发生的时间规律适时加强校园安全管理工作，关注学生心理健康教育，提前预防，积极主动作为，开展以源头治理为基础的校园暴力风险防控工作，减少校园暴力事件的发生，确保校园安全。

三 地域特征：多发于发达地区

从发生的省份分布来看，2019年发生校园暴力事件多发于河南省、安徽省、江苏省、北京市等省市（如图7—3所示），这些省市的共性是人口相对较多、教育资源较丰富。因此我们可以推出2019年校园暴力事件多发于人口较多、教育资源较丰富的教育大省（市）。值得注意的是，广西壮族自治区校园暴力事件的数量高居榜首，占比13%，其次是河南，占比8%。这体现出校园暴力在欠发达的边疆、中部区域开始增加，主要原因在于伴随着城乡差距的拉大，留守儿童数量增多，偏远地区的教育质量相对较落后，家庭教育缺失和农村基层教育的不到位使得很多留守儿童的道德品质、学习成绩、身心健康等方面出现了问题，校园暴力事件数量也随之增加。

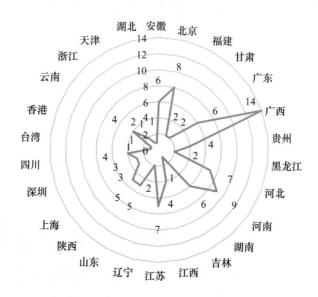

图7—3 2019年校园暴力事件发生省份分布（单位：起）

从发生地区分布来看，2019年校园暴力事件主要集中于华东地区、华南地区和华北地区等区域，如图7—4所示。这些地区人口基数大，教育资源相对集中，摩擦和冲突发生的概率也较高。同时，这些地区经济相对发达，社会经济基础较好，媒体平台运行管理规范，群众的公共精神和社会责任意识相对较强，作为全社会关注的热点话题，校园暴力事件的处置过程与结果的公开报道受到重视，因此校园暴力事件的报道数量总体上要多于其他地区。

值得欣慰的是，地区性的校园暴力事件分布情况较往年类似，没有太大的出入，说明各省份的各级各类学校及各级教育行政部门对于校园安全的重视程度有所提高，对校园暴力等事件的警觉性有所提升，校园安全风险总体可控。需要注意的是，经济相对落后、社会资源和条件相对欠缺的省份的校园暴力事件数量已显著增加，尤其是广西壮族自治区，这说明我国经济不平衡、贫富差距过大的社会矛盾已经开始在学校层面体现出来。经济欠发达的地区人口流动频繁，留守儿童不断增多，由于家庭保护和社会引导的不到位，生活失助、学业失教、安全失保、心理失衡等一系列的问题便体现出来。心理失控进而引发行为失控，这将增加校园安全风险。

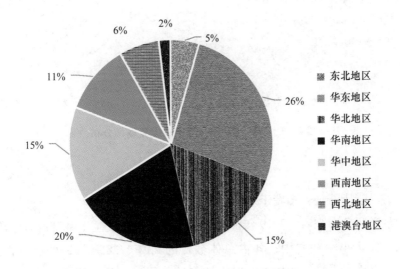

图7—4 2019年校园暴力事件发生地区分布

四 场所特征：多发于教室、宿舍等主要活动场所

从发生场所分布来看，如图7—5所示，2019年校园暴力事件在校外主要发生在学校周边相对隐蔽的小巷、路边、公园等地，在校内则集中在教室、宿舍、办公室、操场等学生生活、学习的主要活动场所。其中教室和宿舍是最常见的发生地点。师生在教室和宿舍的活动时间最多，因此发生事故的概率也相对较大。

总体来看，2019年校园暴力事件多发生于校内相对封闭的场所，主要集中在教室和宿舍，说明各级各类学校在校园安全管理工作中存在一定问题，在学生教室和宿舍内的专门性管理层面有应改进之处。

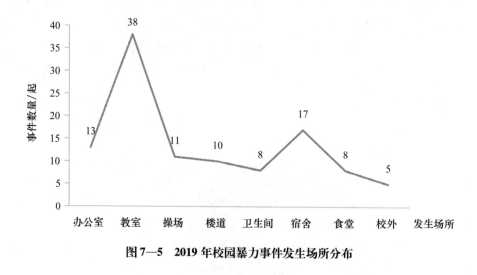

图7—5　2019 年校园暴力事件发生场所分布

五　学段特征：多发于基础教育阶段

从学段分布来看，2019 年的校园暴力事件集中发生于基础教育学段，即幼儿园、小学和初中，各占总体数量的 23%、28% 和 23%，总占比 74%。高中、大学、职校等中高等教育学段所发生的校园暴力事件数量相对较少，分别为 7%、12%、5%，见图 7—6。此外，随着校外培训机构行业如雨后春笋般蓬勃发展，越来越多的家长选择将孩子送到培训机构学习，出现在培训机构的暴力事件也开始进入公众视野。2019 年此类事件共发生 2 起，约占总体数量的 2%。

校园暴力事件是社会、家庭、学校以及个体心理综合作用的结果，既关乎宏观社会结构，也有关个人心性。相较于高中、职校和大学，基础教育阶段（主要指幼儿园、小学及初中）的校园暴力事件频发，成为校园安全的"重灾区"。这个阶段的学生整体年龄偏小，心志发育尚未成熟，缺乏控制情感和行为的能力，且安全意识不强，自我保护能力不够，容易成为校园暴力的实施者或受害者。同时，各个学段校园暴力事件的类型也并不一致。发生在幼儿园的多为幼师虐童事件，小学阶段则以师生冲突和师生暴力居多，均体现的是教师与学生之间的矛盾。学生之间的暴力冲突集中发生在中学阶段。中学生正处于青春期，独立思维正在形成，标新立异和不容否定等特质使其心性不稳，平日间的小矛盾、摩擦在叛逆心理和情绪倾向的影响下被放大，较容易引发校园安全问题。值得注意的是，大学是继基础教育阶段后校园暴力频发的又一学段，相关事件占比12%，成为校园暴力主要衍生学段。大学发生的校园暴力事件类型主要是性侵，这是由于大学课程节奏放缓，时间相对充裕，学生与社会的接触机会增多，而长期性教育的缺失和社会交往经验的匮乏便培育了罪恶滋生的温床。此外，在校园暴力治理中，中央与地方各级教育行政部门应注意到校外培训机构内出现的暴力事件有增长的趋势，及时完善相关政策法规，建立健全校外培训机构监管机制，规范培训机构办学行为，为校园反暴力的全面治理添砖加瓦，为校园安全保驾护航。

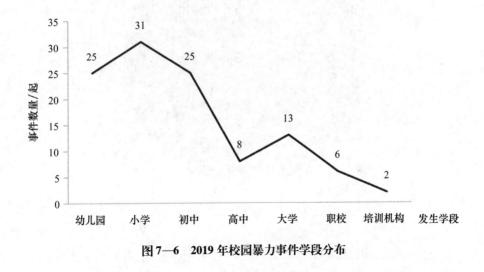

图7—6　2019年校园暴力事件学段分布

六　行为结果特征：行为后果严重化、犯罪

从校园暴力的行为后果来看，2019年的校园暴力事件的结果和处置较为严重，处分（包括降级、停职、开除等）和拘留（包括刑事拘留和行政拘留）占比最高，分别为29%和24%；受伤和死亡的比例紧跟其后，分别占总体数量的19%和20%，如图7—7所示。这说明两点：其一是2019年度的校园暴力事件性质较恶劣，情节较严重，因校园暴力而导致的伤亡数量占比高达39%；其二是各级各类学校及教育行政部门对校园暴力的敏感度高、警觉性强，与公安机关联手，积极参与校园暴力的

处置行为。处分和拘留的比例居高，则很好地说明各级各类学校和教育行政部门对校园暴力的打击力度。值得注意的是，处置结果为判刑的事件占总体数量的 8%，这个数据充分展现出校园暴力事件处理的偏重倾向，不仅从客观上再次佐证了校园暴力事件的恶劣程度，也表现出中央与地方各级教育行政部门和各级各类学校依法严惩校园暴力、坚定维护校园安全的决心。

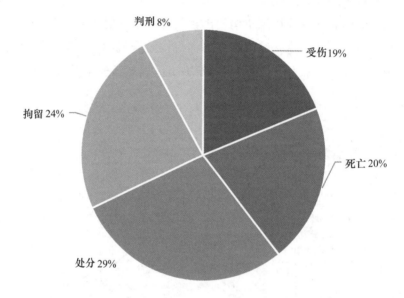

判刑 8%
受伤 19%
拘留 24%
死亡 20%
处分 29%

图7—7 校园暴力事件行为后果分布

总体来看，2019 年校园暴力情况不容乐观，校园安全形势仍十分严峻。绝大多数被公开报道的校园暴力事件性质恶劣、危害严重，造成伤亡数量较多，处置的结果也十分严重。53% 的校园暴力事件施暴者受到处分和拘留，还有 8% 的校园暴力事件施暴者被判刑，这充分表明校园暴力的治理路长且艰。在 2020 年的校园暴力的综合治理中，各级学校应该加强对学生的法治教育，紧跟校园暴力犯罪入刑的发展趋势，审视抑恶教育在防范校园暴力中的作用，塑造学生的校园纪律和规范意识。在培养学生对规则的适当恐惧感的同时，引导学生对他人生命保持足够的敬畏，从而发自内心地尊重与遵从纪律规范。由此在心理层面及时扼制学生实施校园暴力的思想苗头。同时，要保持对校园暴力零容忍、严打击的刚正态势，及时肃清校园内的不良风气，保障师生人身安全和合法权益。

第二节 校园反暴力宣传

校园暴力频繁发生，其严重性、频率和隐蔽性都有逐渐增加的趋势，对其进行预防和矫治，需要政策和宣传共同出击。事实上，反校园暴力的有关宣传从未停止过，在唤起师生家长的共识共鸣、净化校园文化环境方面一直发挥着不可忽视的作用。在洞悉 2019 年校园暴力事件的主要特点之后，我们将继续以前文所述的数据库中关于校园反暴力宣传的 45 份案例为数据来源，剖析校园反暴力宣传的主体、形式和内容，科学理解校园反暴力宣传的内涵，以期坚持正确的舆论导向，建设、创新传播手段，提高有关宣传工作的传播力、引导力、公信力、影响力，充分发挥宣传工作在平安校园建设中的效益。

一 校园反暴力宣传的主体

学校、教师和公检法部门是校园反暴力宣传的主力军，其中，学校、教师身处教育一线，可将法治教育、犯罪预防、权益维护，以及校园安全防治等校园反暴力宣传重点适时融入学校教学体系和课程安排，公检法等部门则深入学校了解校园治安状况和师生法律需求，有针对性地开展反校园暴力宣传"进校园"行动，在与学校的良性互动中共同为师生的健康发展保驾护航。

1. 教师及学校

以教师为主体的学校教学机构负责整个学校秩序的运转，其中教师作为与学生接触时间最长、最了解学生情况的群体，在防治校园暴力的路上应发挥最积极有效的作用。因此，在校园反暴力宣传教育中，一线教师是先行者，也是具体实践人。纵观 2019 年的反校园暴力宣传教育，绝大部分是以教师的教学作为主要输出渠道，使同学们知晓校园暴力的危害以及如何防范、应对等。学校则在反校园暴力的宣传行为中发挥基础性作用，即根据学校在校学生的具体情况和实际需要，总体把控校园反暴力宣传教育的计划安排，不定期地安排形式多样的主题宣传教育活动，扩大宣传面及影响力，增强宣传效果。综上，教师及学校是校园反暴力宣传教育的主干力量，学校统筹谋划宣教的形式与内容，交由教师自主落实、具体开展并收集反馈，两者默契搭配努力提高宣教及管理水平，共同致力于平安校园建设。做好化解学生矛盾的"中间人"，引导学生健康成长与社会接轨的"中间人"，为学生提供一个更平等、更关爱、更人性化的成长空间。

2. 公检法部门

从2019年的校园反暴力宣传的案例来看，除了学校层面对于学生进行校园反暴力宣传，法院、公安检察院等部门也在持续发挥专业优势，不定期进入校园进行校园反暴力的宣传。其主要依托真实发生的重大校园暴力事件，以案释法、以法论事，贴近实际为师生讲解校园暴力的含义、表现形式、危害性及应承担的法律后果，剖析导致校园暴力的原因，并就预防和应对校园暴力给出切实有效的建议。由此为学生扫清校园暴力法律方面的知识盲区、误区，使学生充分、全面认识校园暴力，给学生心底埋下"知法、懂法、守法、用法"的法治种子，提高在校师生明辨是非的能力和自我保护的意识，从而筑牢法律城墙，从源头上阻隔校园暴力事件的发生，对防控校园暴力起到事半功倍的效果。

二 校园反暴力宣传的形式

从反校园暴力宣传的形式来看，2019年的校园反暴力宣传主要表现为以下三种：一是课堂教育，学校、教师将反校园暴力的内容融入课程大纲，通过课堂面对面传授有关知识；二是网络宣传，学校建设安全教育网站，在网站上发布防范校园暴力的主题内容，学生可通过平台在线进行安全知识学习、测试和安全技能训练，以信息化手段提升学校安全教育整体水平；三是情景模拟与实践，将学生放入特定环境中，实时模拟校园暴力发生时可能的情况，以实景体验强化学生的实践应对能力。

1. 课堂教育

课堂是各级各类学校进行校园反暴力宣传教育的主阵地，主题班会课则是课堂教育最常见的形式，即在校方的统一引导下，由班主任或课程教师具体开展反对校园暴力的主题班会，以班级为单位进行集中教导。教师通过多媒体设备展示精心准备的PPT课件、影视作品等，采取播放视频、演讲、情景剧、发言等多样的形式，增加课堂的生动性，在吸引学生注意力的同时以案说法，对校园暴力行为的表现和原因、严重后果和危害、如何预防校园暴力、当遭遇校园暴力时如何自救与求救等进行讨论交流，对学生进行品德和安全教育。这能更好地触动学生的心灵，唤起他们抵制校园暴力的意识。同时，在学校图书馆设立了普法图书角，对图书角的科普书籍随时更新，通过自编、原创等方式，以孩子喜爱的方式开展普法教育，提高教育效果，不为校园暴力的滋生提供土壤，从而预防并减少校园暴力事件的发生。

除了学校组织的主题班会课，公检法部门在走进校园开展防校园暴力宣传活动时，也常常会灵活安排普法教育课和法治宣传的专题性讲座。公检法等部门工作人员根据培训对象数量的多少，有目的、有计划地组织不同规格的讲座，在有限时间内传递大量、系统的反校园暴力的有关知识，如2019年6月11日福建省泉州市丰泽区检察院组织"雨后阳光志愿服务队"在丰泽区滨海实验小学开展"分清角色拒绝出演校园暴力片"主题法治讲座。此类讲座可以提高师生的法制观念，同时提高自我防范的能力，积极地引导、教育和警示师生的身心健康发展，对于净化校园风气，凝心聚力维护校园环境有很大的作用。

2. 网络宣传

网络宣传教育是校园反暴力宣传的又一主要路径和渠道，随着互联网技术、大数据等科技的高速发展，互联网资源和技术不仅被逐渐应用到学校教育教学中，而且其开放性、便利性、多样化、个性化等特点迅速改变了学生的生活方式，并在培养创造性思维、提升交际能力、缓解精神压力等方面发挥了一定的积极作用。在这样的背景下，网络技术在校园反暴力宣传中得到很好的普及和应用。从2019年校园反暴力宣传的实际状况来看，网络宣传这一路径和渠道发挥了不可或缺的作用，推动着校园反暴力宣传紧跟科学技术发展的步伐。

学校主要通过成立、布置、更新和维护校园安全网站来推动校园反暴力宣传，以此为平台发布校园暴力的定义与类型、原因分析、具体表现、实际案例以及如何预防校园暴力等内容，及时更新相关法律法规、校纪校规和具体案例处理结果等信息。学生及学生家长在浏览校园网站时即可看到相关内容，这样的教育宣传方式具有零存整取的特点，既保留了传统教学的严谨认真，又利用了新型教学的多样便捷性。同时，学生家长在浏览网页时也能注意到校园暴力的相关信息，及时吸纳进家庭教育和与孩子的沟通交流中，从而协调家长力量，更好地提高家校联动宣教校园反暴力的质量与效果，减少校园暴力事件的发生，保障学生健康成长。

在科技知识迅速发展的今天，信息网络已成为人们密不可分的物质。网络宣传与传统宣传并举，相辅相成，带给校园反暴力宣传工作新的机遇，相关宣教工作也应该顺应潮流，合理运用网络覆盖面广、时效性强和便捷性等优势，积极推进校园反暴力宣传工作的顺利开展。

3. 情景模拟与实践

情景模拟与实践包括角色扮演和情景再现，这样的宣传教育不再停留于白纸黑字的学习，而是更加具有兴趣化的潜移默化式的体验与感悟，通过学做合一，在实践中反馈知识理论，达到合作交流与实践提升的目的，自由度、伸缩性强，故成为最大限度培养师生防范校园暴力行为的有效途径。角色扮演是设计出校园暴力事件的场景，学生与教育者分角色扮演暴力实施者和暴力承受者，模拟校园暴力的现场情况，使学生在轻松的游戏中锻炼心理素质，发挥潜在能力，将防护共识化为行动自觉，实现认知情感意志行为的统一。通过角色扮演的方式，学生可以更加直观和全面了解校园暴力真实案例，自主讨论和剖析案例能让学生对法律条文有更加清晰、直观的认识，使学生明辨是非，确立法律信仰。同时，在角色扮演后，教育者可及时实施正确的引导，为学生讲解什么是校园暴力、怎样预防、怎样化解等问题，使学生明白什么才是正确面对校园暴力的处理方法和维权方式。

情景模拟再现则主要依托反恐演练，重点围绕遇到突发性暴恐事件如何处置展开。学生通过观察施暴者和校方人员的具体行为方式，来提高对校园暴力的认识，从而提高校园反暴力应急能力和水平。如2019年10月22日山西省太原市庙前派出所在其辖区幼儿园里开展的校园安全反恐演练。在情景模拟时，学校安保人员演练擒拿罪犯，老师疏散引导学生快速撤离到安全区域。情景模拟后，教师及安保人员应为学生讲解如何识别可疑人员，如何应对处置突发事件，如何保障人身安全等知识。反恐演练等情景模拟活动的有序实施，能够有效提升学校安保人员的警惕性,增强校园师生的防暴意识与突发事件的应急处理能力,为打造平安校园打下坚实基础。

情景模拟与实践,打造出以师生为主体、以解决问题为中心、以团队协作为根本的培训方式,通过增强学生的主动思考能力和解决实际问题能力,创新反校园暴力的宣传方式,提升宣传教育的质量,进一步增强校园反暴力宣传教育的吸引力、生命力和鲜活力。

三 校园反暴力宣传的内容

校园反暴力的主要内容包括两个方面:一是反校园暴力宣传教育,二是性安全宣传教育。随着数量不断增长的性侵害事件的发生,性安全教育也变得越来越重要,2019 年的校园反暴力宣传也对校园性侵害做足了工作,多次展开关于性安全教育的主题讲座等宣传教育工作。

1. 反校园暴力宣传教育

反校园暴力宣传教育是校园反暴力宣传教育的主旋律,是校园暴力宣传的主要内容。主要包括以下内容:一是为学生讲解校园暴力的定义、校园暴力内容,并分析其发生的缘由,以及该事件发生后所产生的影响。二是举例校园里常见的暴力事件,例如遇到高年级学生敲诈勒索、参与同龄人之间的群架、校园猥亵性侵害等。三是为学生总结应对校园暴力的措施。首先,告诉自己不要害怕。相信邪不胜正,大多数学生和老师以及所有社会正义的力量都是他们强有力的后盾,将坚定地站在正义的一边,不屈服于邪恶势力;其次,当他们遇到校园暴力时,他们应该勇敢地提醒对方,他们所做的是不道德的和不公正的且会为此付出代价;最后,如果受到伤害,一定要及时向老师、警察报案,不要息事宁人,更不要逆来顺受,以防遭受持续性侵害。2018 年 11 月 19 日,福建省泉州市丰泽检察院组织干警在海丝商贸学校开展法治教育活动,检察官通过以事论理、以案释法的通俗易懂的方式,分析近年来办理的校园暴力典型案例,结合学校实际,重点对未成年人的违法犯罪类型、犯罪原因及如何预防进行了阐述,同时对学生如何预防和应对校园暴力做出相关讲解,有效提高了同学们的自我防范意识和能力。

2. 性安全宣传教育

从上节校园暴力事件类型的特征描述中可以看出,猥亵性侵事件在

2019 年度的校园暴力事件中占比高达 16%，与此同时在校园反暴力宣传的 45 例案例中，有 30 项涉及校园性安全教育，占比 75%，体现出 2019 年的校园反暴力宣传工作对于性安全的重视程度。早在 2018 年年末，教育部就发布通知要求各地教育行政部门和学校要从性侵害学生案件中吸取教训，把预防性侵害教育工作作为重中之重。[①] 校园性安全教育主要从认识性区别、理性看待性问题出发，以提升和加强学生的"防性侵"安全意识和自我保护意识为目的进行，通过课堂教学、主题班会、主题讲座、制作发放手册、大众社交媒体、宣传栏等多种形式开展性知识教育、预防性侵害教育。例如，2019 年 9 月 5 日广州市协和小学举办主题为"拒绝性侵伤害，守护健康童年"的安全教育第一课活动，[②] 通过宣讲资料、漫画等形式，为孩子们讲解"认识自己的身体、爱护自己的身体、防侵犯保隐私我有招"等几个方面的防侵害知识。除了宣讲介绍，该活动还通过互动交流、情境判断、积极情境展示、学生阅读建议、安全教育信息展示等形式教授学生实用的预防技能，进而提升学生防范性侵害的意识和能力，减少性侵伤害事件的发生。除此之外，还可针对学生家长及监护人进行性宣传教育，通过拉紧家长和监护人对于防范性侵害的这根弦，促进学生性安全教育。教育部可面向家长发布全国性、权威性、指导性的预防儿童遭受性侵的教育计划和课程，组织未成年人监护人参加相关的指导讲座，共同学习法律知识，维护校园性安全，保障学生的健康成长环境。

第三节　校园暴力事件集

一　校园暴力事件大事记

2018 年 11 月，云南某幼儿园发生教师殴打学生事件。[③] 案件发生后，

---

① 《教育部办公厅印发通知进一步加强中小学（幼儿园）预防性侵害学生工作》(http://www.moe.gov.cn/jyb_xwfb/gzdt_gzdt/s5987/201812/t20181221_364359.html，2018 年 12 月 21 日)。

② 《让孩子远离"性侵"　安全教育进校园》(http://www.gd.xinhuanet.com/newscenter/2019-09/05/c_1124964039.htm，2019 年 9 月 5 日)。

③ 木胜玉、薛丹：《云南昭通幼儿园打人教师被依法逮捕》(http://yn.people.com.cn/n2/2018/1214/c378439-32411061.html，2018 年 12 月 14 日)。

区委、区政府高度重视此案，公安、教育等部门立即介入调查。涉案幼儿园教师由公安机关控制，教育部门开展了调查和整改工作。事件发生后，幼儿园园长发表了一封"致歉信"，表示"深感悲痛和羞辱"，并向家长和公众道歉。园长表示，他将积极救治受伤儿童，联系专业心理教师，与孩子进行沟通和指导。在幼儿园管理方面，三名涉事教师被解聘，同时将加强对其他教师的管理和监督。

2019 年 2 月，广西某小学老师被举报存在孤立学生、处罚学生、威胁家长等师风师德缺失行为。[①] 经当地教育部门核实，该教师确实存在举报中列举的各项师风师德缺失的行为。当地教育局责令该小学对该教师做出暂停班主任职务的处理。当地纪委驻教育局纪检组进行立案，核查相关问题后，按照相关规定进行处理。通过这起案件我们可知，教师队伍里有一些违反教师相关条例、违背师风师德等人员，学校及教育行政部门应定期进行师风师德培训，以遏制教师队伍出现师德败坏等不正之风。

2019 年 4 月，江苏某学院一老师被曝骚扰女学生。[②] 学校接到反映后，立即组成工作组展开调查。经查，该教师违反师德师风行为事实清楚、证据确凿，根据有关法规和文件规定，学校对该教师做出撤销教师资格、解除教师职务、清除出教师队伍、取消副教授专业技术职务资格、取消研究生导师资格、撤销其所获荣誉、称号、追回相关奖金的处理。此外，该校纪委表示将依据相关规定，从严从速对其给予党纪处分。学校应该从这个案例中吸取教训，进一步加强师德师风建设，对教师的不端行为采取零容忍的态度。一经发现，将受到法律和法规的严肃惩处，绝不姑息。

2019 年 4 月，安徽一中学发生教师体罚学生事件，[③] 引发舆论关注。事件发生后，当地教育局对此高度重视，立即安排相关工作人员对该事

---

① 孔令晗、戴幼卿：《学生因家长在殡仪馆工作遭孤立　纪检监察部门介入调查》(http://ah. people. cn/GB/n2/2019/0131/c358314 - 32600676. html，2019 年 1 月 31 日)。

② 崔佳明：《扬州大学一老师骚扰女学生　校方：清除出教师队伍》(http://gz. people. cn/n2/2019/0401/c358160 - 32799867. html，2019 年 4 月 1 日)。

③ 聊时局：《安徽一中学教师用电线鞭打学生? 官方回应!》(http://ah. people. cn/n2/2019/0401/c358266 - 32796616. html，2019 年 4 月 1 日)。

件进行调查。经核实，该中学教师对学生进行体罚属于事实，该教师的不当行为，对学生造成了身体伤害，在社会上产生了不良影响。该教师违反《新时代的中小学教师职业行为十项原则》第五条师风师德建设的有关规定，对该教师做出以下处罚：减少两个职位等级，职务等级从副高级教师五级降为副高级教师七级，从城区中学调往农村高中。同时对分管高中副校长、中学校长进行谈话提醒。教师教育权和体罚的边界如何把握，是这个案例反映给我们的，学校应及时对教师进行教育权和体罚之间度量的培训，对教师教育方式进行及时更新。

2019 年 5 月，山东某小学发生教师体罚学生事件。[①] 该事件在网上被曝后，学校立即组织召开一次家长会来讨论这件事。会上，校长称错虽在老师，但学校也有责任。当地教育体育局、该小学立即组织人员对该事件进行了详细调查，经查，体罚学生属实，经法医鉴定，学生受伤情况构成轻微伤害。当地公安局依法对该教师实施行政拘留；当地教育体育局按照教育部《中小学教师违反职业道德行为处理办法》等有关规定，对该教师予以开除处理。学校应吸取教训，相互借鉴，加强教育系统师德建设，防止此类问题再次发生。

2019 年 6 月，网曝厦门某高校发生保安性骚扰女学生事件。[②] 在看到微信截图的报道后，该大学立即进行了调查和核实。经过调查，这些帖子的截图基本属实。该大学某校区保卫处发布通知称，该大学某校区的物业保卫处人员由某物业管理有限公司提供。通过保卫处和公司的联合调查，截屏内容基本属实，该员工被物业公司解雇。此次事件反映了校企合作存在的一些问题，应加强对校企合作的监督检查，加强对合作企业的监管，确保校园安全。

2019 年 7 月，陕西某学校发生老师辱骂学生事件。[③] 7 月 14 日晚，当地区委宣传部公布 "××学校初一女生遭老师辱骂" 事件处理结果，

---

① 杨文：《山东郯城依法处置一起教师体罚学生事件》（http://www.xinhuanet.com/legal/2019-05/23/c_1124533391.htm，2019 年 5 月 23 日）。

② 《学校保安队长半夜骚扰女学生？ 校方：属实已被开除》（http://news.cctv.com/2019/06/21/ARTIlLxwWRB20oqGdvc3d3My190621.shtml，2019 年 6 月 21 日）。

③ 《陕西商洛通报 "初一女生遭老师辱骂"：已立案，将严肃处理》（http://news.cctv.com/2019/07/14/ARTImnk1j5JtXeHafmCHtJyA190714.shtml，2019 年 7 月 14 日）。

根据调查事实，依据国务院《教师资格条例》、教育部《中小学教师违反职业道德行为处理办法》等规定，给予涉事教师记过处分并撤销其教师资格。师资队伍的质量和教师职业道德高低关系着校园安全，应加强学校教师师风师德建设，职业责任感和职业操守培训，防止类似事件再次发生。

2019年8月，江苏某区人民检察院对在校外培训机构发生的猥亵儿童案件做出了判决。① 犯罪嫌疑人苏某利用其特殊身份对多名幼女实施猥亵行为，严重侵犯了未成年人的人身权益和身心健康。法院判处被告5年监禁，并禁止他从事与未成年人密切相关的职业5年，从判决结束之日起执行。校外培训机构安全事故逐渐成为校园安全的重大隐患，教育行政部门应加强对培训机构的监督管理，通过行政手段规范教学，降低事故发生的概率，为学生提供良好的学习环境。

通过对2019年校园暴力大事件的梳理，我们发现校园安全隐患存在于教师与学生及家长之间。应通过对教师、学生及家长进行相应的教育培训来进行改善。一是定期对教师进行培训，主抓教师师风师德提升与改善，谨防部分教师丢失作为教师的基本素养和道德，培养其职业操守和奉献精神。二是对学生进行主题教育，包括生命安全教育和性安全教育等。通过主题教育加强和巩固学生的安全意识和世界观，以减少校园暴力事件和因此产生的悲剧的发生。三是加强对校外培训机构和民办教学机构的监督管理，不让其成为校园暴力的法外之地和庇护所，规范教学秩序，呵护学生健康成长。

二 典型案例：山东五莲教师体罚学生事件②

1. 案例背景

作为立法赋予学校或教师的权力，教师教育惩戒权是国家教育权的具体化，具有典型的公法特征。教师若要对教育质量负责，发挥教育教

---

① 《老师猥亵儿童 无锡发出首份教培从业禁止令》（http://js.people.com.cn/n2/2019/0814/c360307-33249302.html，2019年8月14日）。
② 王吉全：《"体罚学生教师遭重罚" 山东五莲县回应舆论四大焦点》（http://sd.people.com.cn/n2/2019/0711/c364532-33134129.html? spm=C73544894212.P99790479609.0.0，2019年7月11日）。

学中的主导效用，必须对学生的学习施以关键性的导航和纠偏，讲约束、划底线、纠错误，《教师法》也在第八条规定，教师应当履行"制止有害于学生的行为或者其他侵害学生合法权益的行为，批评和抵制有害于学生健康成长的现象"。我国现行《中华人民共和国教育法》第二十九条更是规定了"学校及其他教育机构行使按章程自主管理的权利"，"组织实施教育教学活动的权利"以及"对受教育者进行学籍管理，实施奖励或者处分的权利"。

近年来，教师手中的戒尺正被悄然改变，教师的权威也逐渐受到挑战，甚至出现了教师由于惩戒学生，遭到学生及家长打击报复的情况，由此导致师生关系扭曲，校园暴力得不到有效制止，学生打老师现象时有发生；面对违规学生，教师不敢管、不能管、不想管。

让教育惩戒权回归老师，已成为社会的共识。2016 年 11 月，教育部、司法部、共青团中央等九部门联合发布了《关于防治中小学生欺凌和暴力的指导意见》，[①] 首次从国家政策层面提出"教育惩戒"的概念。2017 年 2 月，山东省青岛市政府发布《青岛市中小学校管理办法》，[②] 此后，各地也在积极进行立法尝试，以法治思维直面教育所面临的实际问题。2019 年 9 月 24 日，广东省十三届人大常委会第十四次会议初审的《广东省学校安全条例（草案）》单独设立学生教育惩戒专章，其中规定针对一些违规行为，老师可以对学生进行"罚站罚跑"，这是广东省在全国率先尝试用立法赋予老师教育惩戒权。[③] 2019 年 11 月 22 日，教育部发布《中小学教师实施教育惩戒规则（征求意见稿）》，明确赋予教师教育惩戒权，并对教育惩戒权实施的范围、程度、形式、程序等内容进行了细化。[④]

① 孙竞：《九部门"豪华阵容"发文防治中小学生欺凌和暴力》(http：//edu. people. com. cn/n1/2016/1111/c367001 - 28853795. html，2016 年 11 月 11 日)。

② 《青岛市中小学校管理办法》(http：//edu. qingdao. gov. cn/n32561880/n32561882/n32561884/190527104024471758. html，2019 年 5 月 27 日)。

③ 《学校安全条例草案提交初审 广东拟立法赋予教师惩戒权 学生违规老师可"罚站罚跑"》(http：//www. gd. gov. cn/zwgk/zcjd/snzcsd/content/post_ 2636607. html，2019 年 9 月 25 日)。

④ 王家源：《中小学教师实施教育惩戒规则向社会征求意见》(http：//www. moe. gov. cn/jyb_ xwfb/s5147/201911/t20191125_ 409535. html，2019 年 11 月 22 日)。

然而，在保障教师享有教育惩戒权上，一直存在缺乏细则、空洞、失控等问题。比如基于种种权衡，在不少地方显得"谨慎"有余，行动不足。即便是先行一步的广东，也选择删除"罚站罚跑"条款，学校和教师们不是不想要惩戒权，而是如果没有一个细化可操作的惩戒细则作为保障，就会动辄得咎，使之确实不敢要、要不起。教师的一切惩戒行为都可能被冠上"体罚"的罪名，家长和社会往往站在道德的制高点认为教师道德沦丧，导致教师承担诸多惩罚性后果，让许多本来有心管教的教师为之寒心，或者索性对学生成长中的不良倾向不闻不问，不仅给学校正常的教学活动带来了干扰，家长对学生的发展与成长的期许也无法实现。

山东省教师杨某，是一位兢兢业业的"优秀班主任"，却在 2019 年 4 月因中考临近对两名"迟到、旷课"的学生进行体罚，先后被学校和教育局施以双重处罚，其职业生涯几乎被中断。杨某的善导敬业与教学生涯非"善终"之间的失衡，暴露出教育惩戒权的难以落实和教育管理层存在缺陷，让人们难掩唏嘘。舆论对不尊师重教的痛切，对教师惩戒权边界如何厘清的讨论，在当事教师悲怆结局的映照下愈发强烈。如何让教师免于被委屈打击的恐惧，让教育惩戒的实施不至于沦为空谈，从而还校园一份宁静，还教育一个尊严？我们选取此事件作为师生冲突的典型案例，通过对案例过程的还原阐述，感知教育惩戒权"标准化"落地的现实难度，明晰相关校园暴力事件的成因与后果，以期对今后类似校园暴力事件防控与治理工作的开展有所助益。

2. 案例过程①

2019 年 4 月 29 日下午，山东省某中学学生李某、王某疑似"逃课，私自"到操场玩耍，被该班班主任杨某安排学生叫回，在四楼门厅内用课本抽打。据了解，涉事的两位学生所在的两个家庭在县城都有较强的社会关系网。学生家长知晓后，报警并多次上访，向杨某索赔 30 万，并要求低分保送省重点高中。当地教育局随即对杨某进行双重处分，如图 7—8 所示。

该事件从学校及教育局对杨某处罚的角度出发可以分为两个阶段：

_____

① 根据人民网、央视新闻、政府网站等发布的新闻报道整理。

第一个阶段是重罚，5 月 5 日学校对杨某给出了停职、道歉检查、取消评优、党内警告、承担诊疗费五条处理意见。7 月 2 日，当地教体局又做出追加处理意见，从当年 5 月起扣罚一年绩效工资，该校不再与其签订事业单位聘用合同，纳入当地信用信息评价系统"黑名单"。① 7 月 11 日上午，当地广电网刊出一则"××一教师体罚学生被处理"新闻，披露了该事件的更多详情，"佐证"教育局的追加处理。该新闻称，经调查发现，4 月 2 日下午，2 名初三学生上课迟到，被班主任老师杨某责令到教室门口反省，后两人离开教室到操场，老师杨某发现后叫回，在教学楼道内，让学生蹲在地上，用课本抽打、脚踢实施体罚、批评教育十多分钟。

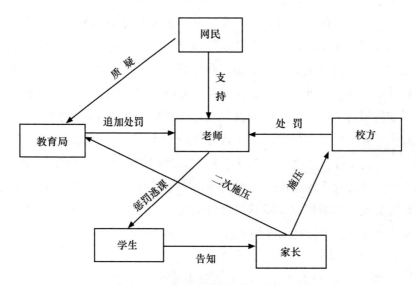

图 7—8　山东某中学教师体罚学生事件

第二个阶段则出现反转，在学校和教育局对杨某做出双重处分后，引发网络热议，广大网民认为不再签订聘用合同、纳入信用"黑名单"等处理过重，更有网友发文称"所有的处分，如同鞭子一样抽在 ×××

① 王吉全：《"体罚学生教师遭重罚"　山东五莲县回应舆论四大焦点》(http: //sd. people. com. cn/n2/2019/0711/c364532 - 33134129. html? spm = C73544894212. P99790479609. 0. 0, 2019 年 7 月 11 日)。

老师的身上，疼在全国教师的心里。打了不罚，罚了不打，主管单位对×××老师是既打又罚，而且罚得是如此不近人情"。当地人民政府于7月28日发布情况通报，称"县委、县政府高度重视杨姓老师体罚学生事件，对教体局、学校进行了严肃批评教育，7月23日教体局已撤销追加处理决定。根据涉事老师个人意愿，已将其从原学校调往××一中"①。撤销追加处理，这一纠偏，还了老师公道，也抚慰了人心。

3. 案例分析

教育惩戒到底如何实施？边界在哪？该案例明显暴露出不同群体对教师惩戒权的不同理解，以及教育管理层对教育惩戒权的落实和保护存在缺陷。虽然惩戒权的归来符合教育"宽严相济"之规律、符合社会发展之大势，然而惩戒必须建立在多方相互理解、相互尊重的基础上才会有效力。社会的多元性、行为的复杂性、教育的情境性等多重因素共同决定了教育惩戒权法律规定的模糊性，透视案例过程，便可发现教育惩戒作为教育过程的一部分，其合理行使与其他环节环环相扣，牵连着更多的现实羁绊。

首先是家庭教育的配合。《中华人民共和国未成年人保护法》（简称《未成年人保护法》）第十一条规定："父母或者其他监护人应当关注未成年人的生理、心理状况和行为习惯，以健康的思想、良好的品行和适当的方法教育和影响未成年人，引导未成年人进行有益身心健康的活动，预防和制止未成年人吸烟、酗酒、流浪、沉迷网络以及赌博、吸毒、卖淫等行为。"② 家庭教育与孩子的人生观、道德观和价值观息息相关，父母是孩子一生的启蒙人，父母及监护人的行为举止直接影响着孩子。山东某中学教师体罚学生事件中的学生家长在此次事件发展中起着较大的作用。基于对孩子的溺爱，其家长看到孩子受一点点伤害便要求教师赔偿，不论教师的出发点是为孩子，也不论是否造成严重后果，甚至因此要求学校保送其孩子进入省重点高中。另外，学生家长也存在对法律法

---

① 《五莲县人民政府——通知公告》（http://www.wulian.gov.cn/ctnshow.php/aid/25037，2019年7月28日）。

② 《中华人民共和国未成年人保护法》（http://www.china.com.cn/policy/txt/2006-12/30/content_7582808.htm，2006年12月30日）。

规"自我解读"的现象，没有意识到孩子不仅是父母的，也是社会的，溺爱和纵容孩子只会导致教育的副作用，反而视老师出于教育目的的惩戒为"体罚"，不能理解和体谅教师教育惩戒的善意性，要求老师道歉赔偿。这种对教育惩戒的不同解读反映出了家长与教师之间的观念分歧，而不能达成的教育共识将使协同育人的合力受阻，教师教书育人沦落为单一的"教书"，也不利于教育目的的实现和学生身心的全面发展。

其次是学校及教育局等相关管理工作的组织开展。该案例中，学校在家长到校举报后并没有对该事件进行仔细调查，而是迫于学生家长的压力，便对曾多次获"优秀教师、优秀班主任"等荣誉称号的老师杨某施以停职、道歉检查、取消评优、党内警告、承担诊疗费等处理。随后教育局也对杨某追加处理，扣发一年奖励性绩效工资，责令该校新学年不再与其签订聘用合同等。在舆论的压力下，于两个月后发布新闻，但是却与之前发布的通报大有不同。此前两份通报文件中仅提到"两名初三学生逃课，私自到操场玩耍"，而最新通报中补充说明为，两名学生上课迟到，被班主任责令到教室门口反省，后两人离开到操场。而此前通报中关于体罚，仅用了"用课本抽打"的简单描述，最新通报中则说明为，在楼道内让学生蹲在地上，用课本抽打、脚踢等实施体罚、批评教育十多分钟，之后，一名学生家长到校发现孩子脸部、颈部、腿部等多处红肿。最后，当地人民政府又责令教育局撤销对杨某的追加处理。如此反复无常的处理与前后情况通报不一致，体现了学校及教育当局在当时情况不明、尚未调查清楚之前就对教师杨某进行处分且是很严重的处罚，同时也暴露出学校及教育层面在教师队伍管理制度上存在缺陷，没有切实保护教师以及教师的教育惩戒权。教师行使惩戒权面临着很大的风险，其正当权益未能及时受到学校及教育部门的保障。因此，学校及教育行政部门应当明确学校及教师教育惩戒权的基本原则、具体内容、实施程序等，使得教育惩戒有章可依，在遇到学生违纪事件时要秉公处理，确保惩戒主体无后顾之忧。

惩戒是维护正常教育教学秩序的需要，是每位教师应有的职权。健康的教育环境需要多主体参与、共同落实教育责任。要想取得好的治理效果，学校、教师和家长必须相互配合，多管齐下，共同维护和落实教育惩戒权，在共建良好的教育生态的过程中，消弭师生矛盾和校园暴力隐患。

第四节　校园暴力的治理

校园安全问题逐渐成为学校正常教学秩序的主要影响因素，逐渐成为破坏宁静校园环境的罪魁祸首。随着我国中小学校园暴力事件的发生频率和严重程度不断升级，预防和治理校园暴力工作显得尤为重要。然而，由于校园环境特殊，施暴者和受害者也多是未成年人，所以，校园暴力行为不可简单划归于一般类型的社会治安和刑事违法犯罪问题，对其治理必须慎之又慎，既要有效制止暴力行为，又要注意不给被侵害人造成二次伤害，同时还要给施暴者留有必要的改正机会和隐私空间。

当前，我国校园暴力预防和治理工作存在学校法制教育和道德教育双重不足、学生心智成长和心理教育缺失、教师缺乏处理校园暴力事件的知识、监护人教育理念和方式存在误区、未成年人犯罪干预制度和法律缺失等问题。针对我国校园暴力预防和治理工作存在的问题，可从应急处置和风险防控两方面来加强对校园暴力预防和治理，引入家庭、学校、司法、社会等多元力量，形成多方合力，进行全方位的治理。

一　校园暴力应急处置

一个较为完整的校园暴力应急处理机制应该包括应急处理机构设置、校园暴力应急处理预案以及校园暴力的事后处理机制三个方面。在今后的校园暴力应急处置中，各级各类学校也应从这三方面来建立健全校园暴力应急处置机制。

1. 完善应急处理机构设置

成立校园暴力事故的应急小组。应急小组应分设联络组、保卫组、救护组及后勤组，全面负责校园暴力的应急指挥、协调、救援及保卫等工作。联络组在校园暴力事件发生时第一时间通知和联络相关部门人员赶赴现场，并及时向上级报告事故及处置情况。保卫组的主要职责为在发生校园暴力事件时组织师生有序疏散，维护现场秩序，保护师生安全。救护组应在发生人员受伤时立即为师生进行紧急救护和临时处置。后勤组应在发生校园暴力事件时及时提供相关器材和物资，妥善处理各种善后事宜，对受伤师生进行安抚，力促正常的教学秩序的尽快恢复。

成立校园暴力专门委员会。教育、司法、公安、综合治理、民政、共青团等多部门联合成立专门委员会，出台预防和控制校园暴力的专项法律法规，定期开展校园暴力专项治理工作并使之常态化。同时各地区也应成立专门委员会，对辖区内各级学校的校园暴力的预防和治理工作进行规划和监督。具体措施包括建立全国统一的热线电话，在全国范围内推行"副校长"制度，并在学校设立警察办公室。

组建校园自治委员会。在校内设立一个由家长、学生、教师、校警、各类辅导专家等多方社会资源组成的校园自治委员会，及时对校园暴力行为进行调解并与暴力行为实施者和受暴者沟通，对施暴者进行一定的教育和处理，对受害者实行人身保护和心理抚慰，尽量通过多方渠道修复双方产生的矛盾关系。

建立心理健康咨询中心。健康咨询中心为施虐者、受害者及其家人提供心理咨询。校园暴力的施暴者往往是由于心理压力没有通过适当的渠道去缓解，心理疑惑和问题没有得到很好的解决，心里话无处倾诉，内心的情感需要长期被忽视，从而导致出现心理扭曲，出现校园暴力行为。如果这部分学生不加以纠正和引导，他们可能会变得更加急躁，甚至心理扭曲，进而危害校园安全，甚至危害社会。同时，如果校园暴力的受害者没有及时受到恰当的心理辅导，将会给他们留下巨大的心理创伤，缺乏自信和自尊，甚至会陷入自我孤立和孤独。因此，心理健康咨询的主要作用在于对有越轨行为的施虐者通过心理疏导进行矫正，对受害人进行心理疏导以抚慰心灵创伤，重拾信心，使校园暴力的负面影响降到最低。此外，还应该为施、受虐者的家庭提供心理咨询，帮助纠正施虐者的行为偏差，帮助受害者从创伤中恢复过来。

2. 制定校园暴力应急处置预案

古人云，凡事预则立不预则废。各级各类学校应对校园暴力未雨绸缪，对已然的校园暴力，应在分析总结的基础上，做好校园暴力防范工作，并提出具体的防范措施；对未然的校园暴力，事先要设计应对之策。应根据校园暴力的类型、危害程度、参与人数规模等因素来设计和管理校园暴力应急预案，包括事前预测和评估、事前预警、事先干预、事中处理、事后跟踪研判和随访等。在发生校园暴力事件时实时启动预案，以减少学校及师生的伤害和损失，使正常教学秩序及时恢复。

3. 完善校园暴力事后处理机制

校园暴力对受害者及其家庭的生理和心理会造成不良影响，但如果对校园暴力处理不当，同样会对施暴者和旁观者产生心理上的消极影响。因此，校园暴力的事后处理必须有条不紊地进行，首先应该有效控制施暴者，保护和安抚受害者，稳定和疏散旁观者，使现场秩序得到恢复；其次应对暴力事件及时调查，让施暴者、受害者、旁观者及管理者能客观反映情况，以全面掌握暴力事件的信息；再次，及时、公正、公开地处理暴力事件，在了解事件信息后及时做出回应，给出处理结果；最后，及时开展各种善后工作，迅速恢复人安、事安和心安。在校园暴力事件发生后，应平衡惩罚与给学生继续学习的机会间的关系。学校教育工作者应充分利用已发生的校园暴力事件作为案例，帮助当事者和全体学生从中汲取教训，引导学生认识暴力行为的危害，并帮助学生掌握控制情绪方法技能，减少冲动行为的发生。

二　校园暴力风险防控

1. 建立健全校园暴力预防体系

及时关注和保护来自特殊家庭的学生。从已然发生的校园暴力事件来看，处于或经历过家庭暴力、物质匮乏、身体或精神残疾困扰等困境的学生更容易成为校园暴力的施暴者和受害者。因此，政府应该建立和完善社会保障机制，加强对此类学生的关注，尤其是对特殊家庭的学生的关注和保障。

加强对家长的教育指导。学校、政府和社会组织应加强对家长的教育方式的指导，强化父母管教子女的意识和责任感，引导家长对子女进行科学教育，可通过开设家长教育指导公共课程、法制教育课程及宣传、家长会议等方式进行。

加强学校暴力预防和应对工作。学校应从教育、管理、干预、咨询等多方面开展校园暴力的预防与应对。一是加强学生的品德教育、公民教育、法治教育、安全教育、生活教育。通过品德教育，引导学生树立判断是非、善恶的标准，形成良好的品德。通过安全教育，培育学生在暴力的关键时刻采取必要的措施，及时向老师、父母、警察等寻求帮助。

通过生命教育，学生不仅能正确认识自己，而且也可提升珍惜和尊重他人生命的意识。二是建立校园暴力投诉中心、校园心理咨询、疏导中心。通过建立校园暴力投诉中心，及时对校园暴力事件进行预警和反应，防止暴力事件的升级。通过校园心理咨询中心与心理疏导中心的合作，及时发现、排查和解决学生的心理和情感问题，避免与化解暴力冲突。三是加强对学生不良行为的纠正和学生矛盾的解决。对学生不良行为要及时发现和纠正，及时解决学生之间的矛盾冲突，避免冲突升级为校园暴力。

2. 建立健全相关法律法规

及时制定校园安全法。校园安全的立法问题在法学界已经讨论了很长时间，许多学者和专家对校园暴力问题进行了深入的调查和研究，得出了一些具有重要指导价值的意见和建议。在校园暴力的处理机制和预防措施方面，司法和执法部门有着丰富的实践经验，已经发布了许多类似的指导文件，并制定了较为完善的突发暴力事件处理措施。在每年的全国人民代表大会和中国人民政治协商会议上，许多代表提出了校园安全法的制定议案和建议，并得到了公众和新闻媒体的支持。由此可见，校园安全法的理论、实践和公共基础已经具备，引入的时机已然成熟。

完善预防校园暴力的相关制度和法律干预。一是加强理论和实践研究，完善有效的信息沟通体系。在校园理论问题和司法实践问题上加强对校园暴力的研究，重点对校园暴力的现状、问题和对策进行研究，为实际预防和控制校园暴力提供有效的、可操作的理论依据。二是健全学校安全法律体系，建立校园安全法律制度，包括《校园安全建设指南》《校园权责制度规范》《校园暴力防范条例》及"零容忍"政策等，以确保校园安全保障的各方面都有法可依。三是完善校园暴力法律适用司法解释。在现行司法解释体系下，为了契合"对未成年人犯罪从宽处理"的政策，在很大程度上采取了较为宽松的司法解释。而宽严相济的解释，只是停留在严格的预防和宽松的惩罚机制。即使再严密的预防措施，也总会有人突破底线，实施恶劣的暴力行为，此时则需要采用较为严格的处罚措施以达到预防犯罪的效果。

3. 强化校园暴力的司法干预

加强对校园暴力犯罪的惩治。在校园犯罪处罚方面，要重视司法机关的威慑力量，发挥司法机关的惩戒作用。在对未成年人犯罪案件的处罚中，司法机关应根据未成年人犯罪的轻重缓急及认罪情况把握刑罚：针对未成年人犯罪的处罚应该宽严相济，对于情节严重的，态度特别恶劣的惯犯、累犯或青少年帮派核心骨干分子给予必要的严惩严罚，在司法审判时可考虑在法定刑罚范围内从重从严处罚，发挥司法的震慑作用；而对于无知、认错态度良好的初犯，本着未成年人与成年人区别对待的原则，不追究刑事责任，进行社会劳工劳动、收容收养、学校教育等替代刑罚，给予在正常环境下改过自新的机会，同时应警惕未成年人产生犯罪不用接受处罚的错觉。

逐步建立在校学生司法制度。在我国并没有针对学生的法庭，甚至青少年法庭也不是每个法庭都必备的。在司法程序中应逐步形成学生及未成年人一体化的司法制度。首先，在确认犯罪嫌疑人是在校学生后，应及时联系家庭成员，并由家庭成员陪同进行讯问。其次，设立专门的少年法庭或在校学生法庭，由专职法官进行专门审判。在判决后，注意改造和纠正的比重，在加大处罚力度的同时，应注意后期的改造培养。

推行行刑社会化。① 一是建立明确、专业化的社区矫正执法管理机构，特别是针对青少年的社区矫正执法管理机构。目前，我国已逐步建立起较为完善的社区矫正制度，也设立了专门的社区矫正科目，但针对青少年学生的矫正机构尚未建立。二是完善未成年人缓刑假释制度，进一步明确未成年人缓刑和假释的适用条件。目前，我国对未成年人缓刑、假释的使用条件和适用范围的规定不够详细，法官在实际审判中有更多的自由裁量权。三是建立未成年人违法犯罪矫正项目。我国几乎没有针对未成年人的社区矫正计划。现有的未成年人社区矫正项目只是一个简单的谈话，很多时候会因为双方不配合而变成一个虚拟的项目。国外的有效经验可以借鉴，并根据我国的实际情况进行修改和完善，制定出适合我国国情的未成年人学习型社区矫正项目。

4. 加强校园反暴力宣传教育

反暴力宣传教育对预防校园暴力有着不可替代的作用，在很大程度

---

① 潘杉:《我国校园暴力预防法律机制研究》，中国知网（https：//kns. cnki. net/kns/brief/default_ result. aspx），2018 年 6 月。

上能够有效预防学生走上违法犯罪的不归路。作为校园暴力的预防针，反暴力宣传教育能够有效地预防校园暴力的发生。

加强对学生的法制教育，防范暴力犯罪。鼓励学生以多种形式学习法律知识，运用法律手段维护自己的合法财产和权利。首先，学校应该定期组织校园安全知识教育，提高学生的安全意识。辅导员和班主任处在学生的思想政治工作的第一线，应将安全教育融入日常管理中去，传授学生正确的防暴、制暴手段，使学生在面临暴力事件时知道如何理性保护和拯救自己。其次，教学生如何应对暴力攻击。青少年正处于人生的黄金时期，血气方刚，活力无限，争吵和纠纷在他们的生活和学习中是不可避免的。家长和老师必须教他们如何正确处理类似口角、纷争的紧急情况，防止升级为校园暴力。

开展多种形式和渠道的反暴力宣传。一是改变书的内容和呈现方式。可以在书中介绍一些学生喜欢的有趣案例，以多种形式展示，培养更多学生阅读法律教育类书籍的兴趣。二是将法治教育课程纳入课程体系。在法治教育课程设置中，可以邀请法官、检察官、警察、律师等专业人士进入课堂，将法律的内涵与现实生活中的案件结合起来，让学生直观地了解法律。三是丰富反暴力宣传教育形式。学校可开展专题课程辅导、校园暴力预案写作培训、校园暴力角色扮演、演讲比赛和知识竞赛等各种主题活动，以普法活动促进普法教育课程开展，让普法教育更接近生活，不断创新学习载体、丰富学习形式，让学生直观了解校园暴力，了解愚人与暴力的区别，更好地培养学生的法律思维习惯，使之在面对学校暴力时能够正确运用法律手段保护自己。

发挥家庭在校园反暴力宣传中的独特作用。第一，不断加强父母对子女法律教育的责任。家长应注意日常行为规范，尽量避免在孩子面前发生争吵，营造温馨和谐的家庭环境，让孩子在温馨健康的环境中成长。同时，家长应该积极学习法律知识，增强法律意识，以培养提升孩子的法治理念，教他们使用法律手段来保护自己。第二，父母应该正确处理爱和教育之间的平衡。当孩子表现出暴力行为时既不能完全严厉地打骂，也不能包庇和溺爱，父母应引导他们正确认识并改变自己的暴力行为。第三，家庭教育应适应家庭环境。物质生活条件好的家庭要在孩子的日常生活中强调节俭，反对铺张浪费，多包容一些人和事，不以优越的态度对待同学和身边的人。而物质生活条件相对贫困的家庭，父母一方面应该尽自己最大的努力改变生活环境，另一方面给孩子更多的鼓励，而不是灌输怨恨富人的心理，教育孩子面对逆境成长，树立正确的人生观和价值观。

第 八 章

"校闹"事件的治理

第一节 "校闹"事件的内涵与特点

一 "校闹"事件的内涵

随着国家现代化进程的不断加快,各种风险交织,学校作为人员集中场所面临着更为复杂的社会风险。当今各地时常发生的"校闹"事件,干扰了正常教育教学秩序。以习近平同志为核心的党中央高度重视学校安全工作。习近平总书记在 2018 年 9 月举行的全国教育大会上强调指出,各级党委和政府要为学校安全托底,解决学校后顾之忧,维护老师和学校应有的尊严,保护学生生命安全。① 2019 年 8 月教育部等五部门出台了《教育部等五部门关于完善安全事故处理机制、维护学校教育教学秩序的意见》(以下简称《意见》)推动学校安全工作进一步完善。当前,"校闹"问题仍然是社会治理重点要解决的问题。

"校闹"从广义上是指为达到某种目的,老师、学生、学生家长及亲属、校园周边居民和个体经营户等相关利益者,以校园冲突或校园民事纠纷为理由,采用极端方式要挟政府或学校企图从中获利的不法行为。② 广义上"校闹"主体涉及面较广,包含老师、学生、学生家长及亲属和社会其他主体。从狭义上讲,"校闹"是指学校安全事故处置过程中,家属及其他校外人员实施围堵学校、在校园内非法聚集、聚众闹事等扰乱

---

① 《依法治理"校闹" 保障学校安心办学》(http://www.jyb.cn/rmtzcg/xwy/wzxw/201908/t20190820_254052.html,2019 年 8 月 20 日)。

② 杨盼:《高校"校闹"治理研究》,中国知网(http://www.cnki.net/index.htm),2016 年。

学校教育教学和管理秩序，侵犯学校和师生合法权益的行为。[①] 狭义层面上的"校闹"在事件主体及诱因的范围上要狭窄一些，其主体主要是指学生家属以及相关校外人员，学校安全事故往往是事件主要诱因。由于学校安全事故纠纷之外的"校闹"事件往往只涉及职称、待遇、住房等内部事宜，在实际生活中发生概率较小，学校可控性较强，其社会影响不大，本章主要研究和探讨狭义上的"校闹"事件。

二 "校闹"事件的表现形式

不断发生的"校闹"事件，呈现出多种表现形式，如纠结亲属围堵学校，拉横幅，张贴讣告，恶意损坏校内设施；在学校内设灵堂、静坐；制造社会负面新闻；堵塞学校等。在"校闹"事件中，受害学生亲属往往扮演着弱势群体的角色，采取危害社会安全的激烈行为谋求自身利益的实现。若冲突不能得到及时有效解决，单纯的家校纠纷容易演化为大规模突发群体事件，严重影响社会安定。2019 年 7 月由教育部等五部门出台的《意见》具体规定了八类"校闹"行为：（1）殴打他人、故意伤害他人或者故意损毁公私财物的；（2）侵占、毁损学校房屋、设施设备的；（3）在学校设置障碍、贴报喷字、拉挂横幅、燃放鞭炮、播放哀乐、摆放花圈、泼洒污物、断水断电、堵塞大门、围堵办公场所和道路的；（4）在学校等公共场所停放尸体的；（5）以不准离开工作场所等方式非法限制学校教职工、学生人身自由的；（6）跟踪、纠缠学校相关负责人，侮辱、恐吓教职工、学生的；（7）携带易燃易爆危险物品和管制器具进入学校的；（8）其他扰乱学校教育教学秩序或侵害他人人身财产权益的行为。[②]《意见》的出台为进一步认定"校闹"事件提供了指导。

从"校闹"事件的表现形态来看，"校闹"可以划分为硬校闹和软校闹。[③] 硬校闹主要是指为了获取高额事故赔偿，涉事学生家属采取的扰乱

---

① 《教育部发布会介绍〈教育部等五部门关于完善安全事故处理机制 维护学校教育教学秩序的意见〉有关情况》(http://www.gov.cn/xinwen/2019 – 08/20/content_ 5422752. htm? from = singlemessage&isappinstalled=0，2019 年 8 月 20 日)。

② 《教育部等五部门关于完善安全事故处理机制维护学校教育教学秩序的意见》(www.moe. gov. cn/srcsite/A02/S7049/201908/t20190819 – 394973. html，2019 年 7 月 26 日)。

③ 戴国立：《"校闹"生成的机理与法律治理路径》，《青少年犯罪问题》2019 年第 6 期。

学校正常教育教学秩序，恶意损害学校公共设施，围堵殴打学校师生，在校外拉横幅、张贴讣告等行为。与硬校闹相对的还有软校闹，相比硬校闹，采取软校闹的涉事人员行动更加隐晦，相反，他们不与学校直接冲突，而是联系媒体、自媒体，利用舆论行政压力迫使学校达成其不合理诉求。在行为惩治查处上，软校闹查处难度更大，影响范围更广。[①] 结合参与人群，可将"校闹"具体形态分为以下四类，如表 8—1 所示。第一类"校闹"为集体—硬校闹。此种类型占相当大比重，且易引发较大社会影响，对社会秩序的潜在威胁性最大，同时由于取证简单、处罚明确，可依照法律法规对其进行处置。在这种类型的"校闹"事件中，涉事者的主要策略表现为以直接打砸学校设施、殴打学校师生、集体下跪等暴力手段破坏正常的教育教学秩序。第二类"校闹"为集体—软校闹。伴随社会发展和国家对于暴力扰乱社会秩序惩治力度的加大，此种类型"校闹"逐步增多。表现策略为静坐、围堵校门、拉横幅等。第三类"校闹"为个体—硬校闹。此种类型占比较少，表现为对学校老师个人或相关领导的攻击，例如暴力袭击、跟踪骚扰、言语威胁等。第四类"校闹"为个体—软校闹。此种类型通常表现为个体通过一定策略谋取利益，如利用媒体发布不实消息、引导舆论向学校施加压力，拒绝与学校沟通等。对于此类"校闹"取证难度较大，惩治困难。[②]

表 8—1　　　　　　　　　　　"校闹"的类型划分

参与人群	表现形态	
	硬校闹	软校闹
个人	打砸设施、殴打师生、集体下跪	静坐、围堵校门、拉横幅
集体	暴力袭击、跟踪骚扰、言语威胁	利用媒体发布不实信息、引导舆论向学校施加压力、拒绝与学校沟通

[①] 崔婷婷：《公共政策视野中医患冲突根源及其对策研究》，中国知网（http://www.cnki.net/index.htm，2017 年）。

[②] 张晶：《正式纠纷解决制度失效、牟利激励与情感触发——多重面相中的"医闹"事件及其治理》，《公共管理学报》2017 年第 1 期。

三　"校闹"事件的基本特征

1. 与"医闹"事件的共同特征

由学校安全事故所引发的"校闹"事件在各地频发不止，造成不良社会影响，甚至大有与"医闹"并行之势，需对其进行妥善治理。从研究中发现，"校闹"同"医闹"的演化路径大体一致，总体上都是由医患纠纷或家校纠纷引发，从形成到爆发，从爆发到缓和，再从缓和到最终问题解决，整个过程的演化路径具有一定规律，这就意味着"校闹"同"医闹"在特征上有着相似之处。[①] 此外，"校闹"因涉事人群的特殊、当事人关系的复杂、事故影响的长远等而具备其独有的特点。

（1）呈现"职业化"与"黑社会化"势头

《侵权责任法》及国务院颁布的《医疗事故处理条例》、教育部颁布的《学生伤害事故处理办法》规定了纠纷解决的三种方式，即自行和解、行政调解和法律诉讼，为纠纷的合法解决提供了更多的途径，也使得此类纠纷的处理趋于规范化。但在实际纠纷解决中，许多患者和学生家属往往放弃以法律途径维护自身权益，转而以"闹"谋求自身利益的实现，从而促使"职业闹员"灰色产业的兴起。一方面，形成了具备组织、指挥、策划、行动能力的职业闹员组织；另一方面，有部分在职人员看到了"校闹""医闹"背后的利润，转而参与其中将其作为副业，甚至其中有人自身就是医生、学校内部工作人员以及相关专业教师。他们相较于其他闹员，具备更高的专业素养，清楚了解学校、医院对于"校闹""医闹"的背后痛点，知道如何有效对其进行施压。[②]

黑社会化是指部分黑社会组织参与"校闹""医闹"过程中，参与指挥、实施对学校、医院的暴力行为。由于黑社会组织具有一定人员和实施犯罪的能力，学生家属和患者可能会与其达成利益共识，依靠其社会影响力和人员动员向医院、学校施加压力，谋取不正当利益。黑社会组

---

① 郭婧：《我国医院暴力行为现状及相关因素研究》，中国知网（http：//www.cnki.net/index.htm，2019 年）。

② 陈昶：《我国"医闹"的政府治理研究》，中国知网（http：//www.cnki.net/index.htm，2017 年）。

织通常是作为幕后操纵者，行动中扮演指挥者、组织者角色，妄图通过怂恿学生家属与患者闹事，将社会矛盾激化，趁机参与其中牟利。

（2）"以闹取利"获取高额赔偿

我国的损害赔偿方式目前主要是以经济赔偿为主导，在市场经济的快速发展之下，受害方对经济赔偿额度的要求逐步上升。尽管部分患者与学生家属确实是为自身讨要说法，弥补事故损失，但更多闹事者和相关人士则是想要通过扰乱社会秩序，挑起纠纷来获得更大的经济利益。一方面，家属无视责任划分，视人道主义补偿为法律责任赔偿，拒绝走司法程序，而采取闹事等诸多非法手段促使事态扩大化，向学校和医疗单位索要高额赔偿金且赔偿金额数值持续上升，使学校和医疗机构不堪重负；另一方面，当地政府机关对学校和医疗机构通常会下达维稳任务，要求其尽快对事故进行处置，迫于上级压力和维护正常教育工作秩序，学校与医疗机构也通常会选择通过高额经济赔偿尽快解决纠纷。长此以往，必定会助长"两闹"气焰，影响社会风气，使得更多家属和患者采用"闹"的方式寻求纠纷解决，最终陷入纠纷的恶性循环。

（3）"软闹"方式渐行凸显

伴随着中国法治化进程的不断加快，2015 年表决通过的《刑法修正案（九）》、2002 年教育部颁布的《学生伤害事故处理办法》、2014 年最高法最高检等五部委出台的《关于依法惩处涉医违法犯罪维护正常医疗秩序的意见》等法案都规定了无理取闹，聚众扰乱医院、学校正常工作教育秩序或侵犯医生、学校师生合法权益会受到严厉处罚，打砸医院学校、侮辱医生、师生的"硬医闹"有所减少，但持续地拒绝沟通、长期"盘踞"医院学校、散布谣言等"软医闹""软校闹"方式逐渐浮出水面。闹事的患者与学生家属不对领导及医生和教师进行围堵，也不对医院与学校设施进行损坏，他们更多的是长时间对学校、医院进行围堵静坐、跟踪领导与事故处置人员，有的在微博和微信等网络自媒体发布传播不实信息，有的与媒体进行联系，甚至有部分闹事者告知与自己有类似情况的相关人员，自己通过"闹"的方式加剧事态严重而获取了高额赔偿。在各种自媒体出现以后，闹事者更是利用这种方式对医院、学校要挟，医院或学校出于维稳和自身的声誉，在社会矛盾舆论激化的情况下还需不停补救，由此需要承担的压力和事故处置后续工作也相应增多。

2. "校闹"事件自身独有特点

（1）"校闹"事件主客体间法律关系的多重性

学校安全事故纠纷通常涉及多方法律主体，他们之间法律关系的复杂性、多重性增加了事故责任裁定的难度。其中最为复杂且最难认定的是学校与学生间的法律关系。这同"医闹"事件中的医患法律关系存在区别，医患关系只是单纯的民事法律关系，而学校同学生之间的法律关系则是一种双重法律关系即教育管理关系和民事法律关系。教育管理关系是指在教育教学过程中学校与学生形成的以教育为客体的法律关系，是一种特殊的行政管理关系，其特殊性在于试图保持学校必要的独立性和必要的外界干涉之间的合理张力。[①] 最具代表性的是学校的自主管理权和实施教育权，学校按规章制度进行自主管理和组织实施教育教学活动，这两类行为在一般情况下都不具有可诉性。另外，学校与学生之间还存在民事法律关系，是在教学过程中或组织校外活动中学校与学生所发生的法律关系。上述两种法律关系是相辅相成、不可分割的，正因为这种互相交织关系导致了责任认定和划分的困难，这种法律关系的多重性也是"校闹"与"医闹"之间最重要的区别所在。

（2）"校闹"事件影响的辐射性

"校闹"事件所带来的社会影响更具辐射性。一方面，"校闹"事件影响在校师生及学生家长对学校的认同感。师生对学校的认同程度，关系到教师是否愿意为自己的学校投入更多精力，关系到学生自身学习动力，而且会对学校的内在文化塑造和精神传承以及校风、学风产生潜在影响。教师和学生作为学校内重要的主体之一，其认同程度对学校发展和正常教育教学开展极具影响力。学生家长对学校的认同程度会影响学生择校选择，进一步对学校招生来源和生源质量造成影响。"校闹"事件频繁发生以及学校不顾事故归责赔偿了事的态度，会使师生和学生家属对学校能力产生怀疑，进一步影响其对学校的认同感和归属感。另一方面，学校作为培养未来社会劳动者的场所，直接利益者为学生，其间接利益的获得者则是整个社会和公众。学校安全事故一旦发生，社会公众

---

① 杨盼:《高校"校闹"治理研究》，中国知网（http://www.cnki.net/index.htm，2016年）。

关注点往往会集中在这里，加之信息化传播覆盖面的扩大，会造成更为严重的舆论讨论，极易引发社会矛盾激化。

（3）子女成长风险的转嫁性

孩子往往是一个家庭的希望和未来，特别是自 20 世纪 70 年代我国开始实施计划生育政策以来，社会中存在着庞大的独生子女家庭，父母将整个家庭的未来和希望都放在子女身上，这使得他们为此投入巨大养育成本，可以说父母一辈子的奋斗都是在为子女的成才进行投资。学校安全事故的发生通常会使学生身心遭受创伤，严重的甚至导致死亡，致使学生家属陷入痛苦和绝望的困境，父母事后情绪更偏激，对寻求慰藉的期望值也会更高，转而通过"校闹"转移子女成长风险，极端地把子女死亡的原因归咎于外界因素。学生成长风险本应由政府、社会和家庭三者共同分担，现因责任划分政策和社会保障政策的缺位，导致将这种风险完全转嫁给学校。

第二节　"校闹"事件典型案例分析

本节对 2018—2019 年可获得信息的"校闹"事件进行筛选，初步分类，选取三起"校闹"事件作为典型的"校闹"事件案例，还原事件经过，并进行分析。

一　"校闹"行为引发教师自杀案例

1. 案例经过

2019 年 7 月 3 日，安徽省某学校的周老师离家后失联，4 天后，相关部门在长江繁昌段水域发现其尸体，警方证实周老师系自杀。[①] 事情源于周老师班上一男生和女生因为一支笔扭打起来，周老师试图拉开男生。由于男生力气比较大，当场对周老师进行了攻击，周老师在不得已的情况下加大了力气，在男生身上留下了痕迹。事后家长带学生去医院做检查，并一再要求周老师公开道歉，并对周老师进行一系列威胁。其后校

---

① 《老师管教学生惹祸上身遭家长威胁，最终投江身亡》（http：//news. cctv. com/2019/07/28/ARTI3LDffelgu8JtH1xwHDTR190728. shtml，2019 年 7 月 28 日）。

方领导多次对周老师进行"谈心"，但据周老师家属反映，校方所谓"谈心"实则是让周老师尽快答应学生家属要求。最终经校园与派出所多次调停，周老师不必道歉，但是给予了一定赔偿。几天后，周老师难以承受压力，跳江自杀。

2. 案例分析

该事故是老师在处理学生矛盾时处理方式引发学生家长不满而导致的"校闹"，在事件过程中学生家属一系列闹事行为，校方的片面维稳不作为，加之警方、社会等力量的薄弱，使得周老师难以承受巨大压力最终选择结束自己的生命。周老师作为一名教师及时对班内发生的学生纠纷进行处理，履行了作为教师的义务。依据《教育法》《教师法》《教师职业道德条例》等相关规定，周老师在此事故中不承担任何法律责任。学校作为学生们集聚活动的地点，容易发生学生之间的摩擦纠纷，老师作为班级的管理者应该正确履行自身职责，妥善处理学生之间的矛盾。当学生家长对校内老师有不满进行投诉或批评时，学校不能一味为了维稳而不顾老师权利，应在调查事实真相后，正确进行处理，给老师、学生家长一个满意的答复。涉事男生家长以"闹"谋求自身权利不仅伤害了老师同时也违反相关法律。政府与学校应畅通学生家长维权通道，加强家校双方沟通，学生家长也应以正当合理方式依法维护自身权益。

3. 案例启示

第一，学校应正视学生家属投诉及与学生家属的沟通工作。在日常的学校管理工作中，学校不免会收到来自学生家属的投诉，其中有针对老师的也有针对学校本身的。学校应以正确的态度去对待这些投诉和建议，对于建议应在虚心接受的基础上积极改进，迎来学校更好的发展。面对针对学校老师的投诉时，应认真调查事实真相，若发现自身确有过失，应对学生家长进行道歉与赔偿。但若投诉有误，则应向社会说明真相，不能为了维稳加重自身或老师责任。同时学校应重视与学生家属的沟通，良好的沟通有利于学校与学生家属之间信任关系的建立、双方利益的协调，从而推动事故协商工作顺利进行。

第二，应重视发挥属地政府及公安机关的作用。学校管理工作涉及食品、卫生、设施、交通等多方面内容，由学校自身进行管理难以达成相应预期目的，需要学校与当地政府、社会教育力量协同合作，以促使事件得到顺利和有效的解决。公安机关作为武装性质的国家机关，对于社会治安事件具有执法权且对学校负有教育责任，应当同教育部门、学校承担起学校及周边安全风险防控工作，指导学校健全突发事件预警应对机制和警校联动联防联控机制。卫生、交通、住房、食品等相关部门应在自身管辖范围内联合学校，加强对学校内部及周边环境的综合治理与监管，预防安全事故的发生。

第三，加强宣传使家长树立通过法律途径维护自己权利的意识，同时依法加大打击"校闹"的力度。日常的法律意识树立可以从根本上杜绝"校闹"行为的发生，政府与学校应加大对于学生及学生家长的日常法律宣传教育，使其认识到法律的权威性，同时帮助学生家长掌握正确的法律维权方法，以合法的方式维护自身权利。此外，应依法加大对于"校闹"的惩治力度，这样不但可以减轻校方处置压力也可以在全社会形成一定示范效应，让"闹事者"和"有意闹事者"真正不敢闹、不愿闹，在全社会形成执法、懂法、守法的良好氛围。

二 小学生体育课意外死亡引发"校闹"案例

1. 案例经过

2018年10月23日下午，广州市某学校四年级学生孙某上体育课期间，被倾倒的足球门砸中，事故发生后，学校第一时间把学生送往最近的医院全力抢救，但因抢救无效，孙某不幸离世。得知噩耗的学生家属情绪激动，随即来到学校讨要说法。他们在学校门口拉起条幅营造悲哀气氛，并对过往的老师、同学进行围堵，部分围观群众也加入其中对学校进行声讨，一时间社会矛盾激化。在关注与压力下，事发学校于两日后向社会发布通报，公布了事故调查结果。同时表示事件发生后，学校已经成立了事件应急和善后处置工作小组负责与家属协商解决办法，并将在之后的工作中全力加强学校安全隐患排查，避免类似安全事故再次发生。

2. 案例分析

该事件属于由学生伤害事故所引发的"校闹"。根据《学生伤害事故处理办法》的相关规定，此次事故是因学校的校舍、场地、其他公共设施不符合国家规定的标准，具有明显不安全因素而引发学校安全事故，导致学生死亡,因此学校在此次事故归责中负有责任。孙某所在的学校也在发布的情况通报中声明学校对此次事故将负全部责任。在事故处理过程中,事发学校及时启动学校应急预案,成立事件应急和善后处置工作小组负责事故处置,并及时向社会发布调查结果,在一定程度上避免了社会舆论恶化和事态进一步扩大。而涉事学生家属本该属于事故受害方,由于采用错误的方式进行维权,不仅在无形中加大了学校事故处置压力也违反了《治安管理处罚法》等相关法律规定。

3. 案例启示

第一,重视校园安全管理工作。"校闹"事件是由学生伤害事故所引起的,加大对学生伤害事故的预防,就能从源头上减少"校闹"事件的发生。学校安全管理工作可以从很大程度上降低学生伤害事故风险。一方面学校要定期对校园设施的安全隐患进行排查,对存在隐患或不能使用的设施进行整改或停止使用。定期对学校安全事故进行分析,对新发现的隐患和可能存在的风险实施排查。另一方面要加强师生安全教育,提升安全意识。将对师生安全知识的学习和安全意识的培养纳入日常教学工作中,科学制定校园设施的使用规范,杜绝因不安全操作引起的学校安全事故。

第二,做好对学生的健康体检和法制教育工作。学校与教师要做好针对学生的健康体检工作,定期对学生的身体状况进行检查,并建立学生身体情况档案。保持与学生家长的日常联系,对有特殊疾病和特异体质的学生多给予关注和帮助,防止学生突发意外。同时学校要重视学生日常法制教育工作,通过开展法制讲座、法制舞台剧、邀请法律专家进课堂等多种活动,教育学生知法、懂法、守法,遵守学校规制度,从而在一定程度上减少学生伤害事故的发生。

三 学生因情感问题溺水自杀引发"校闹"案例

1. 案例经过

2018 年 11 月 4 日晚,湖南省某高校一女生谢某在校内湖中溺水。事发当时,有多名学生在现场进行了施救,学校也及时联系最近的医院对溺水学生进行了抢救,但谢某送往医院后经医学鉴定已死亡。经当地警方立案侦查,证实谢某系因情感纠纷导致情绪过激跳水身亡,排除他杀。

事后，学校成立了以学校校长为组长的事故专项工作小组负责事故处置工作同时安排人员安抚家属，承诺给予家属道义上的补助。但谢某家属对学校的处置结果并不接受，他们要求学校给予200万元的补偿还做出了围堵校门、堵塞交通、拉横幅标语、抱遗像示威要挟等行为。在事故调查结果尚未明晰的情况下，谢某家属还在社交媒体上发帖对学校进行质疑，要求学校给予说法。

2. 案例分析

该事件属于学生自杀死亡事故引发的"校闹"。当代学生所面临的学习压力、就业压力、情感压力、竞争压力、人际困惑等逐增，随之学生自杀或自伤事故的数量也呈上升趋势，判定学校在此类事故中的责任也成为争议的焦点。以事故诱因为依据，此类事件可分为学生个人原因型和学校关联型。[①] 前者如由学生家庭、情感问题或人际问题等因素导致自杀，其后果应由学生自身承担；后者如由学校处分不当、安全管理不妥等原因导致，学校则需依法承担过错责任。若学校是在教育管理范围之内履行其职责且其行为无不当之处，则无须承担法律责任。案例中谢某是因个人情感纠纷而选择自杀。根据调查结果，学校在谢某溺水后依据现场情况及时采取了救治措施，不存在失职。谢某的死主要是源于自身心理脆弱。在事故处置过程中，谢某的家属围堵学校，堵塞交通以谋取巨额经济补偿，同时在事故调查结果尚未公布的情况下，在互联网上肆意散布不实信息，让学校承受了事故处置压力，也进一步激化了社会矛盾。

3. 案例启示

第一，做好事故舆情引导工作。在危机事件发生后，人们通常想要在第一时间获取事件信息，在无法获得的情况下，则会通过各种路径寻求一切可能甚至是未经确认的信息，此时也是谣言传播散布的最好时机。[②] 媒体报道对学校安全管理工作可以起到一定的监督作用，但如果运用不好，就会出现负面效应。因此，要规范媒体报道，做好事故舆情的

---

① 杨盼：《高校"校闹"治理研究》，中国知网（http://www.cnki.net/index.htm，2016年）。

② 郝玲、王丰：《杜绝"校闹"的有效策略》，《教书育人》2018年第14期。

引导工作。及时、准确对事故信息进行调查公布是面对谣言的最佳途径，学校可以利用官方媒体平台，将事故调查结果和处置流程向社会发布，可以防止谣言的进一步产生及传播。针对案例中谢某家属故意在互联网上制造传播谣言这一情况，学校应做好相关信息发布，同时建立网络舆情监控机制，通过互联网、学校信息网等途径，及时了解思想动态，促进舆论正向引导，进而防止谣言的生成与传播。

第二，注重开展针对学生的心理辅导工作。当前部分学生存在心理承受能力、调节能力、控制能力低下，个体人格品质、心理素质不健全等问题，这是引发学校心理安全问题主要因素的根源所在。学校在注意显性学校安全隐患的同时，也要及时了解学生生理、心理的发展变化，用合理的方式解决学生间的各种矛盾。要积极引导学生身心发展，帮助他们采取合理合法的方式解决问题，如采用心理咨询、心理知识讲座、课外活动等帮助有心理疾病的学生走出心理阴影。对于具有严重心理问题的学生，要注意通过心理测评和平时观察，筛选出有心理问题的学生，安排适当的人如班主任、辅导员、班级干部等与该学生多交流，必要时可以联系家长、学校心理医生，最大限度减少学生自杀等危险行为。

第三，严格界定学校责任范围。法律应明文界定学校应该承担的责任，为家校纠纷的解决提供具有可操作性的依据。我国当前颁布的《侵权责任法》虽对学校的责任进行了原则性的规定，但在实践中存在具体规定不够细致尤其是在家校纠纷、事故责任划分上，内容规范不够明确，容易片面加重校方责任。在这种情况下，出台一部具有普遍指导意义的高层次专门性法律着实必要。新出台的法案应在整合当前法律法规的基础上做到尽可能具体化，合理界定事故多方的责任。

第三节 "校闹"事件问题与致因分析

一 "校闹"的危害

1. 对学校正常教育教学秩序造成严重影响

在"校闹"事件中，学校财物被损害，校内师生遭受人身攻击，聚众闹事的情况时有发生，这些严重影响到了学校正常的教育教学秩序，甚至威胁到教育工作者的人身安全，给学校工作带来较大压力。由于学生安全事故纠纷处置时间较长，在此期间爆发的"校闹"事件会使学校在很长一段时间陷入恐慌之中，学校领导忙于处置纠纷没有时间和精力处理学校日常工作事务，教师无法进行正常教学，事故学生所在班级也都没有心思学习。各式各样的"校闹"让学校成为"惊弓之鸟"。因为怕出事，怕担责，很多学校为保证学生人身安全，降低体育课标准和要求，还有学校明令禁止集体春游等外出活动，运动会取消标枪、铁饼项目，女子3000米和男子5000米长跑项目也"不见了"，放弃那些可能有危险性的传统体育项目。[①]长此以往，教育工作者的工作积极性和创造性将会减弱，也不利于当前培养全面发展的社会主义建设者和接班人教育目的的实现。

2. 影响了学校的社会声誉，增加了管理的负担

"校闹"会使社会公众以及学生家长对学校的管理水平和教育质量产生怀疑，从而会降低学校社会声誉。良好的社会声誉对学校而言是一笔宝贵的无形资产，能吸引社会公众对学校的关注，能提高未来学生和学生家长对学校的选择率。学生作为社会中的特殊人群，是一个国家和民族发展的希望与未来，因此一旦发生学校安全事故就会受到社会公众关注，也易成为媒体追逐的对象，被广泛传播。部分不良媒体对于学校安全事故纠纷的报道带有一定的偏颇性，往往认为事故学生及其家属作为弱势群体应当得到相当的赔偿，在事故责任尚未确定的情况下就引导舆论对学校进行指责，极大地影响了学校的社会声誉。为向学校施压，"校闹"人员借助网络平台传播事故不实消息的倾向也日益严重，这种信息的传播会给学校声誉带来负面影响，在此情况下会严重破坏学校的社会形象，而社会公众也会对学校的形象产生怀疑，更多地体现在对学校生源质量和未来发展的影响。

3. 损害了国家的法律尊严，增加了司法系统负担

当前"校闹"事件频发不断挑战法律底线，伤害了国家法律的尊严。闹事者以"校闹"的方式谋求自身私利的实现，无视国家的法律法规，会导致社会制度脱序、法规法治的脱轨，最终家校双方都将无法准确划分权责，二者都将难以运用法律手段维护自身权益。此外，"校闹"作为

---

① 刘根林：《浅谈全面推进依法治国背景下高校"校闹"之防治》，《科技风》2016年第22期。

一种非法行为触犯了《学生伤害事故处理办法》《治安管理处罚法》等法律法规的相关规定，但在多种原因交织的情况之下，部分闹事者获得了一定的经济利益，将会更进一步损害法律在公众心中的地位。同时冲突的激化也将增加司法系统的负担，一些"校闹"事件因难以调和最终会走向司法程序，到法院起诉。由于纠纷涉及内容的特殊性，赔偿判决的"二元化"，单纯依靠司法机关无法做出准确判决，需要相关机构的鉴定，这对司法系统也一个不小的考验。① 纠纷还受到法律程序严谨的要求，致使法院不得不用更多的资源来解决纠纷，给司法系统带来不小的负担。

4. 扰乱社会正常秩序，助长不正之风

近年来家校矛盾纠纷呈现出愈加恶化态势，多数家长在学校安全事故发生后，不选择采用合法正当的方式进行维权，而是奉行"大闹大解决、小闹小解决"的维权潜规则。学校在政府部门维稳压力和维持正常教育教学秩序，维护学校声誉的目的之下多选择支付高额的事故赔偿金，以促成纠纷的尽快解决。殊不知，长此以往会使"校闹者"产生以闹获利没有代价，反而会得到巨大好处的想法，有同样经历的事故家属也会照此学习，导致社会逆示范效应。根据《学生伤害事故处理办法》的相关规定，在发生学生伤害事故后应依照《中华人民共和国侵权责任法》及相关法律对事故进行归责，学校对事故负有责任的应给予学生及家属赔偿。学校若无责任，可在条件允许和自愿之下，根据事故实际情况，给予学生及家属一定帮助救济。但事实上，涉事家属通常认为学生是在学校内发生安全事故，学校就应负担全部责任，并将学校出于人道主义的补偿视作法律责任上的赔偿，这样显然不妥。诸多原因交织之下，使得当前"校闹"事态较为严重，推动了社会不正风气的形成和传播。

二 当前"校闹"事件治理过程存在的问题

1. 预防处置机制埋藏隐患

"校闹"问题是由学校安全事故引起的，加强事故预防，规范处置程

---

① 张旭光：《防治"校闹"纠纷之探析——以法律为视角》，《山西高等学校社会科学学报》2016年第9期。

序，就能从源头上避免事故发生或将事故化解在萌芽状态，减少不必要的成本代价。一直以来，政府及学校对于学校安全事故预防工作的重视力度不够，缺少覆盖全过程的应急处置预案，应急预案制定流于形式，缺乏一定实操性。针对师生的安全教育、法制教育、生命教育和心理健康教育也较为缺乏，尽管《学生伤害事故处理办法》规定学校应当对在校学生进行必要的安全教育和自护自救教育，但我国学校以示范性、观赏性为导向的演练教育模式，[①] 起不到防范事故灾害的预防作用。此外，现实中赔偿渠道及风险分担机制的单一，使得事故发生以后如何进行赔偿、标准如何界定，缺乏明确的规定，往往出现以"闹"谋求更大赔偿的现象。学校在事故处置中承担巨大压力，缺乏多元化的损害赔偿机制，单凭校方责任险不能完全覆盖现有学校安全出现的种种事故，难以有效化解风险。

2. 法律依据模糊责任难清

我国是法治国家，社会矛盾与问题的解决应当运用法制思维和法治方式。然而，在实践中，"校闹"问题频发显示出学校安全事故法制层面的不足。一方面，法律制度缺失，纠纷责任难以划分。目前我国仍未出台如《校园安全法》《安全法》等相关方面的法律，2009 年颁布的《侵权责任法》虽然规定了学校已经尽到了教育管理职责、没有任何过错的话，不应该承担责任，但对于具体职责范围并没有明确界定，学校安全事故发生后，依法处置成为难题。[②] 由于适用法律依据的模糊性加之法律诉讼成本较高，大部分出事家庭会选择通过扰乱公共秩序、损害他人合法权益等不正当方式，向学校和行政管理机关施压，损害法制权威。另一方面，在事件处置当中忽视法律原则。一些政府和学校出于维稳和社会安全的需要，在学校安全事故纠纷发生后，总想息事宁人，于是不顾法律原则，"花钱买平安"，片面加重学校责任。少数公安机关对于"校闹"事件持观望态度，对出事家庭抱有"同情心"，未能依据处置原则和法律程序依法惩处"校闹"人员，严厉打击涉及"校闹"的犯罪行为，

① 吴晓涛、姬东艳、金英淑等：《美国校园应急预案建设及对我国的启示》，《灾害学》2017 年第 3 期。

② 董新良、闫领楠：《学校安全政策：历史演进与展望》，《教育科学》2019 年第 5 期。

难以形成有效防范冲突的震慑力。

3. 多元化纠纷处理渠道不畅通

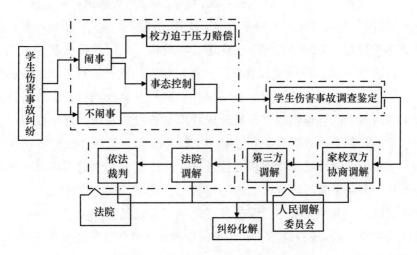

图8—1 学生伤害事故纠纷处理渠道

学生伤害事故发生后，政府机关、学校及其他责任人应在短时间控制好事态，降低各种损失并做好沟通工作，保证学校稳定。事实上，"校闹"问题的出现，正是因为纠纷处理存在问题所导致的矛盾激化。《侵权责任法》及教育部颁布的《学生伤害事故处理办法》等相关法律制度规定，目前学生伤害事故纠纷的处理主要有三种渠道：家校双方自行协商解决、调解解决、诉讼解决，如图8—1所示。但在实际的过程中，纠纷主要通过司法诉讼、出事家庭向学校及行政管理机关施压，政府、学校出于维稳压力，息事宁人给予赔偿的方式得到解决。① 因为事故发生往往造成学生身心损害，出事家庭情绪普遍激动，较难通过协商的方式与学校达成和解。当前我国第三方调解机制也不够完善，受害一方认为纠纷调解组织由政府组织建设，有偏袒之嫌，质疑其公正性不愿进行调解。我国虽存在多元纠纷救济渠道，但处置过程中协商调解机制的不足造成频频使用暴力手段化解纠纷，加剧了"校闹"问题的发生。

---

① 刘静：《校闹频发拷问制度之弊》，《教育》2014年第24期。

三　"校闹"事件演化的致因分析

1. "校闹"事件发生的前提：法律制度和预防处置机制不完善

"校闹"事件发生具有一定前提，法律制度的不健全、预防与处置机制的不完善为冲突的爆发埋下了隐患。现阶段，我国学校法制建设仍较迟后，2009 年颁布的《侵权责任法》虽对学校的责任进行了原则性的规定，但在实践中存在具体规定不够细致尤其是在家校纠纷、事故责任划分上，内容规范不够明确，容易造成片面加重校方责任。近年我国出台的《学生伤害事故处理办法》《中小学幼儿园安全管理办法》等法律法规，多属于部门行政规章和地方性法规，法律效力不强起不到有效的规范作用。事前预防与处置机制的不完善也会使学校安全事故纠纷不能在源头掐断，出现冲突苗头后无法及时化解，引发严重"校闹"事件。尽管《突发事件应对法》《学生伤害事故处理办法》等法律法规都强调事前预防的重要性，把事故预防摆在第一位，但在实践过程中部分教育部门、学校存在侥幸心理，忽视安全防范，应急预案建设工作缺失或者不考虑自身特点，造成预案制定同质化严重，日常演练工作不到位，使得事故发生后应急预案不具备实施的可能性。此外，我国针对学校安全事故纠纷的处置程序还不够规范，从纠纷发生前的预警环节到发生后的当事人利益表达环节、事故多方的协商调解环节与最终的救济救助环节基本处于摸索阶段，还未形成一套行之有效的完善机制。因此事故发生后，学校难以按照规范的处置程序有效处理纠纷，受害一方当事人不清楚如何维护自身权益，纠纷双方只能寻求暴力手段解决问题。

2. "校闹"事件发生的基础：学校管理缺位

学校管理缺位，是学校安全事故风险演化为"校闹"事件的基础。现代社会是一个风险社会，学校作为人员身份复杂且集中的特殊地区，极易发生各类安全事故，造成的损失也较其他地区惨重。这就需要校方重视安全保卫管理工作，将事故风险降至最低。然而现如今我国学校治校仍普遍沿用传统管理模式，存在理念体制落后、管理疏忽、责任心弱、硬件设施陈旧等问题。风险排查与风险防控工作不到位，许多学校进出登记制度存在弊端，巡逻制度、通报制度或是不够完善或是流于形式。学校同有关部门尚未建立起安全工作部门协调机制，缺少对于突发事件的联动联防联控。管理工作不到位，增加了校园安全隐患，使得学校安全事故问题更为突出。学校安全事故处置频率的增加，使得其中不乏受害家庭采用"闹"的方式寻求事件解决。

3. "校闹"事件的导火索：情感触发与牟利意图、政府与公安机关缺位

单纯的学校安全事故很难演化成"校闹"事件，受害方家庭的情感触发与牟利意图、政府与公安机关的失位成为事故演变的导火索。子女是整个家庭的未来和希望，尤其独生子女家庭更是如此。学校安全事故的发生，通常会对受害方的身心造成巨大损害，学校学生作为学校主体，往往成为事故受害者。在情感触发下，受害方家庭情绪激动，会通过暴力手段向校方宣泄。部分受害方家属同样会出于牟利动机不追求事故责任的明晰划分和校方责任，诉求大额经济补偿。[①] 而对校方来说，学校稳定和社会声誉比经济损失更为重要，这就给受害方通过非常规方式同学校讨价还价提供了条件。此外，政府与公安机关缺位也加速了"校闹"事件的发生。现阶段一些地方政府未能妥善处理好"维权"与"维稳"的关系，一旦出现事故维稳意识强烈，要求学校尽快息事宁人恢复秩序，加剧了"花钱买平安"现象的发生。公安机关由于缺乏明确的法律法规，调查取证难度大，因而对"校闹"人员依法处置困难。少数民警对受害方家属抱有同情心，主要采取疏导教育手段，未能按照相关惩治原则程序依法处置，起不到有效震慑作用。

4. "校闹"事件的助燃剂：媒体扩散渲染

媒体对于不实信息的扩散渲染在"校闹"事件中发挥推波助澜的作用。当今社会媒体在传播信息与实施社会监督中充当着重要作用，同时因其第三者独立身份使得在学校安全事故纠纷中处于弱势的受害方家庭往往向其寻求帮助。这其中少数缺乏职业素养的不良媒体，为博关注在未弄清事故真相之前就对学校和老师展开批判，向社会发布不实信息，误导公众。在媒体的推动作用下，部分公众在不了解真实情况的状态下就对学校群起攻之，"校闹"者更加有恃无恐，造成事故纠纷扩大。

---

① 张晶：《正式纠纷解决制度失效、牟利激励与情感触发——多重面相中的"医闹"事件及其治理》，《公共管理学报》2017 年第 1 期。

第四节 "校闹"事件的治理路径

一 "校闹"相关立法现状梳理

"校闹"的发生，让学校承担了不应当承担的压力与责任，侵害了学校师生的正当合法权益，干扰了素质教育的顺利实施。现阶段，我国逐步加快学校安全领域的立法进程，2015 年 11 月 1 日《刑法修正案（九）》的实施，标志着"校闹"正式纳入刑法的规制范围。2019 年《教育部工作要点》明确提出要"探索依法治理'校闹'机制，完善学校安全事故应急处理机制，健全学校依法办学法律服务与保障体制"。本节总结了 1997—2019 年我国颁布的与涉校违法、"校闹"、维护学校秩序等相关的较为重大的法律法规、政策、声明等 12 条，具体见表 8—2，对我国当前预防和处理"校闹"的政策经验进行了归纳。

表 8—2 1997—2019 年与"校闹"相关的国内法律法规

发布或执行日期	名称	类别	相关内容
2009.8.27	《中华人民共和国教师法》	法律	第三十五条 侮辱、殴打教师的，根据不同情况，分别给予行政处分或者行政处罚；造成损害的，责令赔偿损失；情节严重，构成犯罪的，依法追究刑事责任
2010.7.01	《侵权责任法》	法律	第三十八条 幼儿园、学校或者其他教育机构能够证明尽到教育、管理职责的，不承担责任

续表

发布或执行日期	名称	类别	相关内容
2013.1.1	《治安管理处罚法》	法律	对扰乱正常教学秩序、殴打侮辱、拦截、在公共场所停放尸体等具体"校闹"行为采取行政处罚
2015.11.01	《刑法修正案（九）》	法律	第二百九十条第一款 规定聚众扰乱社会秩序罪，情节认定包括：致使工作、生产、营业和教学、科研、医疗无法进行，造成严重损失，标志着"校闹"行为正式入刑
1997.2.13	《高等学校内部保卫工作规定（试行）》	部门规章	规定高校内部保卫工作要及时处置各种不安定事端和突发性事件并及时向公安机关报告校内发生的刑事、治安案件，其中包含"校闹"事件的处置
2002.9.1	《学生伤害事故处理办法》	部门规章	第三十六条 受伤害学生的监护人、亲属或者其他有关人员，在事故处理过程中无理取闹，扰乱学校正常教育教学秩序，或者侵犯学校、学校教师或者其他工作人员的合法权益的，学校应当报告公安机关依法处理；造成损失的，可以依法要求赔偿

续表

发布或执行日期	名称	类别	相关内容
2006.9.1	《中小学幼儿园安全管理办法》	部门规章	第八条 公安机关对学校安全工作履行下列职责：了解掌握学校及周边治安状况，指导学校做好校园保卫工作，及时依法查处扰乱校园秩序、侵害师生人身、财产安全的案件； 第六十三条 校外单位或者人员违反治安管理规定、引发学校安全事故的，或者在学校安全事故处理过程中，扰乱学校正常教育教学秩序、违反治安管理规定的，由公安机关依法处理；构成犯罪的，依法追究其刑事责任；造成学校财产损失的，依法承担赔偿责任
2019.6.25	《关于完善安全事故处理机制维护学校教育教学秩序的意见》	部门规章	列举了八种"校闹"行为，要求及时制止"校闹"行为，依法惩处"校闹"人员，严厉打击涉及"校闹"的犯罪行为。对学校、公安机关、人民检察院、人民法院、学校保卫部门在"校闹"事件中具体职责进行了规定
2015.11.20	《江西省学校学生人身伤害事故预防与处理条例》	地方性法规	规定了学生人身伤害事故纠纷的五种具体解决途径；对学生人身伤害事故纠纷人民调解委员会的组成和职责进行了解释；列举了六种需要公安机关依法处置的"校闹"行为

发布或执行日期	名称	类别	相关内容
2018.7.1	《湖南省学校学生人身伤害事故预防和处理条例》	地方性法规	对学生人身伤害事故纠纷的具体解决途径进行了说明，并规定学校具有告知学生家长事故处理的途径、方法和程序的义务。学生人身伤害事故发生后，任何单位和个人不得采用违法方式表达意见和要求。公安机关针对学生人身伤害事故引发的社会治安问题应当开展教育疏导，劝阻过激行为，防止事态扩大，维护学校正常教育教学秩序
2019.1.1	《山东省学校安全条例》	地方性法规	列举了六种"校闹"行为，规定发生"校闹"行为时，学校应当立即向所在地公安机关报案。公安机关应当依法及时采取措施，予以处置，维护教育教学秩序。学校主管部门应引导当事人采取协商、调解、诉讼的方式解决学生人身伤害事故纠纷
2019.12.1	《河北省学校安全事故处置办法》	地方规章	对学校安全事故纠纷的具体处置机制、解决途径以及协同机制的构建进行了规定。针对"校闹"人员违反治安管理的行为，公安机关、人民法院、人民检察院应当依法从严惩处

除此之外，我国正逐步推动《学校安全条例》和相关行政法规的探索制定工作，积极争取支持。目前，山东、四川、湖南等一些地方已经出台了相关地方性法规，在实施中积累了一定了经验。2019 年 6 月 25日，教育部、最高人民法院、最高人民检察院、公安部、司法部联合印发了《关于完善安全事故处理机制 维护学校教育教学秩序的意见》（以下简称《意见》），对"校闹"违法犯罪行为的规定更为具体细致，并针对学校安全事故预防与处置机制和多部门协调配合工作机制的构建，学校安全事故纠纷的解决途径，"校闹"行为的依法处置提出了相应的解决意见。各级地方政府教育部门也正积极依据《意见》内容，制定或修改、完善学校安全方面的地方性法规，健全学校安全法治保障，推动学校安全事故纠纷的妥善解决。

二 "校闹"事件的治理路径

"校闹"事件的演化是多重因素耦合的结果，其中不仅仅涉及学生伤害事故双方，在现代社会信息传播下，"校闹"事件甚至可以转变为大型的社会群体事件。因而"校闹"治理，是一项长期而复杂的过程，需要从预防、法制、体制、机制、共治等多方面入手。

1. 突出预防为先，源头消除安全风险

"校闹"事件的演化是一个完整的过程，应当实现源头治理，突出预防为先。现阶段，我国学校安全事故预防主要是以被动预防为主，也即以义务性规定为主，忽视了预防机制的设置以及预防的主动性。要实现"校闹"事件的根源治理，一方面不仅要建立覆盖学校安全事故全过程的应急处置预案，实现应急预案的动态管理，即不同于传统预案管理仅关注应急预案的编制和实施环节，而且还要通过演练、评估等环节发现其中存在的问题并针对存在问题提出修订策略，然后进入下一轮预案管理过程，使预案能始终保持生命力和持续有效性，具体包括规划、编制、评审、备案、公布、宣传教育、培训、演练、评估、修订等。[①] 如图8—2所示。同时预案要对地区和学校易发生并与师生紧密联系的突发事件进

---

① 吴晓涛、申艳楠：《中小学校突发事件应急预案动态管理机制研究》，《风险灾害危机研究》2019 年第 2 期。

行编制，尽可能地具体明晰以提升实用性和可操作性。另一方面要建立学校安全风险排查与防范机制。各级教育部门要会同、配合有关部门依法对学校校舍、场地、消防、交通、卫生、食品等事项进行监督，指导学校完善安全风险防范体系，发现问题，及时整改。公安机关在依法惩处涉校违法犯罪的同时，应积极做好学校及周边安全风险防控工作。目前全国公安机关正深入推进立体化治安防控体系建设，在学校内部及周边全面加强警务室和"护学岗"建设，有针对性地对校园周边进行巡逻防控，以便及时发现并消除校内安全隐患。学校自身通过开展学生生命安全教育、法制教育、心理健康教育，在引导学生树立正确思想观念的同时，传授其自我保护的技能，也有望从根本上消除潜在安全事故风险。①

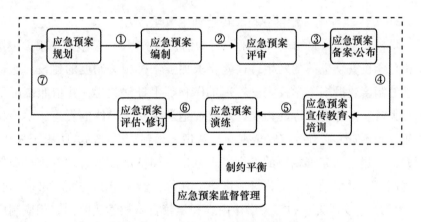

图8—2 学生伤害事故应急预案动态管理过程

2. 完善相关法律规范，依法打击"校闹"行为

依法治理"校闹"是全面依法治国的应有之义。现阶段，学校安全事故纠纷通过"闹"的方式解决，体现了法治化治理的缺失与不足。运用法治方式化解"校闹"，首先是要尽快对现有法律法规进行整合立法。近年来中央政府与部委陆续出台了如《中小学幼儿园安全管理办法》《学生伤害事故处理办法》《公安机关维护校园及周边治安秩序八条措施》等

---

① 郝玲、王丰：《杜绝"校闹"的有效策略》，《教书育人》2018 年第 14 期。

行政法规与规章。各地方也积极结合自身特点出台了针对学校安全的地方性行政法律规章。由于层次较低且过于分散，对于问题的治理缺乏强制性和稳定性。在这种情况下，出台一部具有普遍指导意义的高层次专门性法律着实必要。《校园安全法》的制定应在整合当前法律法规的基础上做到尽可能具体化，具备实操性，使"校闹"问题的治理做到有法可依，明确处置原则与程序，合理界定事故多方的责任。此外，针对学校安全事故处置过程中爆发的"校闹"行为，地方政府和公安机关要依法进行打击。教育部等五部门在 2019 年 8 月出台的《意见》中明确了八类"校闹"行为，要求公安机关在发生这八类"校闹"行为时及时出警，依法制止。对拒不走合法程序聚众闹事者，公安机关应依照相关规定予以处罚，涉及犯罪行为的要依法追究刑事责任，防止社会上出现逆示范效应。

3. 关注"校闹"制度建设，规范师生教学行为

学校安全事故是构成"校闹"行为的直接诱因，要避免"校闹"，就要避免学校安全事故的发生，这就要求加强学校相关制度的建设。通过合理的制度建设规范学校安全管理工作和师生日常教学，并依照制度要求加大常态监督与管理的力度，从而杜绝学生安全事故的发生。学校相关领导和负责人必须要有安全观念与意识，做到防微杜渐、防患于未然，因此必须建立和完善相应的安全管理制度，如基础设施管理制度、安保管理制度、学生人身安全管理制度等。在规范教师行为方面，可以结合《教育法》《教师法》的相关法律内容和学校自身教学实际制定相应制度规范。从规范学生行为的制度建设方面，应依据《未成年人保护法》《中小学日常行为规范》等法律法规内容和学校学生的实际状况制定相应制度规范。各地学校可根据具体实际制定相应管理制度，使管理制度具有实操性。

4. 构建"校闹"治理机制，妥善处理事故纠纷

治理机制作为治理所需要遵循的一整套规范、程序或模式，是社会治理有效实施的保障。由于"校闹"行为缺乏完善的治理机制，特别是纠纷解决机制和损害赔偿机制不足，造成少数家长以"闹"的方式与学校博弈，争取最大限度的赔偿。现阶段"校闹"治理机制构建，其一是要健全充分有效的纠纷解决机制。对于学校安全事故责任明确，各方无

重大分歧或异议的，可以通过协商化解纠纷。调解作为我国化解社会矛盾纠纷的重要办法，可以充分引入"校闹"事件的化解中。教育部门应会同司法行政机关推进第三方纠纷调解组织建设，建立由人大代表、政协委员、法治副校长、教育和法律工作者等具备专业知识或能力的人员组成的第三方纠纷调解组织。当学校安全事故纠纷遇到家校和解、行政调解、司法诉讼等利益表达不畅时，中立的"第三方"组织可以利用其独特的身份和专业知识化解纠纷。① 在调解过程中，要实现能调则调，有效降低成本、提高效率，而当学校安全事故纠纷进入诉讼途径，司法机关应坚守法律底线，及时依法判决，切实保护家校双方权利，杜绝片面加重学校责任。其二要强调多元化损害赔偿机制在化解"校闹"矛盾中的作用。学校安全事故处置往往牵扯大额经济补偿，在校方无责任的情况下，学校的人道主义补偿无法对家属产生太大作用，造成"校闹"行为的爆发。学校应在投保校方责任险的同时，积极购买校方无过失责任险和其他领域责任保险，引导学生家长增强通过保险转嫁风险的意识。② 地方政府要通过完善社保政策和保险制度统筹协调"校闹"问题，给予学校一定的经济资助，缓解校方压力。

5. 加强多部门合作，形成共治格局

学校"校闹"事件的演化有着复杂的因素，涉及多方主体，需要凝聚社会共识和部门合力进行联合治理。学校"校闹"共治格局的建立具体涵盖以下方面，一是与政府部门合作进行学校周边的综合治理工作。公安机关作为武装性质的国家机关，对于社会治安事件具有执法权且对学校负有教育责任，应当同教育部门、学校承担起学校及周边安全风险防控工作，指导学校健全突发事件预警应对机制和警校联动联防联控机制。卫生、交通、住房、食品等相关部门应在自身管辖范围内联合学校，加强对学校内部及周边环境的综合治理与监管，预防安全事故的发生。二是与媒体合作，有效应对涉及学校安全事故纠纷的舆情。学校需加强

---

① 刘武俊：《第三方调解为医患纠纷提供"缓冲带"》，《人民法院报》2020年1月1日第2版。

② 贾晨：《论高校实施校方责任保险的必要性与可行性》，《山西师大学报》（社会科学版）2009年第S1期。

与媒体的沟通，做好安全事故的信息发布工作，做到主动适时通报，保障公民知情权的同时避免谣言传播与扩散。媒体在报道学校安全事故纠纷时，应遵从事实真相，全面深入掌握证据，进行公证报道，引导正确的舆论导向，降低事故风险。三是与社会公众合作，营造遵法、学法、守法、用法的社会氛围。学校要完善与家庭之间的联系机制，可以通过家长委员会、家长会、教师家访等方式加强家校双方的沟通，形成和谐家校关系。司法行政机关要协调指导有关部门加强全社会的法制宣传教育，增强社会公众法制意识，对部分"校闹"事件的应对处理汇编案例加大宣传，推动形成法治化解学校安全事故纠纷共识，降低"校闹"事件的"示范"作用。

附　录

续表

编号	政策名称
19	国务院教育督导委员会办公室《关于进一步加强中小学（幼儿园）安全工作的紧急通知》
20	国务院教育督导委员会办公室《关于一些地区个别校外培训机构违规经营查处情况的通报》
21	国务院食品安全办等 23 部门《关于开展 2019 年全国食品安全宣传周活动的通知》
22	教育部、市场监管总局《关于开展 2019 年秋季学校食品安全风险隐患排查工作的通知》
23	教育部、中共中央宣传部《关于加强中小学影视教育的指导意见》
24	教育部、最高人民法院、最高人民检察院、公安部、司法部《关于完善安全事故处理机制　维护学校教育教学秩序的意见》
25	教育部"不忘初心、牢记使命"主题教育领导小组印发《教育部解决学校及幼儿园食品安全主体责任不落实和食品安全问题整治方案》
26	教育部办公厅、财政部办公厅《关于做好 2019 年农村义务教育阶段学校教师特设岗位计划实施工作的通知》
27	教育部办公厅、国家市场监管总局办公厅、应急管理部办公厅《关于健全校外培训机构专项治理整改若干工作机制的通知》
28	教育部办公厅、全国妇联办公厅《关于开展全国家庭教育主题宣传活动的通知》
29	市场监管总局办公厅教育部办公厅《关于开展 2019 年春季学校食品安全风险隐患排查工作的通知》
30	教育部办公厅、文化和旅游部办公厅、财政部办公厅《关于开展 2019 年高雅艺术进校园活动的通知》
31	教育部办公厅《关于公布 2019 年度面向中小学生的全国性竞赛活动的通知》
32	教育部办公厅《关于加强流感等传染病防控和学校食品安全工作的通知》
33	教育部办公厅《关于建立中等职业学校学历教育招生资质定期公布制度的通知》
34	教育部办公厅《关于进一步加强高校教学实验室安全检查工作的通知》
35	教育部办公厅《关于进一步加强义务教育学校校园安全防范设施建设的通知》
36	教育部办公厅《关于进一步加强中小学（幼儿园）预防性侵害学生工作的通知》
37	教育部办公厅《关于举办第四届全国学生"学宪法 讲宪法"活动的通知》
38	教育部办公厅《关于开展 2019 年"师生健康中国健康"主题健康教育活动的通知》
39	教育部办公厅《关于开展校外培训机构专项治理"回头看"活动的通知》
40	教育部办公厅《关于遴选全国儿童青少年近视防控专家宣讲团成员的通知》
41	教育部办公厅《关于印发〈2019 年教育信息化和网络安全工作要点〉的通知》

续表

编号	政策名称
42	教育部办公厅《关于做好 2018 年"世界艾滋病日"宣传活动的通知》
43	教育部办公厅《关于做好 2018 年全国儿童青少年近视防控试点县（市、区）和改革试验区遴选工作的通知》
44	教育部办公厅《关于做好 2019 年普通中小学招生入学工作的通知》
45	教育部办公厅《关于做好 2019 年中等职业学校招生工作的通知》
46	教育部办公厅《关于做好 2019 年中小学生暑假有关工作的通知》
47	教育部办公厅《关于做好高等学校消防安全工作的通知》
48	教育部等八部门《关于引导规范教育移动互联网应用有序健康发展的意见》
49	教育部等九部门《关于印发中小学生减负措施的通知》
50	教育部等六部门《关于开展 2019 年全国学生体质与健康调研及国家学生体质健康标准抽查复核工作的通知》
51	教育部等十一部门《关于促进在线教育健康发展的指导意见》
52	教育部等五部门《关于加强新时代中小学思想政治理论课教师队伍建设的意见》
53	教育部督导局《关于有针对性地组织开展隐患排查整改做好岁末年初中小学（幼儿园）安全工作的通知》
54	教育部《关于应用"全国校外线上培训管理服务平台"开展学科类校外线上培训机构备案工作的公告》
55	教育部办公厅《关于印发〈禁止妨碍义务教育实施的若干规定〉的通知》
56	教育部《关于发布〈基础教育装备分类与代码〉等 22 项教育行业标准的通知》
57	教育部《关于印发〈新时代高校教师职业行为十项准则〉〈新时代中小学教师职业行为十项准则〉〈新时代幼儿园教师职业行为十项准则〉的通知》
58	教育部《关于印发〈幼儿园教师违反职业道德行为处理办法〉的通知》
59	教育部国家发展改革委、财政部《关于切实做好义务教育薄弱环节改善与能力提升工作的意见教督》
60	教育部联合中央网信办、工业和信息化部、公安部、广电总局、全国"扫黄打非"等六部门《关于规范校外线上培训的实施意见》
61	教育部《关于加强高校实验室安全工作的意见》
62	全国农村义务教育学生营养改善计划领导小组办公室 2019 年第 1 号预警：加强学校供餐管理　确保学校食品安全
63	全国农村义务教育学生营养改善计划领导小组办公室 2019 年第 2 号预警：加大监管力度　确保资金安全

续表

编号	政策名称
64	全国农村义务教育学生营养改善计划领导小组办公室 2019 年第 3 号预警：同心协力落实责任 保障学生用餐安全
65	全国校车安全管理部际联席会议办公室发布 2019 年第 1 号预警：坚决禁止中小学生幼儿乘坐"黑校车"
66	全国校车安全管理部际联席会议办公室发布 2019 年第 2 号预警：安全乘坐校车 平安伴随你我
67	全国校车安全管理部际联席会议办公室发布 2019 年第 3 号预警：细心用心上心，坚决不把孩子遗忘在校车内
68	市场监管总局办公厅《关于进一步加强儿童用品质量安全监管工作的通知》
69	市场监管总局办公厅《关于印发〈2019 年儿童和学生用品安全守护行动工作方案〉的通知》
70	市场监管总局关于印发《贯彻落实〈综合防控儿童青少年近视实施方案〉行动方案的通知》
71	中共中央、国务院印发《中国教育现代化 2035》
72	中共中央办公厅、国务院办公厅《关于加强专门学校建设和专门教育工作的意见》
73	中共中央办公厅、国务院办公厅印发《加快推进教育现代化实施方案（2018—2022年）》
74	中共中央国务院《关于深化改革加强食品安全工作的意见》
75	中共中央国务院《关于深化教育教学改革全面提高义务教育质量的意见》
76	中共中央国务院《关于学前教育深化改革规范发展的若干意见》
77	中华人民共和国教育部、国家市场监督管理总局、国家卫生健康委员会等部门制定《学校食品安全与营养健康管理规定》
78	最高人民法院、最高人民检察院、公安部、司法部《关于办理恶势力刑事案件若干问题的意见》
79	最高人民法院、最高人民检察院、公安部、司法部《关于办理实施"软暴力"的刑事案件若干问题的意见》
80	最高人民检察院《关于办理"套路贷"刑事案件若干问题的意见》
81	最高人民检察院《关于办理黑恶势力刑事案件中财产处置若干问题的意见》
82	最高人民检察院制定《2018—2022 年检察改革工作规划》

注：收集文本时间区段为 2018 年 11 月 1 日至 2019 年 10 月 30 日。

表2   我国校园安全教育法律规章梳理

序号	发布时间	发布部门	文件名称	内容
1	1992.4	教育部	《普通高等学校学生安全教育及管理暂行规定》	明确规定了高等学校学生安全教育及管理的主要任务、原则；高等学校应将对学生进行安全教育作为一项经常性工作，列入学校工作的重要议事日程；学生安全教育应根据不同专业及青年学生的特点、环境、季节及有关规定进行安全教育，并使之经常化、制度化；学校要把安全教育及管理工作纳入领导任期的责任目标，落实到年级班主任；高等学校应确定学生安全教育及管理工作的主管部门
2	1992.6	原国家教育委员会	《中小学校园环境管理的暂行规定》	学校要建立安全教育制度
3	1996	原国家教育委员会等七部门	《全国中小学生安全教育日制度》	自1996年起，确定每年3月份最后一周的星期一，为全国中小学生"安全教育日"
4	2001.9	教育部	《幼儿园教育指导纲要》	明确规定了幼儿园应当密切结合幼儿的生活进行安全、营养和保健教育，提高幼儿的自我保护意识和能力
5	2002.9	教育部	《学生伤害事故处理办法》	明确提出学校应当对在校学生进行必要的安全教育和自护自救教育；学校对学生进行安全教育、管理和保护，应当针对学生年龄、认知能力和法律行为能力的不同，采用相应的内容和预防措施

续表

序号	发布时间	发布部门	文件名称	内容
6	2005.6	教育部	《关于进一步做好中小学及幼儿园安全工作六条措施》	每逢开学、放假前要有针对性地对学生集中开展安全教育,强化学生安全意识,特别是要以多种形式加强学生应对洪水、泥石流、水灾、地震等突发事件的应急训练,提高学生自救自护能力
7	2005.6	公安部	《公安机关维护校园及周边治安秩序八条措施》	每月选派民警至少 2 次到中小学、幼儿园担任法制副校长或法制辅导员,负责治安防范、交通和消防安全教育
8	2006.6	教育部等十部门	《中小学幼儿园安全管理办法》	其中第五章明确规定了关于安全教育的相关内容:学校应当按照国家课程标准和地方课程设置要求,将安全教育纳入教学内容;在开学初、放假前,有针对性地对学生集中开展安全教育;对学生进行实验室安全防护教育、用水、用电、防火、防盗、交通、消防、防溺水和人身防护安全教育;学校应当每学期至少开展一次针对洪水、地震、火灾等灾害事故的紧急疏散演练;人民法院、人民检察院和公安、司法行政等部门以及高等学校选聘优秀的法律工作者担任学校的兼职法制副校长或者法制辅导员,并定期对师生进行法制教育等;制定教职工安全教育培训计划;学生监护人应当与学校互相配合,在日常生活中加强对被监护人的各项安全教育

序号	发布时间	发布部门	文件名称	内容
9	2006.4	全国人民代表大会常务委员会	《中华人民共和国义务教育法》（2006年修订）	学校应当建立、健全安全制度和应急机制，对学生进行安全教育，加强管理，及时消除隐患，预防事故发生
10	2006.12	全国人民代表大会常务委员会	《中华人民共和国未成年人保护法》（2006年修订）	学校、幼儿园、托儿所应当建立安全制度，加强对未成年人的安全教育，采取措施保障未成年人的人身安全；教育行政等部门和学校、幼儿园、托儿所应当根据需要，制定应对各种灾害、传染性疾病、食物中毒、意外伤害等突发事件的预案，配备相应设施并进行必要的演练，增强未成年人的自我保护意识和能力
11	2007.2	国务院办公厅	《中小学公共安全教育指导纲要》	明确了不同学段公共安全教育的内容，同时还规定了开展公共安全教育的途径，构建了实施公共安全教育的保障机制。强调要立足学生学习和生活的实践，对学生进行实用的安全知识教育、培训和技能培训、演练
12	2007.8	第十届全国人民代表大会常务委员会	《中华人民共和国突发事件应对法》	各级各类学校应当把应急知识教育纳入教学内容，对学生进行应急知识教育，培养学生的安全意识和自救与互救能力。教育主管部门应当对学校开展应急知识教育进行指导和监督

续表

序号	发布时间	发布部门	文件名称	内容
13	2008.12	公安部等八部门	《社会消防安全教育培训规定》	明确规定了教育行政部门应当履行下列职责：将学校消防安全教育培训工作纳入教育培训规划，并进行教育督导和工作考核；指导和监督学校将消防安全知识纳入教学内容；将消防安全知识纳入学校管理人员和教师在职培训内容；依法在职责范围内对消防安全专业培训机构进行审批和监督管理。规定各级各类学校应当开展下列消防安全教育工作：将消防安全知识纳入教学内容；在开学初、放寒（暑）假前、学生军训期间，对学生普遍开展专题消防安全教育；结合不同课程实验课的特点和要求，对学生进行有针对性的消防安全教育；组织学生到当地消防站参观体验；每学年至少组织学生开展一次应急疏散演练；对寄宿学生开展经常性的安全用火用电教育和应急疏散演练；应当至少确定一名熟悉消防安全知识的教师担任消防安全课教员，并选聘消防专业人员担任学校的兼职消防辅导员。并且规定了中小学校和学前教育机构应当针对不同年龄阶段学生认知特点，保证课时或者采取学科渗透、专题教育的方式，每学期对学生开展消防安全教育；高等学校应当每学年至少举办一次消防安全专题讲座，在校园网络、广播、校内报刊等开设消防安全教育栏目，对学生进行消防法律法规、防火灭火知识、火灾自救他救知识和火灾案例教育

序号	发布时间	发布部门	文件名称	内容
14	2009.7	教育部、公安部	《高校消防安全管理规定》	学校应当开展消防安全教育和培训，加强消防演练，提高师生员工的消防安全意识和自救逃生技能；学校每季度至少进行一次消防安全检查。检查的主要内容包括消防安全宣传教育及培训情况等；明确规定了学校要将消防安全培训教育纳入年度消防工作计划当中
15	2009.8	教育部	《教育系统事故灾难类突发公共事件应急预案》	加强教职工和学生的安全培训，定期组织演练
16	2010.7	中共中央、国务院	《国家中长期教育改革和发展规划纲要（2010—2020年)》	提出要加强师生安全教育和学校安全管理，提高预防灾害、应急避险和防范违法犯罪活动的能力
17	2012.3	国务院	《校车安全管理条例》	县级以上地方人民政府教育行政部门应当组织学校开展交通安全教育；公安机关交通管理部门应当配合教育行政部门组织学校开展交通安全教育
18	2014.2	教育部	《中小学幼儿园应急疏散演练指南》	对学校安全教育工作中应急疏散演练的各个环节、步骤提出了明确的指导性意见和规范性要求

续表

序号	发布时间	发布部门	文件名称	内容
19	2015.3	公安部、教育部	《中小学幼儿园安全防范工作规范（试行）》	学校按照《中小学公共安全教育指导纲要》《中小学幼儿园应急疏散演练指南》开展安全教育和应急疏散演练，确保每名学生至少每月接受1次专题安全教育，每学期至少召开1次以安全为主题的家长会；学校不履行安全管理和安全教育职责，对重大安全隐患未及时采取措施的，有关主管部门应当责令其限期改正。拒不改正或者发生重大安全责任事故的，教育行政部门应当对学校主要负责人和其他直接责任人员给予行政处分
20	2016.1	教育部	《幼儿园工作规程》	幼儿园应当把安全教育融入一日生活，并定期组织开展多种形式的安全教育和事故预防演练
21	2016.11	国务院	《中小学（幼儿园）安全工作专项督导暂行办法》	对学校安全专项督导工作进行系统的制度设计和全面规定，主要检查各级地方政府、相关职能部门和学校安全工作治理体制、机制和治理能力、措施的建设、落实等情况，检查内容包括中小学（幼儿园）安全教育
22	2017.4	教育部	《幼儿园办园行为督导评估办法》	将安全教育纳入幼儿园督导评估内容当中
23	2017.11	教育部等十一部门	《加强中小学生欺凌综合治理方案》	坚持教育为先。特别要加强防治学生欺凌专题教育，培养校长、教师、学生及家长等不同群体积极预防和自觉反对学生欺凌的意识

续表

序号	发布时间	发布部门	文件名称	内容
24	2017.12	教育部	《义务教育学校管理标准》	明确规定中小学校应当开展以生活技能为基础的安全健康教育。落实《中小学公共安全教育指导纲要》，突出强化预防溺水和交通安全教育，有计划地开展国家安全、社会安全、公共卫生、意外伤害、网络、信息安全、自然灾害以及影响学生安全的其他事故或事件教育，了解保障安全的方法并掌握一定技能，落实《中小学幼儿园应急疏散演练指南》，定期开展应急演练，提高师生应对突发事件和自救自护能力
25	2019.2	教育部、国家市场监督管理总局、国家卫生健康委员会等	《学校食品安全与营养健康管理规定》	学校应当加强食品安全与营养健康的宣传教育，在全国食品安全宣传周、全民营养周、中国学生营养日、全国碘缺乏病防治日等重要时间节点，开展相关科学知识普及和宣传教育活动；学校应当将食品安全与营养健康相关知识纳入健康教育教学内容，通过主题班会、课外实践等形式开展经常性宣传教育活动

注：本表根据教育部、公安部、全国人民代表大会常务委员会、国家市场监督管理总局、国家卫生健康委员会等部门、机构法律文件整理。

参考文献

一 中文文献

白锐、吕跃：《基于修正多源流模型视角的政策议程分析——以〈科学数据管理办法〉为例》，《图书馆理论与实践》2019 年第 10 期。

常进锋、尹东风：《域外经验与中国思路：青少年校园欺凌的法律治理》，《当代青年研究》2018 年第 2 期。

丁玲、朱姝、雷世光等：《贵州省 2011—2018 年学校食物中毒事件特征分析》，《中国学校卫生》2019 年第 12 期。

戴国立：《"校闹"生成的机理与法律治理路径》，《青少年犯罪问题》2019 年第 6 期。

戴洁、胡佩瑾、王珺怡等：《中国中小学校食堂基础设施建设和卫生管理现况》，《中国学校卫生》2019 年第 9 期。

董新良、刘艳、关志康：《学校安全风险防控：问题梳理与改进对策》，《中国教育学刊》2019 年第 9 期。

董新良、王丽娜：《危机管理理论与校园暴力危机防控》，《中国行政管理》2007 年第 4 期。

董新良、闫领楠：《学校安全政策：历史演进与展望》，《教育科学》2019 年第 5 期。

冯永刚、员志慧：《俄罗斯中小学安全教育及其对我国的启示》，《外国中小学教育》2017 年第 3 期。

高山、李维民：《社会控制理论视域下校园欺凌致因研究》，《风险灾害危机研究》2017 年第 3 期。

黄畴洋：《大学生安全教育模式创新思考》，《吉林省教育学院学报》（下旬）2015 年第 9 期。

韩自强、肖晖:《校园欺凌与青少年生活质量、偏差行为和自杀的相关性研究》,《风险灾害危机研究》2017年第3期。

郝玲、王丰:《杜绝"校闹"的有效策略》,《教书育人》2018年第14期。

何树彬:《美国校园安全治理的新特点与启示》,《犯罪研究》2014年第4期。

何勇均:《校园监控系统设计及智能化发展趋势》,《中国新技术新产品》2019年第20期。

姜学文、纪颖、何欢等:《2016年贵州和安徽省农村小学高年级学生校园暴力发生现况及其相关因素分析》,《中华预防医学杂志》2019年第8期。

蒋暖琼、孟瑞华:《旁观者干预理论在校园欺凌中的教育启示》,《校园心理》2019年第6期。

贾晨:《论高校实施校方责任保险的必要性与可行性》,《山西师大学报》(社会科学版)2009年第S1期。

贾红艳、周玉婷、毛清秀等:《VR在安全教育领域的应用》,《电子技术与软件工程》2019年第21期。

卢玮、林宝贤:《困境儿童分类保障政策成效研究》,《青年探索》2019年第6期。

罗怡、刘长海:《联合国教科文组织关于校园暴力和欺凌干预的建议及启示》,《教育科学研究》2018年第4期。

梁红霞:《校园欺凌受害者的心理干预》,《教学与管理》2019年第29期。

雷娟、李家伟、梅君等:《一起蜡样芽孢杆菌引起的学校食源性疾病暴发事件分析》,《中国学校卫生》2019年第5期。

廖文科:《改革开放40年中国学校卫生法规政策体系的发展》,《中国学校卫生》2019年第40期。

林洁、陶泽恩:《智能监管,让安全"跑"在风险前面》,《湖南安全与防灾》2019年第8期。

林瑞青:《青少年学生言语欺凌行为研究》,《天津师范大学学报》(基础教育版)2007年第3期。

李文、王金荣:《校园欺凌现象的行为分析与对策研究》,《中国集体经济》2019 年第 33 期。

李思：《校园欺凌概念的法治界定——兼论校园欺凌、校园霸凌、校园暴力的关系》，《大连海事大学学报》（社会科学版）2019 年第 6 期。

李静、白鹭：《重庆市幼儿园安全教育现状调查》，《中国学校卫生》2010 年第 3 期。

李晓荣：《同心打造安全和谐的乐园——阳泉市市级机关幼儿园创建"平安校园"的探索与实践》，《山西教育（管理)》2017 年第 11 期。

李继刚、李学莲：《校园安全的立法保障研究——国外的经验与我国的选择》，《教学与管理》2014 年第 1 期。

李明珠：《高校安全教育模式探索》，《知识经济》2017 年第 14 期。

李伟权、刘雁：《受欺凌者视角下广东省中小学生校园欺凌的现状特征及防治对策研究——基于 495 名中小学生及 38 起案例的分析》，《风险灾害危机研究》2017 年第 3 期。

李苗：《校园"语言暴力"的心理透析》，《现代教育科学》2005 年第 4 期。

刘晓、吴梦雪：《中职校园欺凌现状：基于数据的分析与思考》，《职业技术教育》2019 年第 29 期。

刘天娥、龚伦军：《当前校园欺凌行为的特征、成因与对策》，《山东省青年管理干部学院学报》2009 年第 4 期。

刘伟伟、潘晨骊：《校车安全事故与政策过程：多源流理论的视角》，《中国社会公共安全研究报告》2013 年第 1 期。

刘馨、李淑芳：《我国部分地区幼儿园安全状况与安全教育调查》，《学前教育研究》2005 年第 12 期。

刘建君：《托幼机构中安全教育的目标、内容、途径与方法》，《学前教育研究》2002 年第 6 期。

刘根林：《浅谈全面推进依法治国背景下高校"校闹"之防治》，《科技风》2016 年第 22 期。

刘静：《校闹频发拷问制度之弊》，《教育》2014 年第 24 期。

杜丹：《高职校园欺凌现象演化分析及其应对——基于"学前教育专业某班级欺凌事件"的个案研究》，《晋城职业技术学院学报》2019 年第 12 期。

马晓利、卜慧楠、钱伟：《学校安全教育"四位一体"模式的构建》，《教学与管理》2017 年第 21 期。

潘娜、李薇薇、杨淑香等：《中国 2002—2015 年学校食源性疾病暴发事件归因分析》，《中国学校卫生》2018 年第 4 期。

覃红霞、林冰冰：《高校校园安全共同治理：美国的经验与启示》，《教育研究》2017 年第 7 期。

茹福霞、黄鹏：《中学生校园欺凌行为特征及影响因素的研究进展》，《南昌大学学报》（医学版）2019 年第 6 期。

苏小可、刘晓峰、李映霞等：《一起幼儿园学生误食亚硝酸盐中毒致死事件的调查报告》，《应用预防医学》2019 年第 4 期。

孙锋、羌霞：《南通市中学生校园欺凌现况及社会生态学影响分析》，《中国学校卫生》2020 年第 2 期。

孙进、杨瑷伊：《西班牙校园和睦共处政策：背景、内容、评价》，《外国教育研究》2019 年第 5 期。

孙晓冰、柳海民：《理性认知校园霸凌：从校园暴力到校园霸凌》，《教育理论与实践》2015 年第 31 期。

宋文娟：《困境儿童的社会支持网络建构》，《科技视界》2019 年第 27 期。

宋灵桂：《幼儿园安全教育的有效策略》，《课程教育研究》2019 年第 44 期。

宋轩宇、张超、孙宇冲等：《北京市中小学校园安全教育及事故防范对策探讨》，《中国安全生产科学技术》2017 年第 S2 期。

唐钧、黄莹莹、王纪平：《学校安全的风险治理与管理创新——北京大兴区校园安全"主动防、科学管"体系建设》，《中国行政管理》2011 年第 11 期。

田虎：《论学校安全教育效能改进的范式与策略》，《教学与管理》2015 年第 31 期。

吴晓涛、姬东艳、金英淑等：《美国校园应急预案建设及对我国的启示》，《灾害学》2017 年第 3 期。

吴晓涛、申艳楠：《中小学校突发事件应急预案动态管理机制研究》，《风险灾害危机研究》2019 年第 2 期。

汪亚萍：《未成年人校园欺凌法律责任的思考》，《法制博览》2019 年第 36 期。

汪莉、方芳：《中小学安全教育现状与优化对策探析——以天津市为例》，《教学与管理》2018 年第 24 期。

王文斟、许磊、张鹏等：《由带菌者引起的 3 所学校食物中毒的溯源分析及药敏检测》，《预防医学情报杂志》2018 年第 34 期。

王智军：《安全治理理念下高校校园安全的协同供给》，《江苏高教》2016 年第 6 期。

王梦亭：《留守儿童校园欺凌的家庭因素分析及治理对策》，《教育教学论坛》2019 年第 20 期。

许可、查国清：《浅析新时期高校安全稳定工作的新形势新特点》，《管理观察》2017 年第 2 期。

肖贵勇、王佳佳、马晓曼等：《一起学校疑似金黄色葡萄球菌肠毒素所致食源性疾病调查》，《中国学校卫生》2020 年第 2 期。

徐涛：《言语欺凌心理辅导课的情境创设》，《江苏教育》2019 年第 48 期。

夏家贵：《互联网 + 安全教育——中学安全教育与网络融合实践》，《信息记录材料》2018 年第 8 期。

俞凌云、马早明：《校园欺凌：内涵辨识、应用限度与重新界定》，《教育发展研究》2018 年第 12 期。

叶淦荣：《校园欺凌现象的法律分析》，《法制与社会》2019 年第 34 期。

杨书胜、耿淑娟、刘冰：《我国校园欺凌现象 2006—2016 年发展状况》，《中国学校卫生》2017 年第 3 期。

杨文杰、范国睿：《美国中小学校园安全治理审思》，《全球教育展望》2019 年第 8 期。

杨华娟：《体验式应急安全教育发展路径探讨》，《社会治理》2019 年第 10 期。

钟佩妍：《初中校园冷暴力调查与分析》，《中小学心理健康教育》2020 年第 1 期。

朱美宁：《校园周边安全综合治理路径研究》，《南方论刊》2015 年第 3 期。

赵德余：《政策共同体、政策响应与政策工具的选择性使用——中国校园公共安全事件的经验》，《公共行政评论》2012 年第 3 期。

赵欢春：《论网络意识形态话语权的当代挑战》，《河海大学学报》（哲学社会科学版）2017 年第 1 期。

张海波、童星：《专栏导语：中国校园安全研究的起步与深化》，《风险灾害危机研究》2017 年第 3 期。

张翔、程鑫玉：《高校大学生消防安全教育系统的构建与对策——以中国科学技术大学为例》，《内蒙古农业大学学报》（社会科学版）2014 年第 5 期。

张良才、王春萌：《中小学安全教育现状的调查研究》，《当代教育科学》2013 年第 12 期。

张雪、罗恒、李文昊等：《基于虚拟现实技术的探究式学习环境设计与效果研究——以儿童交通安全教育为例》，《电化教育研究》2020 年第 1 期。

张松杰、李骏、马倩倩等：《西安市小学传染病防控管理现状》，《中国学校卫生》2019 年第 3 期。

张桂蓉、李婉灵：《校园为何成为孩子们成长的"灰色地带"？——基于 3777 名学生的校园欺凌现状调查与原因分析》，《风险灾害危机研究》2017 年第 3 期。

张瑞：《初中生校园欺凌现象调查及对策分析》，《中小学心理健康教育》2019 年第 34 期。

张晶：《正式纠纷解决制度失效、牟利激励与情感触发——多重面相中的"医闹"事件及其治理》，《公共管理学报》2017 年第 1 期。

张旭光：《防治"校闹"纠纷之探析——以法律为视角》，《山西高等学校社会科学学报》2016 年第 9 期。

高山主编：《中国应急教育与校园安全发展报告 2018》，科学出版社 2018 年版。

高山主编：《中国应急教育与校园安全发展报告 2019》，科学出版社 2019 年版。

E. 斯科特·邓拉普编：《校园安全综合手册》，张缵译，社会科学文献出版社 2016 年版。

《信息安全管理概论——BS7799 理解与实施》，机器工业出版社 2002年版。

二 英文文献

AbdullahSani, Norrakiah, O. N. Siow, "Knowledge, Attitudes and Practices of Food Handlers on Food Safety in Food Service Operations at the Universiti Kebangsaan Malaysia", *Food Control*, Vol. 37, 2014.

Astor, R. A., et al., "School Climate, Observed Risky Behaviors, and Victimization as Predictors of High School Students' Fear and Judgments of School Violence as a Problem", *Health Education & Behavior*, Vol. 29, 2002.

Erin A. Casey, T. Lindhorst, H. L. Storer, "The Situational-Cognitive Model of Adolescent Bystander Behavior: Modeling Bystander Decision-Making in the Context of Bullying and Teen Dating Violence", *Psychology of Violence*, Vol. 7, 2017.

Crawford, Charles, and R. Burns, "Preventing School Violence: Assessing Armed Guardians, School Policy, and Context", *Policing*, Vol. 38, 2015.

Crawfor, Charles, and R. Burns, "Reducing School Violence Considering School Characteristics and the Impacts of Law Enforcement, School Security, and Environmental Factors", *Policing*, Vol. 39, 2016.

Stotzer, R. L., E. Hossellman, "Hate Crimes on Campus: Racial/Ethnic Diversity and Campus Safety", *Journal of Interpersonal Violence*, Vol. 27, 2012.

Smith, Douglas C., D. S. Sandhu, "Toward a Positive Perspective on Violence Prevention in Schools: Building Connections", *Journal of Counseling & Development*, Vol. 82, 2004.

Wilcox, P., C. E. Jordan, A. J. Pritchard, "A Multidimensional Examination of Campus Safety: Victimization, Perceptions of Danger, Worry About Crime, and Precautionary Behavior Among College Women in the Post-Clery Era", *Crime & Delinquency*, Vol. 53, 2007.

后　记

　　经过中国应急管理学会校园安全专业委员会和全体编写人员共同努力，《中国应急教育与校园安全发展报告2020》顺利编写完成，由中国社会科学出版社出版面世。

　　本书以年度报告的形式，整理、归纳和分析了2019年应急教育与校园安全的发展状况，借鉴和引用了大量法规文献、研究论文、著作、新闻报道等资料，书中注释已注明出处。对此，我们向全部资料的所有者、起草者、署名作者致以诚挚的谢意。本书由中国应急管理学会校园安全专业委员会主任高山担任主编，张桂蓉、陶韶菁、郭雪松担任副主编，并负责全书的总体策划、框架确定和审阅定稿。本书以文责自负为原则，由来自各大高校和相关机构的研究人员共同撰写，具体如下：第一章为高山、吴蓉（中南大学）；第二章为何雷、胡新玲（中南大学）；第三章为郭雪松（西安交通大学）；第四章为陶韶菁（华南理工大学）；第五章为高山、张叶（中南大学）；第六章为杨玲（首都经济贸易大学）；第七章为张桂蓉、石红艳（中南大学）；第八章为吴晓涛（河南理工大学）。此外，吴晓蕾、丁铭悦、杨钦文、杨曦等同学参与了本书的资料收集与整理工作。中国应急管理学会会长洪毅先生，中国应急管理学会秘书长杨永斌先生对本书的出版给予了很大的帮助，对此谨致谢忱！同时，感谢中国社会科学出版社的鼎力支持。由于编写者水平有限，书中难免存在不足之处，编委会恳请广大读者不吝指正，我们将在今后的工作中不断完善。

本书由中南大学公共管理"双一流"学科建设经费资助，中国应急管理学会支持出版，特此感谢。

编　者

2020 年 6 月 6 日